Heiko Burrack, Ralf Nöcker

Vom Pitch zum Award

Heiko Burrack, Ralf Nöcker

Vom Pitch zum Award

Wie Werbung gemacht wird

Insights in eine ungewöhnliche Branche

Frankfurter Allgemeine Buch

Bibliografische Informationen Der Deutschen Nationalbibliothek
Die Deutsche Nationalbibliothek verzeichnet diese Publikation in
der Deutschen Nationalbibliografie; detaillierte bibliografische
Daten sind im Internet über http://dnb.ddb.de abrufbar.

Heiko Burrack, Ralf Nöcker

Vom Pitch zum Award

Wie Werbung gemacht wird
Insights in eine ungewöhnliche Branche

F.A.Z.-Institut für Management-,
Markt- und Medieninformationen GmbH

Frankfurt am Main 2008

ISBN 978-3-89981-164-3

Frankfurter Allgemeine Buch

Copyright F.A.Z.-Institut für Management-,
           Markt- und Medieninformationen GmbH
           60326 Frankfurt am Main

Satz Umschlag: F.A.Z., Verlagsgrafik
    Titelbild: Christopher Fellehner
   Satz Innen: Nicole Bergmann
        Druck: Messedruck Leipzig GmbH, Leipzig

Inhalt

Geleitwort

Werbung ist die intensivste Form der täglichen Wahrnehmung von Wirtschaft. Ohne Werbung würden weder Marken am Leben erhalten, Produkte sich im Wettbewerb behaupten noch die Medienlandschaft so vielfältig sein, wie wir sie kennen. Und dennoch wird sie meist abschätzig bewertet. Oft als nervend empfunden, gilt sie vielen als unseriös. Und nicht wenigen dient Werbung als verräterische Markierung einer gesellschaftlichen Fehlentwicklung, die durch Einschränkungen und Verbote am wohlfeilsten korrigiert werden könnte. Zutreffende Kenntnisse, wie Werbung entsteht, sind in der breiten Bevölkerung schon gar nicht vorhanden. Und selbst bei vielen Auftraggebern von Werbekampagnen bestehen arg verkürzte Vorstellungen über die unabdingbaren Entstehungsprozesse. Die Komplexität von der Aufgabenstellung bis zum Werbespot im Fernsehen verschließt sich Außenstehenden.

Mit dem vorliegenden Buch haben die Autoren einen naheliegenden, aber bislang noch unbetretenen Weg beschritten: Nämlich Interessierten einen realistischen Einblick in den Maschinenraum zu gewähren, in dem Werbung entsteht. Indem erfahrene Fachleute aus allen Sachgebieten zu Wort kommen, wird der Leser an die Hand genommen und durch die Produktionsprozesse in Werbeagenturen geführt. Die besondere Lebendigkeit erfährt diese Reise durch die authentischen und zum Teil auch sehr persönlichen Zitate aus den Interviews, die dem Buch vorausgegangen sind.

Die Vollständigkeit dieser Reportage quasi aus dem Bauch von Agenturen ist überzeugend. Deutlich werden die Unterschiede von Agenturtypen ebenso wie die Gemeinsamkeiten, die das Geschäft bestimmen. Ohne Beherrschung des Handwerks hilft auch keine noch so kreative Eingabe. Auch Agenturen sind wirtschaftliche Zweckeinrichtungen: Aufwand und Ertrag müssen hier wie bei den Auftraggebern in einem betriebswirtschaftlich gesetzten Verhältnis stehen. Der Paradigmenwechsel in der Werbung durch die Dramatik in der Entwicklung neuer Medien und geänderter Mediennutzung ist hautnah zu spüren.

7

Sehr zur Enttäuschung von Pädagogen und Demagogen wird in dieser Tour d'horizon auch klar, dass nirgendwo die raffinierten Psychologen wirken, die den Menschen zum wehrlosen Opfer vermeintlicher Ausbeutungsstrategien machen.

Die vielseitigen Berufsbilder in der Werbung werden sich in diesem Buch wiederfinden. Berufseinsteigern ist es ein lebensnaher Leitfaden zur Orientierung. Und so manchen Auftraggeber wird es überraschen, dass die Entstehung guter Werbung eine anstrengende und zeitaufwendige Herausforderung ist, nämlich 20 Prozent Inspiration und 80 Prozent Transpiration.

Lothar S. Leonhard
Chairman
Ogilvy & Mather Frankfurt

Vorwort

Die Klischees, die über die Werbebranche kursieren, sind so abgedroschen, dass man sie kaum noch einmal aufschreiben möchte. Etwa jene über die Entstehung von Kampagnen: Junge Menschen verbringen Tage und Nächte damit, unter Drogeneinfluss Ideen zu produzieren, die sie anschließend beim Dreh in der Karibik umsetzen können. Dafür bekommen sie viel Geld und, wenn die Ideen originell waren, Auszeichnungen – auch dann, wenn sich das beworbene Produkt nach der Kampagne kein bisschen besser verkauft. Und so abgedroschen wie diese Klischees sind auch die Witzchen, die in der und über die Branche kursieren. „Sagen Sie meiner Mutter bitte nicht, dass ich in der Werbung arbeite. Sie glaubt immer noch, ich sei Pianist in einem Bordell", lautet einer der Bartträger unter den Werberwitzen. Wobei er im Kern ein Problem anspricht, das im Gegensatz zum Witz selbst äußerst aktuell erscheint: Das Ansehen der Branche und seiner Protagonisten ist alles andere als hoch. Und längst haben die Agenturen Probleme, qualifizierten Nachwuchs zu finden – erst recht dann, wenn sie keinen der ganz großen Namen der Branche tragen. Nur Beamte und Telekom-Mitarbeiter genießen eine noch geringere Wertschätzung der Bevölkerung als Werber, ergab jüngst eine Forsa-Umfrage.

Eine wesentliche Ursache für die Ammenmärchen – denn das sind sie größtenteils – und den schlechten Ruf der Branche liegt darin, dass sich die Werbung für Außenstehende als gleichermaßen glamourös wie intransparent erweist. Jeder wird mit den Ergebnissen dessen, was Werbeagenturen schaffen, tagtäglich konfrontiert, weitaus weniger bekannt sind die Prozesse, die dahinter stehen, und die Profile der beteiligten Personen.

Das vorliegende Buch soll hier ein wenig Licht ins Dunkel bringen. Es soll einen Blick ins Innere des Agenturlebens bieten und lässt dazu zahlreiche Beteiligte direkt zu Wort kommen. Der Bedarf für solche Informationen ist groß: Sowohl Berufseinsteiger als etwa auch Marketingexperten auf Unternehmensseite würden von mehr Transparenz hinsichtlich des Innenlebens einer Agentur sowie der Agenturlandschaft insgesamt profitieren. Berufseinsteiger, damit sie sich ein realistisches Bild von Agenturen als potentiellen Arbeitgebern machen können. Marketingverantwortliche, damit sie

die andere Seite besser verstehen lernen und mit dieser gemeinsam vielleicht bessere Werbung machen. Bisher nämlich scheint dieses Verständnis nicht allzu ausgeprägt zu sein. Damit ist aber nur die Kernzielgruppe des geplanten Buches umrissen. Es soll auch solchen Lesern etwas bieten, die sich schlicht und einfach nur für Werbung interessieren.

Für dieses Buch haben eine ganze Menge Leute aus der Branche Zeit geopfert und Mühe investiert. Dabei haben wir bewusst nicht die immer gleichen üblichen Verdächtigen befragt, sondern auch Mitarbeiter aus Agenturen mit nur regionaler Bedeutung. Schließlich repräsentieren auch diese Dienstleister die Branche und nicht nur die Stars wie Jung von Matt oder Ogilvy. Unser ganz besonderer Dank gilt den zahlreichen Werbern, die uns aus ihrer Praxis berichtet haben. Nur so konnte ein, wie wir hoffen, realitätsnahes Porträt der Branche und seiner Akteure entstehen. Zudem danken wir Mario Gebers, Sebastian Stöhr und Bernd Wöhler sowie vielen anderen, die das Manuskript kritisch durchgesehen und uns wertvolle Anregungen gegeben haben. Wir freuen uns besonders über die Unterstützung von Torsten Ziegler und Andrea Nikol (Agentur gelee royale medien, Hamburg) für den Bau der Internetseite www.vompitchzumaward.de.

Ralf Nöcker bedankt sich bei den folgenden Personen:

Ich bedanke mich bei meiner Frau Jacky für ihre Unterstützung und bei meinen Kindern Mathilda und Konrad für die Ablenkung. Außerdem danke ich meinen ehemaligen Kollegen bei der Frankfurter Allgemeinen Zeitung und den aktuellen bei Kienbaum. Und natürlich bei allen, die Input zu diesem Buch gegeben haben – auch wenn sie vielleicht namentlich nicht erwähnt werden.

Heiko Burrack bedankt sich bei den folgenden Personen:

Ich bedanke mich bei meiner Frau Sarah für ihre Geduld und ihr Engagement. Bei Jürgen Hanschur und Jörg Nehring für schnelle Antworten auf meine Fragen, bei Werner Knopf für die Aktivierungsenergie. Dieses Buch ist in tiefster Dankbarkeit meiner Mutter gewidmet.

Das Buch wird im Netz unter der Adresse www.vompitchzumaward.de weitergeführt.

I Wo Werbung gemacht wird

Im vorliegenden Buch geht es um Werbung. Dabei handelt es sich, so lehren akademische Definitionen, um „einen kommunikativen Beeinflussungsprozess mit Hilfe von (Massen-)Kommunikationsmitteln in verschiedenen Medien, der das Ziel hat, beim Adressaten marktrelevante Einstellungen und Verhaltensweisen im Sinne der Unternehmensziele zu verändern." Betriebswirtschaftlich betrachtet ist Werbung Teil der Kommunikation eines Unternehmens, die wiederum einen Teil des sogenannten Marketing-Mix (Produkt-, Preis-, Distributions- und Kommunikationspolitik) ausmacht.

In der Branche selber wird häufig zwischen „klassischer" und „nichtklassischer" Werbung unterschieden. Während relativ klar ist, dass es sich bei klassischer Werbung (man spricht auch von „Above-the-Line-Werbung") um solche in Fernsehen, Radio und Printmedien sowie Plakatwerbung handelt, fällt die Abgrenzung dessen, was nicht der Klassik zuzurechnen ist, weniger eindeutig aus. Nach verbreiteter Auffassung findet nichtklassische Werbung (oder auch „Below-the-Line-Werbung") in neumodischen Medien wie Internet und Mobiltelefon aber auch im Handel statt. Neben der Werbung gibt es andere Formen der Kommunikation wie beispielsweise Öffentlichkeitsarbeit beziehungsweise Public Relations (PR), Messen, Sponsoring oder Verkaufsförderung, die im Folgenden nur am Rande behandelt werden sollen.

Unter einer Werbeagentur versteht man dasjenige Dienstleistungsunternehmen, das für Firmen und andere Auftraggeber die Beratung, Konzeption, Planung, Gestaltung und Realisierung von Werbe- und sonstigen Kommunikationsmaßnahmen übernimmt. Werbeagenturen in diesem Wortsinne gibt es noch gar nicht so lange. Mitte des 19. Jahrhunderts entstanden sogenannte Annoncen-Expeditionen, die man heute als Mediaagenturen bezeichnen würde. Sie vermittelten Anzeigenkunden an Zeitungen und Zeitschriften. Als erste Werbeagentur heutigen Zuschnitts gilt gemeinhin das Unternehmen des Amerikaners J. (James) Walter Thompson. Der kam auf die Idee, den Kunden seiner 1864 gegründeten Agentur

auch die Kreation von Anzeigen anzubieten, und beschäftigte zu diesem Zweck neben den Anzeigenmaklern auch Kreative. JWT, wie die Agentur seit ein paar Jahren schnöde heißt, war auch Vorreiter in Sachen Internationalisierung: Bereits in den neunziger Jahren des 19. Jahrhunderts gab es erste Auslandsniederlassungen.

Eine Zeitlang, etwa bis in die achtziger Jahre des 20. Jahrhunderts, behielten viele Agenturen den Charakter des „Full-Service"-Anbieters, boten also Kreation und Mediaeinkauf plus Beratungsleistungen gleichermaßen an. Dann gliederten viele Agenturen ihr Mediageschäft aus, womit sie auch auf das vor allem dank des neuen Privatfernsehens stark ausgeweiteten Medienangebot reagierten. Zudem schlossen sich zahlreiche Anbieter unter dem Dach von Holdings zusammen. Im Zuge dieser Entwicklungen hat sich die Agenturlandschaft heute stark ausdifferenziert. Es gibt die großen Werbekonzerne, es gibt viele inhabergeführte Kleinanbieter, es gibt kreative Hot-Shops, es gibt Spezialagenturen und auch immer noch Full-Service-Anbieter. Sowohl für Agenturkunden als auch für Jobsuchende ist von einiger Bedeutung, für welchen Agenturtyp sie sich entscheiden.

Wie schon angedeutet, entwickelt sich die Werbebranche in bemerkenswertem Tempo. Agenturen kommen und gehen, ständig gehen neue Sterne am Agenturhimmel auf, andere verglühen. So war vor etwas mehr als zehn Jahren Lintas mit Abstand die Nummer eins der Branche, heute gibt es diese Agentur nicht mehr. Gehörte Leo Burnett mit dem damaligen Chef Michael Conrad zu den besten und kreativsten Anbietern, so durchläuft diese Agentur heute eine schwierige Phase. Hingegen sind Unternehmen wie Kolle Rebbe oder Jung von Matt mittlerweile sehr etablierte Agenturen, obwohl sie erst in den neunziger Jahren gegründet wurden. Das stete Kommen und Gehen hat auch damit etwas zu tun, dass die Einstiegshürden in dieser Branche sehr niedrig sind. Deswegen gibt es hier viele Neugründungen. Und es hat damit zu tun, dass es sich wie sonst vielleicht nur noch in der Beratungsbranche um ein „People's Business" handelt. Wenn zwei, drei Kernfiguren eine Agentur verlassen, kann es für diese schnell eng werden. Aber dazu später mehr. Zunächst soll es nun um die verschiedenen Agenturtypen gehen. Doch erst folgt eine Werbepause.

Werber in eigener Sache

„Zwei von drei Agenturen verstoßen gegen zwei von drei Markenregeln", schreiben Holger Jung und Jean-Remy von Matt in ihrem Buch „Momentum". Dabei haben die beiden nicht etwa die Marken der Kunden im Blick, sondern die Agenturmarken selbst. Die Pflege der eigenen Marke ist für eine Werbeagentur eine der wichtigsten Aufgaben überhaupt. Denn aus Kundensicht gibt es eine ganz einfache Logik: Agenturen, die es nicht geschafft haben, sich selbst und ihre Alleinstellungsmerkmale wirksam in Szene zu setzen, schaffen das auch nicht für ihre Kunden. Das erste, was Werbeagenturen verkaufen müssen, ist also ihre eigene Leistung, schreibt Guido Zurstiege, der den Agenturen daher ein hohes Maß an „Kompetenzdarstellungskompetenz" zubilligt. Agenturen unterscheiden sich, wie im folgenden Abschnitt gezeigt wird, je nach Typ auch in den Mitteln, die sie hierfür einsetzen. Darüber hinaus gibt es alle möglichen Schrullen, Eigenheiten und Mythen, die zur Bildung von Agenturmarken und damit letztlich zum Zwecke der Selbstvermarktung eingesetzt werden. Die Springer & Jacoby-Kultur etwa stand für penibel aufgeräumte Büros, für eine spezielle Struktur und bestimmte Arbeitsprozesse. Jung von Matt gab sich zumindest in der Anfangszeit ein „wildes" Image, hierzu zählte beispielsweise der damals noch ungewöhnliche (und ein bisschen gefährliche) Agenturstandort im Karolinenviertel nahe St. Pauli. Durchaus ein Problem mit dem Thema Eigenvermarktung haben einige Network-Agenturen (aber nicht nur diese). Wer darüber nachzudenken hat, was beispielsweise die Agenturmarken Saatchi & Saatchi, Euro RSCG, Publicis, JWT und Leo Burnett hinsichtlich ihrer Positionierung genau voneinander unterscheidet, hat es nicht leicht.

Aus dem Hang zur Selbstvermarktung, den Kunden von ihren Agenturen implizit verlangen, entsteht ein gewisses Dilemma: Da Agenturen immer auch sich selbst anpreisen wollen, wenn sie sich Werbung ausdenken, denken sie dabei eben nicht ausschließlich an den Kunden und dessen vorrangige Ziele. Eine Kampagne, die für Aufsehen sorgt, ist ihnen also aus verständlichen Gründen lieber als eine weniger spektakuläre, die der Marke des Kunden möglicherweise genauso gut tut oder vielleicht sogar besser.

1 Agenturtypen

Die folgende Systematik – Networks, inhabergeführte Agenturen, Kreativagenturen – ist natürlich nicht logisch. So gibt es kreative Network-Agenturen ebenso wie Kreativagenturen in Inhaberhand. Aber was ist schon logisch in dieser Branche. Und vollständig ist die Systematik auch nicht – so fehlt das Gliederungsmerkmal „Internationalität". Aber die Dreiteilung Inhaberagentur – Kreativagentur – Network-Agentur hat sich nun mal eingebürgert in der Sprache des Kommunikationssektors, und somit müssen wir gliederungslogische Erwägungen über Bord werfen und uns der Realität beugen.

1.1 Network-Agenturen

Hifi-Fan Klaus-Peter Schulz, ehemals Chef der größten deutschen Agenturgruppe BBDO, bemüht gerne die Analogien zu seinem Hobby, wenn er die Vorzüge der Network-Agenturen beschreiben möchte. Er selbst hat sich kürzlich eine neue „High-End"-Anlage zugelegt – komplett aus einer Hand, versteht sich. „Solche Anlagen sind heute perfekt aufeinander abgestimmt und klingen deshalb besser als zusammengestückelte", ist Schulz überzeugt. Und so ähnlich verhalte es sich beim Thema Kommunikation. Kommunikation sei längst mehr als Werbung, und deshalb seien Networks mit ihrem breiten Angebot verschiedener Kommunikationsdisziplinen ideal aufgestellt. Ein Ansprechpartner für alles, das vermindere Reibungsverluste und vereinfache Abstimmungsprozesse beim Kunden.

Das Argument hört man häufiger, wenn man mit Vertretern von Network-Agenturen spricht. Zu dieser Gruppe gehören die ganz Großen der Branche. Unter den Top-Ten der größten deutschen Werbeagenturen stellen sie bei weitem die Mehrheit. BBDO, Grey, Ogilvy, Publicis und andere Network-Agenturen sind die Hüter der ganz großen internationalen Etats. Dieser Agenturtyp zeichnet sich dadurch aus, dass die jeweilige Landesgesellschaft Teil eines internationalen Netzwerkes aus Agenturen ist. Dieses Netzwerk gehört in der Regel seinerseits zu einer Holding. Die französische Netzwerkagentur Publicis agiert beispielsweise unter dem Dach einer Holding gleichen Namens, zu der unter anderem auch die Werbeagenturen Leo Burnett und Saatchi & Saatchi sowie die Mediaagentur Zenith-Optimedia gehören. Eine der größten Holdings ist derzeit die britische WPP (die Abkürzung steht für Wire and Plastic Products und verweist auf das frühere Betätigungsfeld der Firma: die Herstellung von Einkaufskörben). Zu ihr gehören die Agenturgruppen Grey Global Group, Ogilvy & Mather Worldwide, Young & Rubi-

14

cam und JWT (früher bekannt unter J. Walter Thompson Co.). Zu den Wettbewerbern von WPP gehören die New Yorker Holding Interpublic mit Agenturgruppen wie Draftfcb und McCann Erickson, Omnicom-Gruppe (BBDO, TBWA) sowie die Publicis Holding (Saatchi & Saatchi, Leo Burnett, Publicis) und Havas (Euro RSCG) aus Frankreich.

Network-Agenturen bieten in der Regel ein relativ breites Leistungsspektrum an, verfügen also unter einem Dach nicht nur über klassische Werbeagenturen, sondern auch beispielsweise über Dialog-, Promotion- oder Online-Anbieter. Die Muttergesellschaften beziehungsweise Holdings, die das Dach über den Network-Agenturen bilden, die selbst wiederum alle möglichen Agenturen unter sich versammeln, sind sogar aus dem Gedanken entstanden, Vielfalt anbieten zu können. Die einzelnen Agenturen aus den Networks waren in ihren Ursprüngen inhabergeführte Unternehmen. In den vergangenen Jahren sind diese Agenturen näher zusammengerückt, und es scheint, als sei eine noch stärkere Konzentration gewollt. Gerade WPP macht immer wieder durch größere Übernahmen von sich reden.

	Netzwerk	Umsatz weltweit 2006 (Mio. Dollar)
1	Dentsu, Tokio	2487,0
2	McCann-Erickson Worldwide	2127,4
3	BBDO Worldwide	2099,8
4	DDB Worldwide Communications-Group	2077,8
5	Ogilvy & Mather Worldwide	1714,1
6	Young & Rubicam Brands	1588,3
7	TBWA Worldwide	1523,1
8	JWT	1496,7
9	Publicis Worldwide	1243,8
10	Leo Burnett Worldwide	1185,0

Tabelle 1: Die zehn größten Agentur-Netzwerke (Quelle: Advertising Age)

In welchem Ausmaß das Network in den einzelnen Disziplinen Stärken zeigt, hat meist mit der Kundenhistorie zu tun. Genauer: Mit den von großen Kunden, die häufig über Jahre mit einer Agenturgruppe international zusammenarbeiten, geforderten Dienstleistungen. Beispiel Ogilvy: Einer der großen Kunden ist seit Jahren der Kreditkartenanbieter American Express. Dessen Geschäftsmodell bringt es mit sich, dass Kundendaten in hoher Zahl anfallen und eine große Bedeutung für das Geschäft haben.

Die Ansprüche des Unternehmens auch an seine Agenturen sind, was Datenmanagement und Dialogmarketing angehen, hoch. Also baute Ogilvy auf diesem Feld frühzeitig spezielle Fähigkeiten auf und ist mit Ogilvy-One heute einer der führenden Anbieter im Dialogmarketing. Andere Networks, die beispielsweise über große Kunden aus dem Konsumgüterbereich verfügen, besitzen dagegen besondere Kompetenzen im Bereich Promotions beziehungsweise Verkaufsförderung.

Dass die Networks jedoch alles gleich gut können und ihren Kunden deshalb eine Art „One-Stop-Shopping" in Sachen Marketing-Kommunikation anbieten können, gehört wohl eher in die Kategorie Eigenwerbung. Meist hinter vorgehaltener Hand, teils aber auch ganz offen räumen selbst Network-Chefs ein, „360-Grad-Kommunikation", „Integrierte Kommunikation" oder wie auch immer das jeweils bezeichnet wird, finde in der Realität kaum statt. Als Begründung heißt es dann häufig, die Kundenseite sei schlicht organisatorisch nicht so aufgestellt, dass sämtliche Verantwortlichkeiten für alle Formen von Marketingkommunikation in einer Hand beziehungsweise Abteilung gebündelt seien. Wenn es jedoch auf Kundenseite nicht den einen Ansprechpartner gibt, braucht es diesen auch auf Agenturseite nicht, heißt es dann.

In der Praxis hat man es auch beim Branchenprimus BBDO wohl weniger mit einem Supermarkt als vielmehr mit einem Einkaufszentrum zu tun. Das heißt, es gibt zwar alle Disziplinen unter einem Dach, diese agieren aber zumindest teils relativ unabhängig. So nannte denn auch Ex-CEO Schulz BBDO stets eine „diversifizierte Unternehmensgruppe", in der auch das Unternehmertum in den BBDO-Spezialagenturen – also etwa BBDO Campaign für die klassische Werbung, Interone für Multimedia und interaktive Kommunikation oder Pleon Kohtes Klewes für Öffentlichkeitsarbeit – gefördert werden soll. Und von jeher haftet der BBDO-Gruppe der Ruf an, dass starke Landesfürsten ihrer Führung das Leben schon einmal sehr schwer machen können. Die Geschäftsführer der Agenturen der BBDO-Gruppe sind auch nur zum Teil am Ergebnis der Gruppe beteiligt, der andere Teil entweder nur am Ergebnis der eigenen Agentur oder an beidem. Schulz hat aber auch Argumente parat, die zeigen sollen, dass die Gruppe eben doch mehr ist als die Summe ihrer Einzelteile. Etwa die Nachfrage der Kunden nach einem solchen Angebot: Für sieben von zehn Kunden arbeitet BBDO nach eigener Aussage mit mindestens drei Agenturen der Gruppe. Den Anteil der integrierten, das heißt nach BBDO-Definition von mindestens drei Spezialagenturen der Gruppe zugleich betreuten Projekten am Honorarumsatz beziffert das Unternehmen mit immerhin knapp 50 Prozent.

So liegt die eigentliche unbestrittene Stärke der großen Netzwerke in der Internationalität. Sie sind die Vehikel global agierender Konzerne, um internationale Kampagnen umzusetzen. Damit kommen global tätige Großunternehmen um diesen Agenturtypen praktisch nicht herum. Diese Internationalität hat allerdings auch ihre Kehrseite. Für die einzelne zumal deutsche Landesgesellschaft ist es nicht immer nur erquickend, für internationale Kunden beziehungsweise für Etats zu arbeiten, die primär bei der im Ausland domizilierenden Muttergesellschaft liegen und auch von dieser gewonnen wurden. Denn dann heißt Werben im Wesentlichen Adaptieren, also Anpassen einer im Ausland entwickelten Kampagne an die jeweiligen Landesgegebenheiten. Kreative Höchstleistungen sind hier nicht nur nicht erforderlich, sondern in der Regel sogar ausdrücklich nicht erwünscht. Entsprechend unbeliebt sind Network-Agenturen trotz ihrer teils klangvollen Namen (Leo Burnett, Young & Rubicam) bei vielen Kreativen. Gute Kreative wollen denken, und das können sie im Netzwerk nicht oder nicht in angemessenem Umfang. Deshalb gehen viele gute Kreative erst gar nicht hin. Damit bleibt der kreative Output in der Regel auf bescheidenem Niveau, was wiederum verhindert, dass nationale Kunden Interesse an der Agentur haben.

Ein Teufelskreis, aus dem viele Network-Agenturen aber mittlerweile auszuscheren scheinen (siehe Rangliste „Die kreativsten Agenturen in Deutschland", Tabelle 3) – am eindrucksvollsten vielleicht die deutsche Agentur Ogilvy, die seit Jahren auch in den einschlägigen Kreativrankings gut abschneidet und gleichzeitig über einen hohen Anteil selbst gewonnenen nationalen Geschäfts verfügt. Gleichzeitig findet sich hier eine für die Branche außergewöhnlich geringe Fluktuation in der Führungsriege. Genau umgekehrt verhält es sich beispielsweise bei Leo Burnett. Hier wird überwiegend für Network-Kunden gearbeitet, ständig wechselt der CEO (Chief Executive Officer oder Geschäftsführer), der kreative Output ist bescheiden. Ähnlich sah es bei JWT (vormals J. Walter Thompson) aus, immerhin älteste Werbeagentur der Welt. Die Network-typischen Schwächen hat man auszutreiben versucht, indem man zwei Chefs an der Spitze installierte, die aus Kreativagenturen stammen. Der Erfolg war bislang mäßig.

Die negativen Netzwerk-Besonderheiten scheinen übrigens in besonders hohem Maße die deutschen Tochtergesellschaften zu betreffen. In anderen Ländern gehören Networks zu den kreativsten Anbietern am Markt. In Südamerika etwa, aber zunehmend auch in Asien. Die Dominanz der Network-Agenturen – oft lokale Player, die übernommen wurden – bewirkte dort häufig, dass sich inhabergeführte Kreativ-Hot-Shops überhaupt nicht

erst etablieren konnten. Unterschiede gibt es aber auch auf Ebene der Muttergesellschaften. So sieht beispielsweise Markus Reiser, Geschäftsführer der Agenturgruppe SEA, zum einen den Unterschied zwischen jenen Networks, die aus den Vereinigten Staaten heraus gesteuert werden, und solchen, bei denen dies aus Europa heraus geschieht. In europäischen Gruppen gebe es sehr viel mehr Freiheitsgrade. Ohne ein Network im Rücken findet Reiser das Arbeiten heute schwierig, da mittlerweile auch mittelständische Kunden eine internationale Orientierung haben. Zudem stelle die Finanzierung für inhabergeführte Agenturen zunehmend ein Problem dar. Die Banken würden ihnen mangels Sicherheiten zu geringe Kreditlinien zugestehen.

Aus Sicht potentieller Mitarbeiter kann eine Network-Agentur durchaus eine interessante Adresse darstellen. Ein Pluspunkt dieser Unternehmen ist das Angebot vielfältigster Karrierewege. Ein Network-Agentur bietet beispielsweise einem Kundenberater sowohl horizontale (strategische Planung, klassische Werbung, Customer Relationship Management, Internet, Event/Promotion, Verkaufsförderung, Verkaufsliteratur) als auch vertikale (Junior, Senior, Etat Director, Teamleitung, Geschäftsleitung, Geschäftsführung) Entwicklungsperspektiven. Hinzu kommen die Möglichkeiten, die sich aus der internationalen Präsenz ergeben. Man muss allerdings die Führungsstruktur mögen. Einige Network-Agenturen neigen dazu, relativ träge zu agieren, was auch mit ihrer Größe und den entsprechend vielen Hierarchieebenen zu tun hat.

Wobei sich auch in dieser Frage einzelne Agenturgruppen erheblich voneinander unterscheiden können, was in erster Linie mit der jeweiligen Führungsmannschaft zu tun hat. Es gibt in Networks Geschäftsführer, die sich wie Apparatschiks gebärden, und andere, die sich und ihre Agentur wie Unternehmer bewegen. Grundsätzlich haben Network-Agenturen in der Tendenz eine höhere Fluktuation in der Führung als kleinere Agenturen. Der relativ häufige Austausch der angestellten Manager und damit Ansprechpartner stößt bei vielen Kunden nicht gerade auf Gegenliebe. Die Hauptquartiere der Networks steuern ihre Agenturen, indem sie ihnen Gewinnziele vorgeben, was die Freiheitsgrade der einzelnen Agenturchefs begrenzen kann. Das hat auch damit zu tun, dass Network-Agenturen über ihre eigenen Muttergesellschaften beziehungsweise Holdings börsennotiert sind und deshalb den Eigentümern – also den Anteilseignern – gerecht werden müssen. In diesem Korsett stecken inhabergeführte Agenturen sehr viel weniger, da dort der Inhaber auch mal bereit ist, mit ein paar „Mark" weniger nach Hause zu gehen.

Für den Geschäftsführer einer Network-Agentur stehen dagegen die Gewinn-ziele immer an erster Stelle, inwieweit er den Weg zum Erreichen dieser Ziele selbst bestimmen kann, unterscheidet sich von Network zu Network. Wie frei sich eine Führungskraft innerhalb einer Agenturgruppe bewegen kann, ist in der Regel Verhandlungssache. Nicht aushandeln kann sie dagegen die Pflich-ten, die ihr der Sarbanes Oxley Act auferlegt. So liegen in den Büros der deut-schen Geschäftsführer einer an der New York Stock Exchange notierten Agenturgruppe zentnerschwere Papiere, in denen sich Anweisungen zu Risi-komanagement und Veröffentlichungspraktiken befinden. Und wehe, man lässt sich hier des Schlendrians überführen.

1.2 Inhabergeführte Agenturen

Hier haben wir es mit dem ältesten Geschäftsmodell zu tun. Historisch gesehen ist die Werbeagentur im Prinzip eine Weiterentwicklung des Wer-beberaters. Als prototypische Wegbereiter seien George Batten (eines der „B"s im Agenturnamen BBDO) und David Ogilvy (dessen Agentur heute unter diversen Ogilvy-Kopplungen unter der Holding WPP Group ange-siedelt ist) genannt. Die rasch einsetzende Internationalisierung der Bran-che in den zwanziger Jahren des vergangenen Jahrhunderts und dann wie-der in der Nachkriegszeit hat die damals von deutschen Inhabern geführ-ten Werbebüros bis heute fast komplett verdrängt. Wer weiß noch etwas mit den Namen Hanns W. Brose und Hans Domizlaff, Hubert Strauf oder Hubert Troost, Max Pauli, Karl Gramm oder Hans Wündrich-Meißen anzufangen – um nur einige zu nennen.

	Agentur	Umsatzhonorar netto 2006 (Mio. Euro)
1	Serviceplan, München	108,72
2	Jung von Matt, Hamburg	53,67
3	Media Consulta, Berlin	52,13
4	Fischer Appelt Kommunikation, Hamburg	24,10
5	Zum Goldenen Hirschen, Hamburg	13,37
6	B + D, Köln	13,33
7	Kolle Rebbe Werbeagentur, Hamburg	13,23
8	Change, Frankfurt	13,12
9	Philipp und Keuntje, Hamburg	12,41
10	Wob, Viernheim	12,03

Tabelle 2: Die größten zehn Inhaberagenturen in Deutschland (Quelle: Horizont)

Wobei aus Sicht von Ingo Wedemeyer, Geschäftsführer der Frankfurter Agentur RWGK, Hans Domizlaff wohl die tiefsten Spuren hinterlassen hat, denen die Inhaber unserer Tage mehr oder weniger folgen. Seine Maxime umreißt die Rolle und das Selbstverständnis eines Inhabers (altmodisch) präzise: „Ich muss von dem von mir markentechnisch zu einem lebendigen Wesen zu beseelenden Objekt persönlich qualitativ als Ausnahmeleistung begeistert sein. Es ist ein Irrtum, der heute leider mehr und mehr um sich gegriffen hat, wenn man die Schaffung von Markenartikeln und Werbemitteln zu einer Rechenaufgabe macht."

Denn der wesentliche Unterschied zwischen dem angestellten Manager einer System- beziehungsweise Network-Agentur und einem Agenturinhaber ist die persönliche Verantwortung. Während Systemagenturen ihren Output über Kreativdirektoren und Creative Boards steuern, läuft es bei inhabergeführten Agenturen immer auf den oder die Inhaber zu. Ohne ihr Plazet verlässt kein kreatives Produkt die Agentur, sie verantworten persönlich die Qualität und Wirksamkeit der von der Agentur empfohlenen und produzierten Maßnahmen. Befragt man allerdings Network-Manager zu dem Thema, kommt man zu anderen Befunden. In Bezug auf das Management sieht beispielsweise Tonio Kröger, CEO der DDB Group Germany, zwischen inhabergeführten und Network-Agenturen keine wesentlichen Unterschiede – jedenfalls nicht, solange sich ein angestellter Manager als Unternehmer betätigen kann und dies auch tut. Insofern hänge der Grad der Flexibilität einer Agentur weniger von der Besitzerstruktur ab als von der jeweiligen personellen Besetzung des Managements.

Diese persönliche Verantwortung für die Leistungen der Agentur, also für das Ende des Arbeitsprozesses, prägt in starkem Maße den Beginn dieses Prozesses: Ein Inhaber misst das Briefing des Kunden für eine Aufgabe sofort an seinem persönlichen Bild des Unternehmens oder der Marke. Er ist darum oft ein unbequemerer Partner als der angestellte Kundenberater, weil er mehr hinterfragt oder sogar Zweifel äußert. Wenn sich ein Unternehmen für die Zusammenarbeit mit einer inhabergeführten Agentur interessiert, ist es essentiell, dass die moralische, ethische und gesellschaftspolitische Orientierung beider Partner harmoniert. Um es zu veranschaulichen: Die „Geiz ist geil"-Kampagne, von einer inhabergeführten Agentur entwickelt, wäre mit vielen anderen Inhabern mit Sicherheit nicht zu machen gewesen. Schließlich ist sie, gerade mit Blick auf das Image von Agenturen und deren gesellschaftliche Verantwortung, umstritten.

Andererseits war diese Kampagne äußerst typisch für das Selbstverständnis des Auftraggebers. Da genau diese originäre Übersetzung des Charakters eines Unternehmens, einer Marke oder Dienstleistung zu den absoluten Stärken von inhabergeführten Agenturen zählt, ist es unabdingbar, dass der Kunde und der Agenturinhaber ein kompatibles Weltbild haben. Das ist bei Netzwerk-Agenturen ein marginales Kriterium: Da die Kreativen von jedweder Verantwortung freigestellt sind, entwickeln sie oft Ideen, die sich nicht zwingend mit dem Kunden verbinden, aber durchaus wirksam sind. Generalisierend könnte man feststellen, dass die kreativen Leistungen der inhabergeführten Agenturen sehr viel unterschiedlicher sind als die anderer Agenturtypen. Das liegt natürlich auch daran, dass die Fluktuation in Netzwerkagenturen sehr viel höher ist – und damit auch der gegenseitige Austausch von Kreativen.

Man sollte annehmen, dass mittelständische Kunden und die meist ebenfalls mittelständischen inhabergeführten Agenturen gut harmonieren. Das Gegenteil ist jedoch häufig der Fall. Neben der zu großen Ähnlichkeit sind es vor allem psychologische Faktoren, die eine Zusammenarbeit meist unerfreulich gestalten. Da das von Kunden gezahlte Honorar für einen Agenturinhaber – neben dem wirtschaftlichen Nutzen – die psychologische Wirkung einer Belohnung und Bestätigung hat, wird er ein angemessenes finanzielles Niveau anstreben. Mittelständische Kunden haben aber die Neigung, jede Forderung für eine Leistung, die keinen nachvollziehbaren Nutzen bringt, als zu hoch zu empfinden. Das führt zu Auseinandersetzungen und gegenseitigem Misstrauen: Keine gute Basis für eine erfolgreiche Zusammenarbeit.

Im Windschatten der Internationalisierung der Agenturbranche in den siebziger und achtziger Jahren wurde eine ganze Reihe kleiner inhabergeführter Agenturen gegründet, die teilweise erstaunlich erfolgreich wurden. Das lag einerseits daran, dass sie deutlich preiswerter arbeiten konnten als die Netzwerkagenturen mit ihren überdimensionierten Wasserköpfen, und anderseits daran, dass sie von ihren Kunden gerne weiter empfohlen wurden, denn diese Agenturen hatten Namen und Gesichter und keine anonyme Zentrale in New York. Die Zäsur kam im September 2001. Bis zu diesem Datum war der werblichen Kommunikation – trotz der immer wiederkehrenden Debatten über ihre Wirkung – ganz allgemein zugetraut worden, das Verbraucherverhalten im Sinne des jeweiligen Kunden zu beeinflussen. Der wirtschaftliche Einbruch, der unmittelbar nach dem 11. September einsetzte, bewies das Gegenteil: Noch nie zuvor in der Wirtschaftsgeschichte war so gnadenlos sichtbar geworden, wie gering die Wirkung

von Werbung auf Menschen ist beziehungsweise wie abhängig ihre Entfaltung vom sozialpolitischen Umfeld ist.

Die Auswirkungen dieser Erkenntnis sind bis heute spürbar, man könnte von einer „Industrialisierung" der Kommunikationsbranche sprechen, die sich sowohl in einer Konsolidierungswelle als auch in nutzlosen Massen-Pitches manifestiert. Mit gravierenden Folgen für die inhabergeführten Agenturen, zu deren Unternehmenskonzept die Begrenzung ihrer Größe gehört: In Zeiten der Unsicherheit geht praktisch jeder Kunde auf Nummer sicher, und das Gefühl dieser Sicherheit vermitteln große Netzwerkagenturen viel eindrucksvoller als kleine inhabergeführte Anbieter. Die quasi automatische Kundengewinnung durch Weiterempfehlung ist praktisch zum Erliegen gekommen. Doch es gibt einen Silberstreifen am Horizont: Je mehr ethische Motive (Umweltschutz, Fair Trade et cetera) die Kaufentscheidungen der Verbraucher beeinflussen, desto öfter interessieren sich Kunden wieder für inhabergeführte Agenturen, da sie ihnen eher die für dieses Thema nötige Sensibilität zutrauen.

Inhabergeführte Agenturen sind typischerweise klein und haben einen regional begrenzten Wirkungskreis. Bei solchen regionalen Agenturen handelt es sich meistens um Full-Service-Anbieter, die für ihre Kunden alle Bereiche der werblichen Kommunikation abdecken. Wenn eine Umsetzung, wie es oft beim Internet oder bei Messen/Events/Promotion der Fall ist, nicht durch sie selbst erfolgen kann, kaufen sie diese Leistung von außen zu. Entweder treten sie gegenüber dem Kunden dann trotzdem als Ansprechpartner auf oder aber sie vermitteln nur den Kontakt zu einer anderen Agentur und erhalten im Gegenzug Kontakte zu Unternehmen, die ihr eigens Leistungsspektrum nachfragen. Die Kunden von regionalen Agenturen sind meistens auf dem deutschen Markt tätig – lokal, regional oder überregional. Trotz dieser räumlichen Begrenzung bietet sich einem Kundenberater hier ein vielfältiges Tätigkeitsfeld, bei dem er die unterschiedlichsten Projekte für seine Kunden umsetzen kann. In einer regionalen inhabergeführten Agentur gibt es flache Hierarchien, die es dem Kundenberater ermöglichen, schnell Projekte eigenverantwortlich zu betreuen. Meistens berichtet er direkt an den Inhaber/Geschäftsführer. Andrerseits bieten sich hier naturgemäß weniger Aufstiegsmöglichkeiten. Meist besteht die Struktur der Kundenberatung einer regionalen Agentur darin, dass es den Inhaber/Geschäftsführer gibt, dann kommen die Berater, ohne weitere Unterteilung, und dann die Auszubildenden.

Obwohl die meisten inhabergeführten Agenturen nur auf dem deutschen Markt tätig sind, wächst für sie der Druck, international aktiv zu werden. Dies hängt auch damit zusammen, dass nationale Kunden ihre Produkte im Ausland anbieten und deswegen ihre Agentur mitnehmen wollen. So sieht Tobias Bartenbach, Inhaber der Agentur Bartenbach & Co. aus Mainz, in der Internationalisierung eine der wichtigsten Herausforderungen inhabergeführter Agenturen. Eigene Niederlassungen zu gründen erscheint Bartenbach dabei als wenig zweckmäßig, da dies zu kapitalintensiv ist. Sich an bestehende internationale Networks anzudocken ist ebenfalls kein Weg, da so viel von der eigenen Unabhängigkeit verlorengeht. Als sinnvollste Option sieht Bartenbach, sich an ein bestehendes Network von inhabergeführten Agenturen anzuschließen. Diese Zusammenschlüsse, wie das United Agencies Network oder The Business Branding Network, versprechen den Mitgliedern, ihre Leistungen europaweit oder gar weltweit anzubieten.

Aber auch dieses Vorgehen ist alles andere als unumstritten. So sieht Stuart Nessbach, Inhaber der Kölner Agentur Nessbach, zwar auch die Notwendigkeit einer Internationalisierung gerade von inhabergeführten Agenturen, gleichzeitig zweifelt er jedoch daran, dass man dies über Partneragenturen in anderen Ländern realisieren kann, die ihrerseits selbständig sind. Die wesentlichen Schwierigkeiten einer solchen Partnerschaft sieht er in der notwendigen Kontrolle und der Zusammenarbeit im operativen Geschäft. Für Nessbach sind derartige Lösungen primär PR-Geschichten, die nicht unbedingt in der Realität funktionieren beziehungsweise gar nicht wirklich genutzt werden. Nessbach ist in der glücklichen Situation, fallweise mit einem internationalen Netzwerk zu kooperieren, wodurch er bei entsprechenden internationalen Aufträgen die dezentrale Umsetzung vor Ort gewährleisten kann. Für ihn ist dies eine glaubwürdige und gute Lösung.

Sollen solche Lösungen funktionieren, muss sich der Kunde allerdings ganz klar zur inhabergeführten Agentur bekennen und diese auch wollen. Es gibt weiterhin die Möglichkeit, internationale Aufträge aus Deutschland heraus zentral zu steuern, ohne ein unabhängiges oder institutionalisiertes Netzwerk. Man kann sich dazu beispielsweise der Infrastruktur des Kunden bedienen. Nicht immer wollen international tätige Unternehmen aber auch international aufgestellte Kommunikationsdienstleister. Einige dieser Unternehmen begreifen die länderübergreifende Markenführung als ihre höchst eigene Aufgabe und suchen sich deswegen in den einzelnen Ländern die speziellen inhabergeführten Agenturen, die dies dort jeweils am besten umsetzen können. Diese Art globaler Markenführung ist jedoch eher die Ausnahme.

Die Kreativagentur stellt das dar, was sich der Zuschauer des Vorabendprogramms unter einer Werbeagentur vorstellt. Hier brodelt es, hier arbeiten vor allem junge Menschen, hier entstehen Kampagnen, die preisverdächtig sind. Beispiele für diesen Agenturtyp sind etwa Jung von Matt, Kemper Trautmann und – mittlerweile mit leichten Abstrichen – Springer & Jacoby. Kreativagenturen bieten schwerpunktmäßig die klassischen Werbeformen – das sind Presse (Zeitungen, Zeitschriften), Außenwerbung (Plakate), Radio, Fernsehen und Kino – an, entdecken jedoch zunehmend das Thema „Online" für sich. Sie sind auf Gedeih und Verderb auf gute Kreative angewiesen. Die Eintrittsbarrieren in den Agenturmarkt sind niedrig beziehungsweise praktisch nicht vorhanden – eine Agentur kann eigentlich jeder sofort gründen. Tatsächlich geschieht das auch recht häufig, immer wieder gibt es „Spin-offs" etablierter Agenturen, vornehmlich von Springer & Jacoby oder von Jung von Matt. Im Ergebnis gibt es, wie Ogilvy-Chef Lothar Leonhard immer wieder betont, „mehr Agenturen als irgendwer braucht".

Kreativagenturen funktionieren nur dann, wenn kaufmännische Expertise und Kreativität zusammenfinden, wenn es gelingt, tragfähige Strukturen aufzubauen, und wenn Top-Kreative gewonnen werden können – und im Endeffekt, wenn Kunden akquiriert und gehalten werden können. Wenn nicht, verschwinden die Agenturen eben einfach wieder – auch die Austrittsbarrieren sind niedrig. Mit der Frage konfrontiert, was denn eigentlich eine Kreativagentur genau ausmacht, verweist Niels Alzen, ehemaliger Geschäftsführer der Hamburger Agentur Santa Maria auf die Avantgarde-Rolle, die dieser Agenturtypus spielt: Kreativagenturen haben seiner Ansicht nach schon heute Ideen für ihre Kunden, die absolut neu sind und die der Mainstream erst in drei Jahren umsetzen wird. „Eine Kreativagentur macht heute schon Sachen, die mutig sind. Später machen die anderen dasselbe, weil es nicht mehr so mutig ist, weil man es gelernt hat", sagt Alzen.

Im Innenleben ist der Kreativ-Hot-Shop dadurch geprägt, dass er hungrige Leute anzieht, die heute schon genau diese neuen Dinge machen wollen. Allerdings muss eine solche Agentur die passenden Kunden finden, die ihr hier auch folgen wollen. So wie etwa der Autoverleiher Sixt, der so manche Verrücktheit seiner Agentur Jung von Matt mitmachte und dieser dadurch zum Aufstieg mit verhalf. Nicht jeder jungen Kreativagentur ist dieses Glück beschieden. Gerade am Anfang ist es schwierig mit den eigenen Ansprüchen an die Kreativität, denn unter Umständen gilt es auch Kunden zu bedienen, die ganz andere – weniger mutige, freche, kreative – Vorstel-

lungen haben. Dann aber gerät man schnell in Gefahr, zu einer Main-stream-Agentur zu werden. Gerade auch deswegen wünschen sich Chefs von Kreativagenturen und deren Mitarbeiter immer wieder mehr Mut und mehr Pioniergeist auf Kundenseite. Und dürfen sich im Gegenzug anhören, man mache schließlich nicht in Kunst, sondern müsse Produkte verkaufen. Das Verhältnis zwischen Kunde und Agentur kann mitunter schwierig sein. Doch dieses heikle Thema kann und soll hier nicht erörtert werden.

Die typische Kreativagentur arbeitet im nationalen Rahmen. Beispiels-weise haben Jung von Matt oder Kemper Trautmann kein Auslandsge-schäft in nennenswertem Umfang. Die Agenturgruppe Scholz & Friends versucht eine Art europäische Internationalisierungsstrategie plus Koope-ration mit dem Netzwerk Lowe. Vielleicht wichtiger als die Internationali-sierung ist für diesen Agenturtyp die eigene Personalpolitik. Denn gerade für Kreativagenturen spielen die Menschen, die dort beschäftigt sind, eine entscheidende Rolle für ihre Reputation am Markt. Nicht selten folgen Unternehmen ihren wichtigsten Ansprechpartnern in der Agentur, wenn diese den Arbeitgeber wechseln. Auch das Branding von Kreativagenturen zeigt, dass es sich hier um ein stark personenbezogenes Geschäft handelt: Nicht selten tragen diese Agenturen auch die Namen ihrer Gründer, es sei denn, sie wollen auch hier schon ihre Kreativität beweisen („Red Rabbit", „Zum Goldenen Hirschen"). Die folgende Rangliste der kreativsten deut-schen Agenturen zeigt indes, dass längst nicht mehr nur die Kreativagentu-ren bei den einschlägigen Wettbewerben punkten. Im Gegenteil – unter den Top-Ten befinden sich nahezu ebenso viele gemeinhin als unkreativ verschrieene Network-Agenturen wie Hot-Shops.

	Agentur	Punkte
1	Jung von Matt, Hamburg	2170
2	DDB, Berlin	1445
3	Scholz & Friends, Berlin	916
4	BBDO, Düsseldorf	896
5	Ogilvy & Mather, Frankfurt/Main	719
6	TBWA, Berlin	667
7	Kolle Rebbe, Hamburg	582
8	Nordpol, Hamburg	442
9	Serviceplan, München	378
10	Grabarz und Partner, Hamburg	337

Tabelle 3: Die zehn kreativsten Agenturen in Deutschland 2007 (Quelle: Manager Magazin)

Dabei sind gerade die Kreativagenturen auf hohe Punktzahlen im eben gezeigten Ranking angewiesen. Für keinen anderen Agenturtypen sind Awards, also Auszeichnungen auf Werbefestivals wie in Cannes oder beim Art Director's Club in Berlin, so wichtig wie für Kreativagenturen, stellen sie doch ein Höchstmaß an Kompetenzvermutung aus Kundensicht her (siehe folgenden Kasten). Um solche Preise einzuheimsen, beschäftigen sie eigens dafür abgestellte Mitarbeiter, die eigens dafür gewonnene Kunden mit eigens zu diesem Zwecke entworfenen Kampagnen beglücken. Das ist vergleichbar mit Modelabels, die sich auf Haute-Couture-Schauen ihre Reputation erwerben, von der sie dann hoffentlich im breiten Markt profitieren können.

Awards – die maßgebliche Währung

Natürlich wird auch in der Automobilindustrie das „Goldene Lenkrad" verliehen. Wahrscheinlich gibt es sogar überhaupt keine Branche, die nicht über ihren Verband oder auf anderem Wege Preise verleiht. Aber in der Werbung ist das etwa ganz anderes. Die Preise, die es hier zu gewinnen gibt, haben direkte Auswirkungen auf das Geschäft der Gewinner. Denn viele Kunden schauen genau hin, wie viele der relevanten Awards eine Agentur gewonnen hat, wenn sie sich nach einem neuen Kreativdienstleister umschauen. Fachzeitschriften wie Horizont und Werben & Verkaufen, aber auch das Manager Magazin veröffentlichen regelmäßig „Kreativ-Rankings", in denen die Agenturen je nach Erfolg bei den einschlägigen Werbefestivals aufgelistet sind. Diese Rankings haben als Mittel der Agenturvermarktung zuletzt sogar an Bedeutung gewonnen, seitdem die Network-Agenturen keine Umsätze mehr angeben und es somit keine „Die größten Agenturen in Deutschland"-Rankings mehr geben kann. Es gibt mittlerweile Dutzende von Preisen für Werbung. Zu den wichtigsten gehören die beim Werbefestival in Cannes verliehenen „Löwen", das Clio-Festival in New York beziehungsweise London und – speziell für Deutschland – die vom Art Director's Club (ADC) verliehenen goldenen, silbernen und bronzenen Nägel.

Mittlerweile auch europaweite Bedeutung hat daneben der „Effie", den in Deutschland der Branchenverband GWA verleiht. Er unterscheidet sich von den anderen Awards dadurch, dass er nicht die kreative Idee in den Vordergrund stellt, sondern den tatsächlich von der Kampagne

erzielten oder beförderten Erfolg des beworbenen Produkts am Markt. Der Juror beim ADC muss also eine Idee lediglich „kreativ" finden oder nicht, der Effie-Juror muss seitenweise Marktforschungsresultate wälzen. Preise wie der Effi sind nach Ansicht von Sven A. Crone (Ogilvy & Mather, Düsseldorf) von großer Bedeutung, weil er ein Beweis dafür ist, dass man den „Job richtig gemacht" hat. Dies ist deswegen so wichtig, weil die Effizienzkontrolle in den letzten Jahren stark zugenommen hat. Es erfüllt sowohl die Agentur als auch den Kunden mit Stolz. Für Sven Eggert, Geschäftsführer der Düsseldorfer Agentur Eggert Group, hat der Effie die größte Bedeutung.

Eggert hält das Thema Awards, bis auf den Effie, für „Agentur-Inzest", da man sich innerhalb der Jury gegenseitig einen Gefallen tut und so die Awards vergeben werden. Da die Agenturen Zahlen nicht mehr veröffentlichen dürfen, erhalten die Awards eine höhere Wichtigkeit, da darüber die Bedeutung der Agentur beschrieben wird. Keine andere Branche ist so „award-fixiert" wie die Werbebranche. Aufwand und Ertrag stehen aus seiner Sicht in keinem Verhältnis. Es gibt jedoch auch Agenturen, die sehen das Thema Awards gelassen. Mitra Esmailzadeh, Geschäftsführerin der Düsseldorfer Werbeagentur Brand Lounge, unterscheidet zwischen Kunden, die davon beeindruckt sind, und anderen, denen Preise schlicht egal sind. Die Agentur nimmt konsequenterweise an Kreativwettbewerben nicht teil, da Aufwand und Wirkung in einem fraglichen Verhältnis stehen, sofern man nicht über gute Beziehungen zu den Preisverleihern verfügt oder am besten gleich in der Jury sitzt. Für Ercan Öztürk, Geschäftsführer von Springer & Jacoby, der Agentur, die als eine Art Keimzelle der deutschen Kreativagenturen gilt und in der Unternehmen wie Jung von Matt und Kemper Trautmann ihre Wurzeln haben, sind Awards dagegen die Währung der Branche. Die Preise dienen aber nicht nur als potentielle Visitenkarte der Agenturen, sie stellen auch ein willkommenes Motivationsinstrument dar. Für Top-Kreative kommt eine Agentur, in der es keine Aussicht auf den Gewinn eines der begehrten Preise gibt, schlicht nicht in Frage. Insofern haben die Top-Ten der Kreativrankings auch weitaus geringere Sorgen, geeigneten Kreativnachwuchs für sich zu gewinnen, als der Rest. Und insofern kann man die Entscheidung von Springer & Jacoby aus dem Jahr 2006, aus Kostengründen auf Einreichen von Arbeiten bei den Festivals zu verzichten, vorsichtig formuliert nur als etwas kurzsichtig bezeichnen. Sie wurde dann ja auch wieder verworfen – zusammen mit dem Management, das sie sich ausgedacht hatte.

Um möglichst viele Kreativpreise einzuheimsen, ist den Agenturen nahezu jedes Mittel recht. In den Statuten der meisten Festivals heißt es, nur wirklich geschaltete Kampagnen im Auftrag richtiger Kunden dürfen eingereicht werden. Nun ist aber der gemeine Kunde risikoscheu und setzt selten Kampagnen ein, die wirklich so kreativ sind, dass sie als preisverdächtig erscheinen müssten. Also nimmt sich die Agentur selbst einen Kunden, entwirft für diesen ein Plakat, das er einmal irgendwo aufhängt, und schon sind die Kriterien der Festivalveranstalter erfüllt. So darf sich selbst die kleine Kunstgalerie in der mittelhessischen Provinz, wenn sie Glück hat, plötzlich Kunde der Agentur Jung von Matt nennen – um die entsprechende Kampagne nachts um drei Uhr bei n-tv und in der „Bäckerblume" wiederzufinden. Wo der „Fake" aufhört und die richtige Kampagne anfängt, darüber streiten sich Agenturen, Festivalveranstalter und andere Beteiligte buchstäblich seit Jahrzehnten.

Vor jeher haben Agenturgründer und -chefs versucht, ihrem Unternehmen im Inneren eine unverwechselbare Kultur zu verpassen. Denn gute Ideen entstehen besser in der angemessenen Umgebung. Bei der Frage, was Angemessenheit in diesem Zusammenhang bedeutet, unterscheiden sich die Kreativ-Hot-Shops allerdings deutlich, erklärt Jochen Matzer, Geschäftsführer der Hamburger Agentur Red Rabbit. Grob gesprochen unterscheiden sich Agenturkulturen laut Matzer nach dem Druck, unter dem die Kreativen stehen und unter dem sie Ideen generieren sollen. Diese Hochleistungskultur wurde seinerzeit von Springer & Jacoby eingeführt und perfektioniert. Sie hat das klare Ziel der Qualitäts- und Gewinnmaximierung. Das System beruhe auf einer Mitarbeiterstruktur, die sich durch einen relativ großen Anteil von Junioren auszeichne. Junioren beziehen überschaubare Gehälter und erbringen eine Menge Wertschöpfung, erläutert Matzer, der selbst bei Springer & Jacoby gearbeitet hat. Junioren sind zudem frisch, talentiert und zeigen ein hohes Maß an Einsatzbereitschaft, machen aber auf der anderen Seite auch noch viele Fehler und verfügen zunächst über keine Routine. Damit sich diese Mängel nicht negativ auf die Qualität der Produkte der Agentur auswirken, gibt es dort ein System aus Checklisten und klare Spielregeln, die die Arbeit einfacher machen sollten. Seine Vorliebe für Checklisten beispielsweise habe Reinhard Springer bei seiner Pilotenausbildung kennengelernt, erläutert Matzer. Weiterhin habe es bei Springer & Jacoby Mentoren und ein von langjährigen Mitarbeitern gelebtes „Überwachungssystem" mit strengen Vorschriften gegeben, wie

bestimmte Dokumente angelegt zu sein haben. Auch die Gestaltung der Räume habe sich durch Strenge, Einfachheit und Klarheit – graue Wände, weiße Möbel, keine Bilder an den Wänden – und penible Ordnung ausgezeichnet.

Die Kultur des Druckes funktioniert laut Werner Knopf, Geschäftsführer der Hamburger Agentur KNSK, auch über die Androhung von Sanktionen. Das kann bis zur Entlassung solcher Mitarbeiter gehen, die keine Höchstleistungen erbringen. Folge: Es herrscht ein ständiger interner Wettbewerb. Da die Mitarbeiter, wie erwähnt, meist jung sind und häufig keinen Freundeskreis in der Stadt außerhalb der Agentur haben, wird für sie die Agentur zum Lebensmittelpunkt. Diese Fixierung auf das eigene Arbeitsumfeld wird noch gesteigert, indem den jungen Werbern implizit das Gefühl vermittelt wird, der Wechsel zu einem anderen Arbeitgeber stelle für sie in jedem Falle einen Abstieg dar, wohin auch immer sie dieser Wechsel führen möge. Das ganze erweist sich als „Self-fullfilling-prophecy": Wegen der besonderen Agenturkultur kommen tatsächlich viele Mitarbeiter in anderen Agenturen nicht zurecht, sagt Knopf, scheitern deswegen wirklich und geben daher ein gutes Beispiel für die obige These ab. Die Agentur selbst wird zudem als die einzig wahre Kreativagentur dargestellt, was mit den gewonnenen Awards bewiesen wird. Die Jagd nach Kreativpreisen wiederum wird als Anreiz genutzt, um die Mitarbeiter zu hoher Leistungsbereitschaft zu motivieren. Folge dieser Motivations- und Sanktionsmaschinerie ist zum Beispiel die ausufernde Arbeitszeit, aber auch das strikte Befolgen bestimmter Abläufe. Abweichungen von dieser Einstellung haben Sanktionen zur Folge. Viele Elemente dieser Springer & Jacoby-Kultur finden sich heute in solchen Agenturen wieder, die von ehemaligen Mitarbeitern der Agentur gegründet wurden. Beispielsweise funktionieren auch Jung von Matt oder Kemper Trautmann laut Matzer nach diesem Prinzip. Die Agentur rekrutiere auch entsprechend gerne Mitarbeiter, die ein solches System kennen würden und damit umgehen könnten, sagt der Red Rabbit-Chef.

Andere Kreativagenturen wollen von Druck dagegen nichts wissen, behaupten sie jedenfalls. So sieht Marcel Loko, geschäftsführender Gesellschafter Kreation bei der Agentur Zum Goldenen Hirschen in Hamburg, den Hebel aus Spaß an der Arbeit und Gelassenheit. Genau diesen Spaß hatte er bei den Agenturen, in denen er zuvor gearbeitet hatte, leider nicht. Loko selbst kann nur kreativ sein, wenn das eigene Spaßniveau stimmt. Wobei Spaß zu haben nicht heiße, von morgens bis abends Party zu machen, sondern für eine Grundstimmung zu sorgen, unter der Ideen ent-

29

stehen können, sagt Loko. Im Goldenen Hirschen versuchen die Inhaber beziehungsweise Geschäftsführer den Druck, den es schon von Kundenseite aus gibt, nicht auch noch zu steigern und komplett an die Mannschaft weiterzureichen, sondern eher zur Entspannung beizutragen. Dazu gehören Kunden, die keinen zusätzlichen Druck auf die Agentur ausgeübt beziehungsweise die Mitarbeiter der Agentur gegeneinander ausgespielt haben, wie dies in anderen Agenturen mit anderen Kunden durchaus geschehe. Immer, wenn so etwas passiere, müsse man durchgreifen und sich auch gegebenenfalls von den Leuten trennen. So weit die beiden Extrempole von Agenturkultur, wobei zwischen diesen Extremen alle Grauschattierungen denkbar sind und wahrscheinlich auch existieren.

Angesichts der Vielfalt an Werbemedien fragt man sich heute, worauf genau sich der Begriff Kreativität eigentlich bezieht. Auch für Florian Haller, Geschäftsführer der größten inhabergeführten Agentur Deutschlands Serviceplan, ist zwar die Kreation das größte Asset einer Agentur. Für Haller bezieht sich Kreation aber nicht nur auf die reine Gestaltung, sondern auf viele weitere Felder, etwa eben auf Media. In Zukunft wird man über Kreativität in einem sehr viel breiteren Rahmen sprechen, was nicht zuletzt eine Folge des Aufkommens der zahlreichen neuen Werbemedien ist, die neben die klassischen getreten sind.

Versuchte Turnarounds

Agenturen kommen immer wieder an Punkte, an denen es nicht so recht weitergeht. Wie normale Unternehmen sind auch Agenturen gezwungen, sich zu verändern und gegebenenfalls neu zu erfinden, wenn sich der Markt ändert und sie mit der alten Positionierung keinen Erfolg mehr haben. Vor dieser Herausforderung stand jüngst die Agentur Springer & Jacoby. Sie gilt als eine Art Keimzelle der Kreativagenturen Deutschlands und war sicherlich auch eine der wirtschaftlich erfolgreichsten. Doch dann folgte die Krise. Fehlentscheidungen des Managements und als Folge das Abwandern von Leistungsträgern und Schlüsselkunden führten dazu, dass aus der einstigen Hamburger Vorzeigeagentur die Tochtergesellschaft eines Dialogmarketing-Unternehmens in Elmshorn wurde. Nun ist Ercan Öztürk am Ruder, und er muss sich zunächst der Frage annehmen, wie Springer & Jacoby neu zu positionieren ist. In den Dimensionen kreativ/konventionell und national/international zielt

Öztürk auf die Kombination der europäischen Kreativagentur. Springer & Jacoby verfügt bereits über ein Netz von europäischen Dependenzen, das nun weiter ausgebaut werden soll. Dass es auf Kundenseite für eine solche Positionierung einen Bedarf gibt, steht für Öztürk außer Frage. Mit einer solchen neuen Positionierung geht auch ein kultureller Wandel einher, der sich unter anderem in einer neuen Rekrutierungsstrategie zeigt: mehr Frauen, mehr Quereinsteiger wie Architekten, vor allem aber mehr ausländische Mitarbeiter.

Ansonsten werden Strategie- oft über Personalwechsel herbeizuführen versucht. Auch hierin zeigt sich, dass die Werbung vielleicht mehr als andere Dienstleistungen ein People's Business ist. Network-Agenturen haben mit wechselhaftem, tendenziell aber eher geringem Erfolg versucht, einen Mann an die Spitze der deutschen Gesellschaft zu setzen, der einen Kreativagentur-Hintergrund vorweisen kann. Damit sollte die Schwäche der Networks auf kreativem Gebiet behoben oder zumindest ein entsprechendes Signal an den Markt gesandt werden. Den spektakulärsten Flop bei dieser Art von Turnaround leistete sich ausgerechnet Marktführer BBDO. Mit André Kemper (damals Springer & Jacoby) und Hubertus von Lobenstein (damals Saatchi & Saatchi) wollte man das etwas träge Dickschiff BBDO flottmachen. Die beiden traten den Job nicht mal an, sie hatten schon im Vorfeld ihr Unbehagen mit der Landesfürsten-Struktur entdeckt und gingen ihrer Wege. Auch Till Wagner (vormals Jung von Matt) und Manfred Schüller (vormals Springer & Jacoby) konnten bei JWT beziehungsweise Publicis nicht viel bewegen. Gut geklappt hat das Unterfangen dagegen bei DDB. Hier haben Tonio Kröger und Amir Kassaei es geschafft, die Agentur zum Positiven zu drehen.

2 Spezialagenturen

In diesem Buch geht es im Kern um klassische Werbung. Nicht unerwähnt bleiben sollen aber auch die Agenturen, die sich auf andere Kommunikationsdisziplinen oder einzelne Marktfelder spezialisiert haben. Die Spezialisierung ist, was Disziplinen angeht, in den vergangenen Jahren weiter vorangeschritten. So gibt es neben PR-, Dialog- und Online-Agenturen mittlerweile auch Spezialisten für alles und jedes, bis hin zur Toilettenwerbung. Je nach Agentur finden sich verschiedene Disziplinen unter einem Dach, in Networks ist das Angebot am breitesten. Was Spezialisten für bestimmte Marktfelder angeht, ist deren Bedeutung ein wenig begrenzt. Denn in der Werbung gilt das Prinzip des Konkurrenzausschlusses. Für eine Agentur, die beispielsweise einen namhaften Kunden aus der Automobilbranche betreut, sind damit alle anderen Automobilhersteller als potentielle Kunden tabu. Dennoch gibt es Branchenspezialisten in einigen wenigen Marktfeldern, beispielsweise Pharma. Doch zunächst zu den Kommunikationsdisziplinen.

2.1 Spezialisten für bestimmte Kommunikationsdisziplinen

Viele setzen die Begriffe „Marktkommunikation" und „Werbung" gleich. Das Spektrum der Formen und Möglichkeiten, um mit der Zielgruppe in Kontakt zu treten, ist aber viel breiter (siehe Abbildung). Bestimmte Kom-

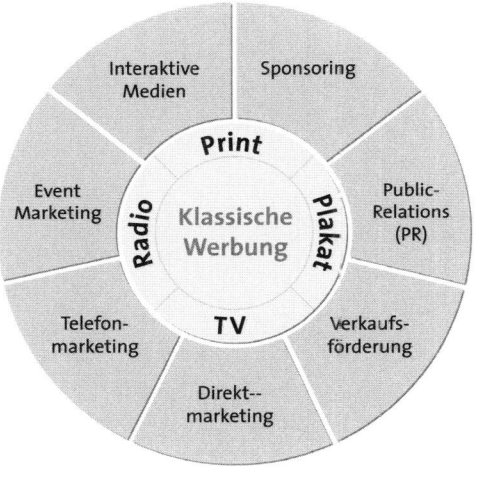

Abbildung 1: Was es neben der Klassik noch so alles gibt (Quelle GWA)

munikationsziele erfordern eben auch den Einsatz bestimmter Disziplinen. So erreicht man mit einem Fernsehspot auf der einen Seite sehr viele Menschen (man spricht dann von einer hohen Penetration), kann sie aber damit auf der anderen Seite nicht dort erwischen, wo sie wirklich das Produkt kaufen, also am Point of Sale.

Anzeigen sind ebenfalls wenig geeignet, um spezifische beziehungsweise individuelle Informationen zu übermitteln. Beide Formen der klassischen Kommunikation haben zudem den Nachteil, dass viele Menschen die entsprechende Botschaft wahrnehmen, obwohl sie überhaupt nicht zur Zielgruppe gehören. Man spricht hier von hohen Streuverlusten. Dialogmarketing kennt solche Streuverluste nicht. Der Autokäufer etwa kann mit Service-Angeboten beziehungsweise Informationen über etwaige Zusatzausrüstung gezielt angesprochen werden. Für alle diese kommunikativen Notwendigkeiten gibt es spezialisierte Agenturen. Dabei fällt die Trennung zwischen den einzelnen Spezialdisziplinen in der Realität nicht derart scharf aus wie geschildert. Agenturen, die sich das Thema Dialogmarketing auf die Fahnen geschrieben haben, werden dies auch in der digitalen Welt anbieten. Hier betreten sie aber das Feld der Internet-Agenturen und umgekehrt. Ähnliches gilt für Unternehmen, die Produkte erlebbar machen wollen und daher Live-Kommunikation anbieten. Sie werden bei Promotions in das Feld der Agenturen für Verkaufsförderung eindringen und umgekehrt.

• PR-Agenturen

„Das PR-Beratungsgeschäft hat sich extrem verändert. Mit hoher Wahrscheinlichkeit würde ich es heute nicht mehr an die Spitze meines Unternehmens bringen." Das sagt immerhin einer der Pioniere in der Zunft der Öffentlichkeitsarbeit beziehungsweise „Public Relations" (PR), nämlich Harold Burson. Bereits im Jahr 1946 gründete Burson seine erste PR-Agentur, heute gehört Burson Marsteller zu den Großen der Welt. Den Wandel der Branche hat der mittlerweile 85 Jahre alte Agenturgründer von Beginn an mitverfolgt. PR ist ein komplexes Geschäft geworden und geht weit über die Pressearbeit, mit der sie häufig immer noch gleichgesetzt wird, hinaus. Die Anforderungen an Öffentlichkeitsarbeiter sind in den vergangenen Jahren erheblich gestiegen.

In Lehrbüchern findet man Definitionen für PR beziehungsweise Öffentlichkeitsarbeit wie „die systematische und zielorientierte Pflege der Bezie-

hungen zu seinen internen und externen Anspruchsgruppen mit dem Ziel, den Prozess der Meinungsbildung zu beeinflussen". PR bedeutet also im Wesentlichen das Management von Kommunikation. Dazu gehören beispielsweise die Entwicklung einer Kommunikationsstrategie, die klassische Medien- beziehungsweise Pressearbeit, das Organisieren von Veranstaltungen und die interne Kommunikation mit den Mitarbeitern des eigenen Unternehmens. Ferner bereiten die PR-Experten Unternehmen auf Krisen und den Umgang mit denselben vor und unterstützen ihre Kunden kommunikativ, wenn der Krisenfall tatsächlich eintreten sollte. Daneben gibt es immer wieder Modethemen wie Issues Management oder Corporate Social Responsibility, zu denen PR-Profis gerne Konferenzen veranstalten oder besuchen.

PR-Fachkräfte müssen Kommunikationszusammenhänge bewerten, das Management des betreffenden Unternehmens in Kommunikationsfragen kompetent beraten und entsprechende Projekte entwickeln können, die sich für das Unternehmen am Ende tatsächlich auszahlen. Bei dieser Art von PR-Arbeit werden also in einem ersten Schritt für die Presse relevante Themen identifiziert, aufbereitet und möglichst in den Zielmedien platziert. Dahinter steht die Hoffnung, über das Platzieren dieser Themen mit einer Verknüpfung von Unternehmensinhalten eine entsprechende Darstellung des Unternehmens zu erzielen. Die damit einhergehenden Arbeiten, wie die Erstellung eines entsprechenden Presseverteilers, das Schreiben von Mitteilungen, gegebenenfalls die Erarbeitung von Broschüren, sind im Vergleich zur Werbung sehr textlastige Angelegenheiten. Erweiterte Arbeiten dazu sind beispielsweise die Organisation von Pressekonferenzen. In der aktuellen Situation wird allerdings die oben skizzierte PR-Arbeit durch weit ausdifferenzierte Aktivitäten ergänzt und erweitert.

Potentielle Beschäftigungsmöglichkeiten gibt es für Kommunikationsexperten zum einen in Unternehmen und PR-Agenturen, zum anderen in Verbänden oder politischen Parteien. Auf rund 35.000 schätzt der Branchenverband DPRG (Deutsche Public Relations Gesellschaft) die Zahl der insgesamt in Deutschland tätigen Öffentlichkeitsarbeiter, Tendenz steigend. Nach Schätzungen des Statistischen Bundesamtes gibt es in Deutschland rund 2.200 PR-Beratungsunternehmen, wobei es sich überwiegend um kleine oder allenfalls mittelgroße Firmen handelt. Die Nummer eins im deutschen Markt, Pleon Kohtes Klewes, beschäftigt hierzulande 465 Mitarbeiter, bei der Nummer zehn sind gerade noch 60 Mitarbeiter tätig. Die Öffentlichkeitsabteilungen großer Dax-30-Unternehmen kommen teilweise auf ähnliche oder gar größere Mitarbeiterzahlen.

34

Fragt sich, welches Profil der PR-Berater idealerweise haben sollte, um den gewachsenen Anforderungen gerecht zu werden. „Wenn ich mir einen Mitarbeiter schnitzen dürfte, dann hätte er ein kommunikationswissenschaftliches Studium und vier bis fünf Praktika, möglichst in jeder Mediengattung, gemacht, eins davon im Ausland, und würde fließend Englisch sprechen", sagt Volker Klenk, einer der Inhaber der Agentur für methodische Unternehmenskommunikation Klenk & Hoursch. Die Berufsbezeichnung „PR-Berater" ist nicht geschützt, einen festgelegten Zugangsweg gibt es nicht. Obwohl aber der Bedarf nach PR-Fachleuten nach Ansicht Klenks „riesig" ist, beurteilt der Agenturchef die Chancen für Quereinsteiger ohne sachgerechte Ausbildung pessimistisch. Die früher verbreitete Umschulung von Branchen- zu Kommunikationsexperten werde den heutigen Anforderungen an PR-Profis kaum noch gerecht. Früher wurde der studierte Chemiker schnell mal zum PR-Berater für den Pharmasektor umgeschult. Das geht heute so kaum noch. Klenk plädiert daher für den umgekehrten Weg, also den studierten Kommunikationswissenschaftler, der sich in seine Branche hineinarbeitet. „Kommunikation ist in hohem Maße angewandte Wissenschaft. Entscheidungen aus dem Bauch heraus sind hier in aller Regel fehl am Platze", vertritt Klenk sicher eine Extremposition.

PR-Profis sollten sich also mit Sender-Empfänger-Modellen auskennen, sollten die Funktionszusammenhänge kommunikativer Prozesse durchschauen, aber auch mit dem Marktforschungsinstrumentarium nicht auf Kriegsfuß stehen. Denn immer stärker muss auch die PR ihre Wirksamkeit beweisen. Dazu braucht es umfassendes Fachwissen, etwa über die Arbeitsweise und das Nachfrageverhalten der einzelnen Medien. Außerdem sollte sich der PR-Experte in wirtschaftlichen und politischen Fragen möglichst besser auskennen als der mit der üblichen Allgemeinbildung ausgestattete Normalbürger.

Neben fachlicher Qualifikation braucht der PR-Profi persönliche Eigenschaften, die vielleicht auch nicht jedem gegeben sind, allen voran eine gewisse Leidensfähigkeit. Schließlich befindet er sich stets in einer Sandwich-Position: Auf der einen Seite steht ein Kunde beziehungsweise das eigene Unternehmen, die gerne eine bestimmte Botschaft transportieren möchten, auf der anderen Seite der Journalist, der häufig ganz andere Informationsbedürfnisse hat und – vorsichtig formuliert – PR-Leuten gegenüber in der Regel eine gewisse kritische Distanz wahrt. Wer da empfindlich ist oder nur die eigene Sicht der Dinge toleriert, wird es in der Unternehmenskommunikation wohl nicht weit bringen. Sprachgefühl, die Fähigkeit, sich schnell in bestimmte Themen einzuarbeiten,

sowie Begeisterungsfähigkeit sind weitere nützliche Eigenschaften von PR-Profis.

Public Relations ist ein klassisches Betätigungsfeld gelernter Journalisten. Gerade an der Spitze der Unternehmenskommunikation fanden sich früher häufig ehemalige Journalisten. Diese seien zwar für die Aufgabe besser geeignet als andere Quereinsteiger, aber dennoch keine Ideallösung, sagt Agenturchef Klenk. Journalisten beherrschten in der Regel die Medienarbeit gut, hätten aber häufig Schwierigkeiten mit der Gesamtkommunikation, einschließlich der internen Kommunikation. „Außerdem haben sie wenig Erfahrung damit, einen externen Dienstleister zu steuern", betont Klenk mit Blick auf die Unterstützung der Unternehmenskommunikation durch eine Agentur oder einen PR-Berater von außen. Die Arbeit mit den Medien bleibt allerdings die Grundvoraussetzung für erfolgreiche PR. Diesen Teil der Unternehmenskommunikation muss vollständig im Griff haben, wer sich darüber hinaus anderen Themen widmen will.

Die Medien sind aber nur ein Adressat der PR. Investoren, Politiker, die eigenen Mitarbeiter oder die Kunden des Unternehmens sind andere. Diese Vielfalt der Adressaten und Aufgaben macht den Beruf so schwierig, aber auch so interessant. Ein Spezialthema ist dabei die Finanzkommunikation, die sich in erster Linie an Kapitalmarktteilnehmer richtet. Hier spielt Prozessmanagement eine große Rolle, also etwa Fragen wie „Wer darf was wann sagen, wann wird eine Ad-hoc-Meldung veröffentlicht?". Hier arbeiten viele Quereinsteiger – ehemalige Journalisten mit Finanzmarktexpertise, aber vor allem ehemalige Investor-Relations-Spezialisten aus Unternehmen.

Fest steht, dass der Bedarf an PR-Experten wächst. Zumindest auf Senior-Berater-Ebene hat der „Kampf um Talente" längst begonnen. PR-Beratung ist ein anspruchsvoller Beruf, für den man hochqualifizierte Mitarbeiter braucht. Damit stehen die Agenturen auf dem Arbeitsmarkt im Prinzip im direkten Wettbewerb mit Unternehmensberatungen. Doch nicht nur der quantitative Bedarf, auch die Wertschätzung der Öffentlichkeitsarbeiter in den Unternehmen steigt. Bei Strategiegesprächen des Vorstands sind die PR-Chefs häufig schon dabei und hören mit. Immer häufiger gehören sie diesem Gremium sogar an. Laut einer Untersuchung an der Universität Leipzig haben 80 Prozent der Kommunikationsverantwortlichen eine Leitungsfunktion inne, 60 Prozent sind sogar auf der höchsten Leitungsebene installiert.

Seit einigen Jahren gibt es zwar eine ganze Reihe von Studiengängen auf Bachelor- und Master-Level, die Studierende auf Berufe in der Öffentlichkeitsarbeit vorbereiten, so an den Universitäten Leipzig, Mainz oder Münster. Die Zahl der Absolventen ist aus Sicht von Agenturchef Klenk aber noch viel zu gering. So bietet die Universität Leipzig PR sogar als Hauptfach an, Studiengänge gibt es weiterhin an den Fachhochschulen in Hannover und Mainz sowie an der Freien Universität Berlin. Hinzu kommen einige kommunikationswissenschaftliche Fakultäten, beispielsweise in Stuttgart-Hohenheim. Ein Absolvent sei aber noch keineswegs auch gleich ein fertiger Berater. Es dauert noch einmal zwei Jahre, bis aus einem qualifizierten Akademiker ein Berater geworden ist.

Die Qualität der Traineeprogramme und Volontariate, die von PR-Agenturen angeboten werden, ist jedoch schwankend. Viele dieser Ausbildungsangebote entpuppen sich bei näherer Betrachtung als Etikettenschwindel. Häufig geht es dabei in erster Linie nicht um die Ausbildung der Nachwuchskraft, sondern um deren preiswerte Arbeitsleistung.

	Agentur	Hauptsitz	Honorar (Mio. Euro)	Mitarbeiter
1	Pleon	Düsseldorf	42,50	315
2	Media Consulta	Berlin	24,68	196
3	Hering Schuppener	Düsseldorf	19,62	110
4	Fischer Appelt Kommunikation	Hamburg	18,20	166
5	Scholz & Friends PR-Group	Berlin	16,08	151
6	A & B Communications Group	Frankfurt/Main	13,70	115
7	Borgmeier Public Relations	Delmenhorst	12,30	156
8	Oliver Schrott Kommunikation	Köln	10,76	73
9	Atkon	Wiesbaden	10,00	81
10	AM Communications	Stuttgart	9,44	95

Tabelle 4: Die zehn größten deutschen PR-Agenturen 2006 (Quelle: PR-Journal)

Die Bedeutung von PR hat in der Vergangenheit stark zugenommen. Als grundsätzliche Vorzüge der PR gegenüber der klassischen Werbung werden häufig die aus Unternehmenssicht geringeren Kosten, die größere Glaubwürdigkeit der Botschaften sowie die relativ einfache Erfolgskontrolle mittels „Clippings" (Zeitungs-/Zeitschriftenausschnitte) und deren Gegenwert in Anzeigenpreisen angeführt. Allerdings ist PR allein kaum geeignet, sämtliche Marketingziele jederzeit erfüllen zu können. Bei einer

Neuprodukteinführung im Konsumgüterbereich kommt man ohne klassische Werbung nicht aus, PR kann hier allenfalls begleitend wirken. Stärken hat das Instrument insbesondere auf „Corporate"-Level, also bei der Positionierung des Gesamtunternehmens sowie dem Aufbau eines Unternehmensimages. Besondere Bedeutung hat das PR-Instrumentarium, wenn das bestreffende Unternehmen den Kapitalmarkt in Anspruch nimmt. Die hier schon wegen gesetzlicher Vorschriften erforderliche Expertise ist komplex, Fehler in der Kapitalmarktkommunikation können dem Unternehmen nachhaltig schaden.

• Agenturen für Live-Kommunikation

Auch hier erst einmal eine akademische Definition. Danach umfasst Live-Kommunikation, manchmal auch Kommunikation im Raum genannt, „die aktive und systematische Planung, Koordination und Kontrolle aller auf die aktuellen und potentiellen Märkte ausgerichteten Unternehmensaktivitäten im Bereich der direkten und persönlichen Zielgruppenansprache", schreibt etwa Vok Dams, Gründer des gleichnamigen Marktführers für Live-Kommunikation. Im Kern geht es dabei um Events, also um Messen, Außendienstkonferenzen, Verkaufspräsentationen, Kundenevents, Sport- und Kulturveranstaltungen, Hauptversammlungen und Ähnliches. Die Marke, die in der klassischen Kommunikation in zwei Ebenen dargestellt wird, soll also in die dritte Dimension transportiert und erlebbar gemacht werden. Anders als beim Sponsoring, wo sich das Unternehmen meist an eine vorhandene Veranstaltung anhängt, schafft es diese Veranstaltung im Rahmen der Live-Kommunikation selbst.

Direkt und persönlich – darin unterscheidet sich diese Form der Kommunikation von klassischer Werbung. Aus der Sicht von Stefan Weil, Creative Director bei der Agentur Atelier Markgraph in Frankfurt, ist dies für den Kunden die intensivste Möglichkeit überhaupt, einer Marke zu begegnen. Genau aus dieser Unmittelbarkeit ergeben sich auch besondere Erfordernisse, etwa bei der Auswahl und Analyse der Zielgruppe. Live-Marketing erzielt schließlich die größte Wirkung durch die emotionale Ansprache der Teilnehmer eines Events. Sind die falschen Teilnehmer anwesend, ist der ganze Aufwand vergebens. Live- oder Eventmarketing gehört heute – anders als noch in den neunziger Jahren – nahezu selbstverständlich zum Marketing-Instrumentarium der meisten Unternehmen. Nach Angaben des Fachverbands Forum Marketing-Eventagenturen (FME) gaben die deutschen Unternehmen im Jahr 2007 rund 2,08 Milliarden Euro für Mar-

keting-Events aus. Für die kommenden Jahre erwarten Fachleute einen rasanten Anstieg, 2009 sollen die Ausgaben bei 2,62 Milliarden Euro liegen.

Dass die Bedeutung von Live-Kommunikation in den vergangenen Jahren gewachsen ist, hat verschiedene Gründe. Ralf Domning, geschäftsführender Gesellschafter der Agentur für Live-Kommunikation Kogag Bremshey & Domning, führt dies auch darauf zurück, dass die klassische Kommunikation immer mehr an Durchschlagskraft verloren hat. Mit Live-Kommunikation könne man zwar keine breite Zielgruppe erreichen, die Kommunikation mit der vergleichsweise kleinen Personengruppe sei aber ungleich intensiver und emotionaler. Außerdem gebe es Möglichkeiten des (persönlichen) Austausches.

Klassische Kommunikation stoße außerdem sehr schnell an ihre Grenzen, da es wegen der Ausdifferenzierung der Medien immer schwieriger werde, Menschen mit einer bestimmten Botschaft zu erreichen, erläutert Sabine Clausecker von der Berliner Kommunikations-Agentur CB.e Clausecker / Bingel. Ereignisse AG. Johannes Milla, Geschäftsführer der Stuttgarter Agentur Milla und Partner, betont den Aspekt, dass Menschen freiwillig zu einem Event kommen. Sie schenken dem Ausrichter ein Stück ihrer Zeit und suchen die Marke aktiv auf. Daher kann man diese Zielgruppe mit einer sehr gezielten Markenbotschaft erreichen, da sie hierfür offen ist und die Ansprache nicht als störend empfindet. Milla spricht in diesem Zusammenhang von einem Markenraum, den die Personen betreten und den man nutzen kann, um Botschaften zu kommunizieren. Doch Live-Kommunikation hat auch ihre Grenzen. Die Kommunikation ist zeitlich befristet und erreicht meist nur einen relativ kleinen Teil der Zielgruppe. Zudem könne man die Wirkung von Maßnahmen der Live-Kommunikation im Vergleich zu vielen anderen Kommunikationsinstrumenten nicht wirklich im Vorhinein testen, sagt Milla. Und auch die nach dem Event erzielte Wirkung ist – trotz aller Behauptungen – nicht genau zu evaluieren. Dennoch sieht Agenturchef Milla kein ungünstiges Kosten-Nutzen-Verhältnis. Nicht vergessen dürfe man, dass zum Beispiel ein Public-Event erhebliche PR-Effekte von hoher Wirkung erzielen könne.

Im Eventbereich sind längerfristige Beziehungen zwischen Agenturen und Kunden vergleichsweise selten. Die Zusammenarbeit erfolgt meist projektweise. Das bedeutet für beide Seiten einen relativ hohen Aufwand für Pitches (= Agenturenwettbewerb). Nach einer FME-Studie geben Agenturen für Live-Kommunikation im Schnitt rund 900.000 Euro im Jahr für die Teil-

nahme an solchen Wettbewerbspräsentationen aus. Die befragten Agenturen nahmen im Durchschnitt an 20 Pitches teil. In den vergangenen Jahren hat sich in der Agenturszene die Spreu vom Weizen getrennt. Auf der einen Seite gibt es Agenturen, die eher produktionslastig beziehungsweise organisatorisch denken, indem sie große Shows und Galas schaffen. Daneben gibt es andere Agenturen, die einen Fokus auf dem Gebiet Kommunikation und Marke haben. Dies bedeutet auch, dass diese im Orchester mit anderen Agenturen integrierte Leistungen anbieten oder noch weitere Schwerpunkte haben.

	Agentur	Hauptsitz	Honorar (Mio. Euro)	Mitarbeiter
1	Vok Dams	Wuppertal	21,9	83
2	Kogag Bremshey & Domning	Solingen	12,7	65
3	Max Sense Marketing	Groß-Gerau	8,6	k.A.
4	Avantgarde	München	8,1	123
5	Uniplan International	Kerpen	7,8	17
6	Pleon Event & Sponsoring	Bonn	6,6	47
7	Milla und Partner	Stuttgart	6,0	29
8	Roth & Lorenz	Stuttgart	5,8	52
9	Scholz & Friends	Berlin/Hamburg	5,6	56
10	Quasar Communications	Wiesbaden	5,2	5

Tabelle 5: Die zehn größten deutschen Agenturen für Live-Kommunikation 2006 (Quelle: FME)

Vergleicht man die Arbeit in einer Agentur für Live-Kommunikation mit der in einer klassischen Agentur aus Sicht der Mitarbeiter, so fallen die Unterschiede laut Domning nicht sehr groß aus. Was etwa die Betreuung von Kunden angehe, gebe es große Ähnlichkeiten. Unterschiede sieht Domning zum Beispiel hinsichtlich des Termindrucks, der in seiner Branche noch ein wenig höher ist als bei den Klassikern. Hier könne man vielleicht in der einen oder anderen Situation die Deadline noch etwas hinauszögern oder eine Anzeige nach einem Test nochmals verändern. Für Live-Kommunikation ist ein Termin dagegen gesetzt und unbedingt einzuhalten.

Wer im Bereich Live-Kommunikation arbeitet, kommt in der Regel viel herum und lernt interessante Menschen kennen, und das nicht nur, wenn er auf einem internationalen Etat arbeitet. Erfolgreiche Veranstaltungen zu konzipieren und umzusetzen sei eine ausgesprochen reizvolle und spannende Aufgabe, sagt Domning. Allerdings stimmt häufig, und das ist die

vielleicht unschönste Seite des Jobs, die Work-Life-Balance nicht. Events finden eben auch an Wochenenden statt, und dann ist Präsenz vor Ort gefragt. Aus Domnings Sicht ist es sehr schwierig, gute Leute gerade in der Kreation zu finden. Ein Grund hierfür liegt darin, dass man Erfahrungen aus der klassischen Werbung nicht eins zu eins auf den Bereich der Live-Kommunikation übertragen kann. Es fehlt beispielsweise die nötige Erfahrung und das Know-how über einen effizienten Mitteleinsatz. Großartige Ideen reichen hier nicht, sie müssen auch in einem ökonomisch sinnvollen Rahmen umgesetzt werden können. Live-Kommunikation habe zudem fast immer auch mit Technik zu tun. Spezielle Kenntnisse in diesem Bereich weisen nur sehr wenige Kreative auf, so dass viele Agenturen dieses Know-how durch erfahrene Eventmanager oder weitere Spezialisten sicherstellen.

• Dialogagenturen

Die Finanzentscheider einiger großer Unternehmen werden nicht schlecht gestaunt haben, als sie ein Paket der Dresdner Bank erhielten. Darin ein Betonblock in Form eines Grenzsteins und ein Hammer. Wer den Block aufschlug, hielt darauf eine dort verborgene gläserne Weltkugel in den Händen. Auch eine Art, für grenzüberschreitenden Zahlungsverkehr zu werben.

Angesichts eines solchen Beispiels wird klar, was Michael Koch, Kreativdirektor bei der auf Direktmarketing spezialisierten Agentur Ogilvy One, meint, wenn er über seine Arbeit sagt: „Eigentlich machen wir dasselbe wie die klassische Werbung. Andererseits machen wir etwas völlig anderes." Die Maßnahmen, die er sich mit seinem Team ausdenkt, sprechen den einzelnen potentiellen Kunden direkt an – etwa in Form eines Werbebriefs oder einer E-Mail. Sowohl in der Praxis als auch in der Theorie wird manchmal zwischen den Begriffen Dialogmarketing, Direktmarketing und CRM-Kommunikation (CRM = Customer Relationship Management) unterschieden. Diese Begriffe meinen meist grundsätzlich das gleiche und dienen nur zur Differenzierung der Autoren beziehungsweise Agenturen.

Das Direkt- oder Dialogmarketing hat eine wechselvolle Geschichte hinter sich. Gab es vor einigen Jahren, als das Direktmarketing zur Königsdisziplin der Marketingkommunikation aufzusteigen schien, noch eine gewisse Zahl inhabergeführter Dialogspezialisten, so ist deren Zahl bis heute beträchtlich gesunken. Dominiert wird die Branche heutzutage von internationalen Networks, unter deren Dach sich in der Regel auch eine Direkt-

marketing-Agentur befindet. Das Dialogmarketing hat in den letzten Jahren eine rasante Entwicklung erlebt. Immer mehr Unternehmen haben erkannt, dass der Dialog mit den wirklich wichtigen Kunden effizient und effektiv ist. „Bei uns steht der Kunde im Mittelpunkt", so dass Credo vieler Unternehmen. Trotz aller Beteuerungen hängen jedoch viele Unternehmen immer noch zu sehr an dem System der Massenproduktion, der Massenmedien und des Massenmarketings. Der Erkenntnis, dass nur ein kleiner Anteil von Kunden für das Ergebnis einer Marke verantwortlich ist, können sich jedoch die Unternehmen immer weniger entziehen. Die technologische Weiterentwicklung im One-to-One-Bereich hilft, diese Kunden effizient zu betreuen.

Dem Direktmarketing stehen laut Koch viel mehr Möglichkeiten offen als der klassischen Zeitschriftenanzeige oder dem 30-Sekunden-Spot im Fernsehen. „Diese Formate werden es künftig schwer haben", ist Koch überzeugt. Im Gegensatz zur klassischen Einwegkommunikation erhält der Werbetreibende nämlich im Idealfall Rückmeldungen auf seine Aktion – angesichts der vermehrten Kundenforderungen nach rechenbaren Kommunikationsmaß ein gewichtiges Argument. So hätten mehr als 70 Prozent der mehr als 500 Finanzentscheider, die das Dresdner-Bank-Paket erhielten, auf die als „Mailing" bezeichnete Aktion geantwortet und um ein Beratungsgespräch gebeten. Allerdings müssten Mailings gut gemacht sein, sonst sei auch hier der Effekt gleich Null. Denn: „Mailings haben im Prinzip das gleiche Problem wie Fernsehwerbung", sagt Koch in Bezug auf Werbebriefe. Der Fernsehspot wird weggezappt, der Werbebrief landet – häufig ungeöffnet – im Papierkorb. Vor allem bei Briefen, die sich nicht an Endkunden, sondern an andere Unternehmen richten, also im „Business-to-Business"-Geschäft, ist Kreativität bei Mailing-Aktionen das A und O, wenn der Werbetreibende überhaupt wahrgenommen werden will. Vorzimmerdamen sind sogar darauf geschult, auf den ersten Blick uninteressante Werbebriefe gleich auszusortieren. Und die „Keine Werbung"-Aufkleber zieren mittlerweile zahlreiche private Briefkästen.

Leider gebe es viel zu viele schlecht gemachte Werbebriefe, moniert Koch. Dabei ist es nicht unbedingt eine Materialschlacht wie im Dresdner-Bank-Beispiel, die für Koch die hohe Kunst des Werbemailings ausmacht, sondern eher „das 20-Gramm-Mailing mit toller Idee". Als Juror beim Werbefilmfestival 2003 in Cannes habe er zu viele Kampagnen gesehen, bei denen einem hohen Aufwand „wenig Relevantes für den Empfänger" entgegengestanden habe. Um derartige Relevanz zu gewährleisten, ist einige Vorarbeit nötig. Zu Beginn müsse etwa geklärt werden, an wen man sich

eigentlich mit der Aktion richte. „In welchem Verhältnis stehen Unternehmen und angeschriebener Kunde zueinander? Hat der Kunde die Wahl zwischen vielen Anbietern, oder ist er auf die Leistung eines Unternehmens mehr oder weniger angewiesen?", skizziert Koch Fragen, die im Vorfeld der eigentlichen inhaltlichen und formalen Gestaltung eines Mailings geklärt werden müssten. Sonst habe der Brief am Ende womöglich die falsche Tonalität: „Wenn man jemandem nahe steht, muss man ihn nicht anschreien", sagt Koch.

Als Kreativdirektor besteht ein großer Teil seines Arbeitstages darin, interne Abläufe sicherzustellen, dafür zu sorgen, dass „die richtigen Leute die richtigen Aufgaben übernehmen", im Team per „Brainstorming" Ideen zu generieren. „Da darf man gerne auch mal abstruses Zeug erzählen", sagt Koch, der den Ideen abschließend eine Richtung zu geben versucht und „die Kreativen gegebenenfalls wieder auf den Teppich zurückholt". Ein weiterer Teil der Arbeit gilt dem Kunden – also dem Gewinnen von Neugeschäft, dem „Briefing" durch den Kunden, in dem dieser seine Zielsetzung klarmacht, dem Vorbereiten von Wettbewerbspräsentationen beziehungsweise Pitches.

Ob das Ganze letztlich gelingt oder nicht, hängt auch davon ab, inwieweit man dem Kunden der Agentur gegenüber eigene Vorstellungen durchsetzen kann. „Unternehmen verfolgen häufig den Ansatz: ‚Wir wollen das und das mit dem Brief kommunizieren, aber wo wir schon dabei sind, können wir ja auch das und das noch rein schreiben.' Gegen solche Wünsche muss man sich durchzusetzen versuchen." Denn weniger sei auch im Werbebrief mehr, Nebensätze lenkten nur ab von dem, was eigentlich im Kern kommuniziert werden soll. Einen wesentlichen Teil seiner Arbeit verbringt Koch damit, Entwürfe für Mailings zu verschlanken, also möglichst viele Elemente wieder aus ihnen herauszunehmen, nach dem Motto: „Brauchen wir diese Illustration, dieses Foto, diese Textzeile wirklich?" Eine besondere Herausforderung ist es, Mailings großer internationaler Kunden, die in einem Ogilvy-Büro im Ausland erdacht worden sind, für den hiesigen Markt zu adaptieren. „Das geht häufig schief", sagt Koch. Mit einer Übersetzung eines beispielsweise englischsprachigen Werbebriefs sei es in den meisten Fällen nicht getan, „in der Regel müssen wir den Brief neu texten".

Koch moderiert bei all dem ein recht buntes Völkchen aus Grafikern, die in der Regel an einer Fachhochschule für Gestaltung oder Grafik-Design studiert haben, und Textern, die zuvor alles Mögliche getan haben – Studienabbrecher, Lehrer ohne Job, Elektroniker. Kreativität sei im Direkt-

marketing mindestens so wichtig wie in der klassischen Werbung. Damit Direktmarketing erfolgreich bleibe, müsse man den Kunden immer wieder überraschen, sagt Koch. Dies gilt für Gestaltung und Inhalt von Mailings, aber auch für den Zeitpunkt ihrer Aussendung: „Ein Blumenstrauß an einem x-beliebigen Tag bringt mehr als am Hochzeitstag."

16 Jahre Relationship Marketing – oder wie erklärt man jemandem, was man eigentlich so macht?

Fritz Lagraff /RMG Connect

Kennen Sie die Situation? Klassentreffen. 20 Jahre ist es her, dass Sie Abitur gemacht haben. Man trifft sich in seiner Heimatstadt im Veranstaltungsraum eines Restaurants, in das man sich in seiner Schülerzeit nie zu gehen gewagt hätte. Der erste Eindruck, der einem in den Sinn kommt: Eigentlich hat sich nichts verändert. Peter aus dem Französisch-LK ist immer noch der gleiche Chaot, der er damals war. Die Vierer-Clique aus dem Bio-Grundkurs hängt, als ob es gestern gewesen wäre, immer noch zusammen. Nachdem man also den ersten Schock überwunden hat, dass sich die Gruppendynamik dieses gealterten Schülerkreises über 20 Jahre konserviert hat, bleibt es nicht aus, dass das Gespräch früher oder später auf das Thema Beruf kommt. Die Jungs, die damals in Mathe schon ein Genie waren, haben es da leicht: Aussagen wie „Ich arbeite seit zehn Jahren bei Siemens in Erlangen als Diplom-Ingenieur" oder „Ich bin jetzt zum Oberstudienrat für Physik und Chemie befördert worden", hinterlassen beim Gegenüber nicht gerade allzu große Fragezeichen über den Inhalt des beruflichen Alltags.

Wie erklären Sie aber Sabine aus dem Deutsch-LK, dass sie in den letzten 15 Jahren im Bereich Direktmarketing, Dialogmarketing, Customer Relationship Management, Permission Marketing, Telemarketing, E-Mail-Marketing, Relationship Marketing oder One-to-One-Marketing gearbeitet haben – um nur einige Modebegriffe der letzten 20 Jahre zu verwenden. Am besten nuscheln Sie etwas von Werbung und versuchen dann, das Thema zu wechseln. Ich möchte Sie an dieser Stelle nicht länger mit meinen Schülergeschichten langweilen, aber letztendlich bringt diese Anekdote das Dilemma unserer Branche auf den Punkt.

Wie erklären Sie also jemandem, ohne der Oberflächlichkeit beschuldigt zu werden oder ohne zu langweilen, was sie eigentlich den ganzen Tag so machen? Erhöhung des Schwierigkeitsgrades: Sie dürfen kein Marketingkauderwelsch, keine Anglizismen und keine Abkürzungen verwenden. Ein Versuch: Stellen Sie sich vor, Ihr Unternehmen hat circa 100.000 Kunden und Sie sind der Ansicht, dass sie mit circa 20 Prozent Ihrer Kunden 80 Prozent Ihres Umsatzes machen (viele Unternehmen scheitern übrigens schon bei dieser Fragestellung)? Wäre es da nicht sinnvoll, diese 20 Prozent genauer kennenzulernen? Sie eventuell in einer Datenbank zu speichern? Sollte man diese dann nicht explizit anders behandeln als die restlichen 80 Prozent? Denn verlöre man diese Kundengruppe, setzte man die Existenz des gesamten Unternehmens aufs Spiel? Diese rhetorischen Fragen beantwortet Ihnen jeder Marketingdirektor mit ja. Die Herausforderungen bestehen aber darin, explizit zu wissen, wer denn diese 20 Prozent tatsächlich sind. Sie denken jetzt, das sollte doch eine Selbstverständlichkeit sein? Ist es aber nicht, da viele Unternehmen schon aufgrund ihres Geschäftsmodells überhaupt nicht dazu in der Lage sind, ihre Kunden zu kennen.

Drei Industriesektoren besitzen aufgrund ihres Geschäftsmodells einen entscheidenden Vorteil, sie können (oder könnten) diese Kundengruppe explizit identifizieren. Und dies sind die Branchen Finanzdienstleistungen, Information und Telekommunikation sowie alles, was mit Transport zu tun hat, sprich Fluggesellschaften, die Automobilindustrie und der Schienenverkehr. Die Engländer haben dafür eine griffige Abkürzung gefunden: FIT; steht für Finance, Information, Transportation. Deswegen erwirtschaften übrigens weltweit Dialogmarketingagenturen circa 75 Prozent ihres Umsatzes mit Unternehmen in diesen drei Sektoren. Gehen wir jetzt einmal von dem glücklichen Fall aus, Sie arbeiten in einer dieser Branchen und Sie können Ihre Kunden identifizieren. Was tun? Nun, man vergisst alles, was man an der Uni im Marketingseminar gelernt hat, besinnt sich einfach auf seine gute Kinderstube und denkt darüber nach, wie man eigentlich eine Beziehung zu einem alten Freund pflegt. Beim Wiedersehen begrüßt man sich herzlich. Man bleibt in Kontakt, regelmäßig und nicht nur an Weihnachten und zum Geburtstag. Man feiert gemeinsame Erlebnisse und Jubiläen. Man hat ähnliche Interessen. Auch wenn man sich vielleicht beruflich in eine ganz andere Richtung entwickelt hat, so pflegt man doch noch die gleiche Art, miteinander zu sprechen. Man vermeidet

Routine und überrascht mit Spontaneität. Ich denke, Sie verstehen, was ich meine? Wir sollten aufhören, die Sache komplizierter zu machen, als sie ist. Unsere Branche schafft es aber täglich, dies zu negieren. Es lässt sich letztendlich auf ein ganz simples Prinzip herunterbrechen. Identifiziere Deine Kunden, segmentiere sie, hege und pflege eine gute Beziehung, so wie Du es auch in Deinem privaten Umfeld tun würdest. Meine Erfahrung aus über 15 Jahren hat mir gezeigt, dass Kundenbindungsprogramme, die exakt diese Prinzipien berücksichtigen, zu einer signifikanten Steigerung der Kundenloyalität führen und letztendlich einen positiven Ergebnisbeitrag für die Marke liefern.

Keine Sorge, liebe Kollegen, man hat immer noch ausreichend zu tun, um dieses Prinzip für seine Kunden in die Tat umzusetzen. Aber lassen Sie uns bitte aufhören, uns hinter endlosen Powerpoint-Präsentationen, Anglizismen und Abkürzungen zu verstecken. Jedoch habe ich keine gute Hoffnung, dass mit dem unausweichlichen Schritt in die digitalen Kanäle das Thema von den Legionen der Berater nicht noch weiter verkompliziert wird. Aber man soll die Hoffnung nicht aufgeben. Zumindest die eine nicht, dass ich beim 25-jährigen Abiturtreffen Sabine aus dem Deutsch-LK meinen Job jetzt wohl verständlicher erklären werde.

Fritz Lagraff
ist Geschäftsführer von RMG Connect.

Netz: www.rmgconnect.de

46

• Agenturen für Handelsmarketing und Verkaufsförderung

Der Kampf um den Platz im Regal wird immer härter. Die Konsumgüter-industrie bietet rund 340.000 verschiedene Artikel an. Doch selbst die größten Supermärkte können auf ihrer Verkaufsfläche kaum mehr als 50.000 davon in ihr Sortiment aufnehmen. Die Hersteller brauchen den knappen Regalplatz, die Supermärkte, oder allgemeiner der Einzelhandel, haben ihn – und nutzen das gegenüber ihren Lieferanten knallhart aus. Agenturen, die sich auf Handelsmarketing und Verkaufsförderung spezia-lisiert haben, unterstützen in dieser Situation sowohl Unternehmen, die über ein eigenes Filialnetz verfügen, als auch solche, die ihre Produkte und Dienstleistungen über externe Handelsstrukturen verkaufen. Diese Struk-turen haben sich in der jüngeren Vergangenheit stark gewandelt. Dr. Bernd Skorpil, Geschäftsführer der auf Handelsmarketing spezialisierten Kölner Agentur AHA!, weist auf die starke Konzentration im Handelssektor hin. Gerade mal zehn Handelsunternehmen teilen sich fast 85 Prozent des ge-samten Marktes für Konsumgüter. Skorpil stellt außerdem fest, dass sich der Handel zunehmend seiner originären Funktionen und Aufgaben entle-digt. So werden die Regale in den einzelnen Filialen immer mehr von Ser-viceunternehmen oder vom Außendienst der Hersteller selbst bestückt. Auf diese Weise senkt der Handel seine Kosten. Auch Maßnahmen der Verkaufsförderung führen immer häufiger die Hersteller durch.

Agenturen, die sich auf Verkaufsförderung (VKF) und Handelsmarketing spezialisiert haben, brauchen spezielles Know-how. Vor allem müssen sie die Eigenheiten der einzelnen Vertriebskanäle kennen. So ist man bei-spielsweise in einem Supermarkt durch die dortigen räumlichen Strukturen sehr in seinem Handlungsspielraum begrenzt. Apotheken gelten als ein relativ exklusives Umfeld, die entsprechenden Aktionen müssen hier einen anderen Charakter haben als etwa in einem Drogeriemarkt. Spezielles Know-how brauchen auch die Mitarbeiter der Agenturen, vor allem, was die spezielle Abkürzungssprache der Branche angeht. Vom LEH (Lebens-mitteleinzelhandel) wurde schon gesprochen, weiter gibt es den GAM (Gertränkeabholmarkt) oder den GFGH (Getränkefachgroßhandel). Der Gastro-Bereich umfasst Gastronomie wie Kneipen, Restaurants und so weiter.

Die Arbeit von Agenturen für Handelsmarketing und Verkaufsförderung ist umsetzungsorientierter als die klassischer Kommunikationsagenturen. Es geht hierbei im Wesentlichen um die Koordination unterschiedlichster Werbemittel am Point of Sale (POS). Ziel ist hierbei weniger, ein bestimm-

tes Image für den Kunden aufzubauen, als vielmehr sehr konkret den Absatz zu verbessern. Agenturen für Handelsmarketing bauen dabei in starkem Maße auf den Vorarbeiten der klassischen Agenturen, insbesondere auf deren strategischen Grundlagen, auf. In einer VKF-Agentur macht man sich in aller Regel keine oder sehr wenig Gedanken über die zu unterstützende Marke, das fällt in die Zuständigkeit klassischer Agenturen und des werbetreibenden Unternehmens selbst. Gleiches gilt für das visuelle Erscheinungsbild. Abbildungen und Fotos werden in der Regel aus der Klassik – also beispielsweise aus Anzeigenmotiven – übernommen. Eigene „Shootings" für die Verkaufsförderung sind die ganz große Ausnahme. Konzeptionelle Arbeiten beziehen sich primär auf konkrete Aufgaben, die den Absatz eines Produktes in einem bestimmten Verkaufskanal betreffen. Eine typische Aufgabenstellung könnte zum Beispiel die Entwicklung eines Gewinnspiels – oder allgemeiner einer Gewinnmechanik – sein, mit der man das Interesse des Kunden an einem Produkt erhöhen kann.

Auf Handelsmarketing spezialisierte Agenturen arbeiten stets im Dreieck Hersteller – Handel – Endkunde. Für AHA!-Geschäftsführer Dr. Skorpil geht es dabei stets darum, Informationen als Voraussetzung für Motivation bereitzustellen, die wiederum zum Verkauf der Produkte beiträgt. In der Praxis muss immer für alle drei Teilzielgruppen informiert und motiviert werden, wobei der jeweilige Aufwand stark schwanken kann. Zum einen soll der eigene Außendienst motiviert werden, indem man zum Beispiel über ein Bonussystem oder Außendienstwettbewerbe Preise auslobt. Die Informationsmedien können bei dieser Zielgruppe sehr unterschiedlich sein und von Mailings bis zu Außendiensttagungen reichen. Der Handel wird in der Regel über einen Salesfolder informiert, den er vom Außendienst erhält und der von der Agentur gestaltet wurde. Auch mit Blick auf die Motivation des Handels spielen Gewinnspiele und andere materielle Anreize eine gewichtige Rolle. Hier geht es vor allem darum, neben der normalen Platzierung der Waren im Regal noch eine weitere Platzierung (eine sogenannte Zweitplatzierung) zu erwirken. Der Endkonsument wird über eine entsprechende Verpackungsgestaltung informiert und über Zugaben und auch Gewinnspiele motiviert, ein Produkt zu kaufen.

Gerade letzteres hat große Bedeutung. Handelsmarketing und Verkaufsförderung sind aus Sicht von Herstellern und Handelsunternehmen eminent wichtig. Im Lebensmitteleinzelhandel werden 70 Prozent aller Einkäufe am Regal entschieden. Daher müssen hier Impulse gesetzt werden, sagt Paul Gross, der für die Agentur Vasata & Schröder den Kunden Plus betreut hat. Die Kommunikation müsse sehr schnell funktionieren. Alle

Maßnahmen funktionieren im Handel nach dem Grundsatz, dem Endkunden einen Zusatznutzen zu gewähren. Am Point of Sale kommen auch häufig personengestützte Maßnahmen zum Einsatz. Deren Aufgabe ist es, im Handel Produkte zu verkosten, zu verkaufen oder darüber zu informieren. Dieter Stempel, Geschäftsführer der Frankfurter Agentur TMS (Trademarketing Service) bietet mit seinem Unternehmen unter anderem genau diese personengestützten Maßnahmen an. „Ohne Verkostungen wird beispielsweise eine neue Käsesorte einfach nicht gekauft, auch wenn sie über die Werbung im Fernsehen bekannt ist", ist Stempel überzeugt. „Dies erfordert motivierte und geschulte Mitarbeiter, die zum vereinbarten Zeitpunkt am vereinbarten Ort sind, um zu arbeiten", so Stempel weiter. Zu den personengestützten Maßnahmen gehört auch, dass der komplette Außendienst für Unternehmen von der Agentur gestellt wird. In der Fachsprache spricht man dann von „Rent-a-Salesfore". „Kein Unternehmen", sagt Stempel weiter, „hat heute die Kapazität und das Geld, jeden kleinen Supermarkt Deutschlands zu besuchen." Manche Unternehmen verfügten sogar über gar keinen eigenen Außendienst mehr.

• Agenturen für Sponsoring

Sponsoring ist ein relativ junges Feld der Marketingkommunikation. Erst in den achtziger Jahren haben Unternehmen in größerem Maßstab entdeckt, dass sich die Unterstützung von Sport- und anderen Veranstaltungen für die eigene Kommunikation nutzen lässt. Das Charmante am Sponsoring ist, dass sich Marketingziele im Idealfalle indirekt erreichen lassen, also ohne dass die ökonomischen Beweggründe dahinter so offensichtlich sind wie beispielsweise bei der klassischen Werbung. Gibt ein Unternehmen Geld, um ein bestimmtes Museum zu renovieren oder eine bestimmte Ausstellung mit zu finanzieren, dann hat es eben auch das gute Recht, als Unterstützer genannt zu werden. Schaltet es dagegen Werbung, hat der Zuschauer das Recht, umzuschalten und wegzuschauen. Das kann er übrigens nicht, wenn er der Marke des Sponsors in der Berichterstattung über eine Sportveranstaltung ausweichen möchte – auch das ein Vorteil des Sponsoring. Sponsoring hat zudem den Vorteil, dass man die Menschen in der Regel in ihrer Freizeit erreicht, also dann, wenn sie eine größere Bereitschaft haben, sich mit einer Markenbotschaft auseinanderzusetzen.

Als die Bedeutung des Sponsorings wuchs, gab es eine Gründungswelle von entsprechenden spezialisierten Agenturen. Die auf klassische Werbung und PR ausgerichteten Anbieter wussten mit dem jungen Instrument

nämlich vergleichsweise wenig anzufangen. Mittlerweile ist das Sponsoring erwachsen geworden, das Volumen des deutschen Sponsoringmarktes beläuft sich je nach Quelle auf zwischen 2,6 und 3,9 Milliarden Euro, womit Deutschland in Europa an der Spitze liegt. Es gab zwischenzeitlich die übliche Konsolidierung der Branche, viele Agenturen haben dichtgemacht, zwei Typen von Agenturen haben sich herausgebildet: Die einen spezialisieren sich auf Beratung und Abwicklung von Sponsoring-Maßnahmen, die anderen vermarkten zusätzlich auch die Events, an denen sie die (Exklusiv-) Rechte halten. Auf Kundenseite gibt es im Sponsoring-Bereich ebenfalls eine Dichotomie: Auf der einen Seite (häufig international agierende) Unternehmen, die Sponsoring professionalisiert betreiben, auf der anderen Seite kleinere Unternehmen, die solche Maßnahmen eher aus dem Bauch heraus entwickeln. Professionalität bedeutet hier vor allem strategische Planung.

Am Anfang eines solchen strategischen Prozesses steht die Suche nach einer geeigneten Themenplattform, mit der das Unternehmen die Zielgruppe möglichst emotional erreicht. Themenplattformen finden sich im Mode-, Musik- oder Sportbereich, mit ihnen werden bestimmte Gefühle verbunden. Ziel des Sponsorings ist es, diese Plattformen zu besetzen und mit der Marke zu verbinden. „Im Idealfalle taucht die Marke eines Unternehmens dabei allein in einer bestimmten Themenwelt auf", sagt Karsten Bentlage, Geschäftsführer der Agentur Schmidt und Kaiser. Dies sei jedoch meist nicht der Fall, wie man etwa am Beispiel der Formel Eins sehen könne, wo Autos und Rennanzüge über und über mit den unterschiedlichsten Logos beklebt sind. Die Unternehmen haben versucht, Auswege aus dieser engen Nachbarschaft mit zahlreichen anderen Sponsoren zu suchen. Die einen haben sich aus dem Sportbereich zurückgezogen und investieren nunmehr in Social- oder Kultursponsoring. Oder sie schaffen sich selbst exklusive Themenwelten, wie beispielsweise Red Bull. Der Getränkehersteller hat mit dem Red Bull Air Race sogar eine Veranstaltung geschaffen, die im (redaktionellen Teil des) Fernsehens mehrmals pro Jahr übertragen wird, ohne dass andere Marken zu sehen sind. Eine Stunde Sendezeit hat RTL dem Ereignis gewidmet. Hieran wird eines der wesentlichen Ziele eines Sponsoringengagements deutlich: Über den Umweg der Medienberichterstattung soll die Marke, entsprechend emotional aufgeladen, zum Verbraucher gelangen.

Der Löwenanteil der Sponsoringaufwendungen entfällt mit mehr als 40 Prozent auf das Sportsponsoring. Allerdings kommt es hier auch schon zu Sättigungstendenzen; immer seltener bietet sich für Sponsoren die Mög-

lichkeit, sich einzeln oder wenigstens mit einer überschaubaren Zahl von Co-Sponsoren zu engagieren. Zudem wirft gerade das Sportsponsoring hohe Risiken auf – man denke nur an Dopingskandale, aber auch an anhaltenden Misserfolg gesponserter Sportler oder Vereine. Daher machen die beiden anderen wichtigen Sponsoringfelder, das Kultur- und das Soziosponsoring, immer weiter an Boden gut. Beide vereinen je grob ein Viertel der Sponsoringaufwendungen auf sich. Ulrich Roth, geschäftsführender Gesellschafter der Stuttgarter Agentur Roth & Lorenz, ist sich sicher, dass sich Unternehmen zunehmend in allen wichtigen Bereichen des gesellschaftlichen Lebens wie Bildung, Soziales, Ökologie usw. mittels Sponsoring engagieren werden. Subsumiert würden solche Engagements unter dem Begriff Corporate Social Responsibilty (CSR). Unternehmen leben aktiv ihre Rolle in der Gesellschaft und übernehmen Verantwortung. Die Unternehmen nutzen diese Engagements zur öffentlichen Darstellung ihrer Unternehmenskultur und der dadurch geprägten Haltungen und Werte und kommunizieren dies so an Konsumenten, Kunden und Stakeholder. Sportsponsoring würde an Bedeutung deshalb aber nicht verlieren. Insbesondere dem Fußballsport käme hier in Deutschland, aber auch in vielen anderen Ländern der Welt, eine hohe Bedeutung zu. Andere Sportarten hätten große Schwierigkeiten, an Sponsorengelder zu kommen, auch weil sich die Medien stark auf Fußball konzentrieren.

Was den Arbeitsalltag eines typischen Mitarbeiters in einer Sponsoringagentur angeht, so kann man hier zwei Gruppen voneinander abgrenzen. Zum einen gibt es Menschen, die primär strategisch bzw. konzeptionell arbeiten. In einer klassischen Agentur würde man diesen Mitarbeiter als Planner beschreiben. Auch wenn in Sponsoringagenturen gelegentlich über Marken- oder auch Kreativstrategien nachgedacht wird, so werden diese doch häufig von der klassischen Agentur vorgegeben. Aufgabe der Sponsoringagentur ist es dann, die hierfür passenden Themenplattformen zu finden. Hierzu nimmt man, so Thorsten Blodow, Director Communication Consulting bei der Agentur Carat Sponsorship, die angestrebte Zielgruppe des Kunden als Basis, sucht daraufhin nach Umfeldern wie Sport, Kultur oder sozialen oder ökologischen Themen und verschafft sich einen Überblick, wie groß die Anzahl der Personen und wie ausgeprägt deren Affinität zum jeweiligen Themenumfeld ist. In einem weiteren Schritt müssen die in Frage kommenden Plattformen noch einmal eingegrenzt werden. Hierzu macht sich die Agentur beispielsweise über die Imagedimensionen einer Sportart sowie über mögliche Aktivierungsmaßnahmen zur Ansprache der Zielgruppe vor Ort Gedanken. Aber auch schlichte Fragen wie die Verfügbarkeit eines Sportevents für Sponsoringzwecke

muss sie klären oder wie es um die Konkurrenzsituation bestellt ist. Eine wichtige Frage ist ferner die nach dem Kosten-Nutzen-Verhältnis für den Kunden.

Zum anderen gibt es in Sponsoringagenturen Mitarbeiter, die für die Umsetzung verantwortlich sind. Eine Agentur kauft schließlich nicht allein die Platzierung des Logos auf einem Formel-Eins-Auto ein, sondern ein ganzes Paket aus unterschiedlichen Modulen. Die Möglichkeit einer Platzierung des Signets auf bestimmten Broschüren könnte hierzu gehören, aber auch, dass die Fahrer der Autos zu bestimmten Veranstaltungen zur Verfügung stehen. Gerade bei großen Kunden geschieht die Umsetzung solcher Maßnahmen nicht im nationalen Rahmen, sondern in zahlreichen Ländermärkten. Das ist auf der einen Seite mit internationaler Reisetätigkeit der Mitarbeiter verbunden, einer Tatsache, die viele Menschen sicherlich als sehr reizvoll empfinden werden. Auf der anderen Seite handelt es sich bei der Umsetzung von Sponsoringmaßnahmen um eine Vielzahl kleinteiliger und mitunter nervenzehrender Tätigkeiten. Der Mitarbeiter hat etwa dafür zu sorgen, dass ein Logo in der richtigen Größe aufgestellt ist, die gereichten Getränke vor Ort müssen kühl sein und die Tischkarten am richtigen Platz stehen.

Agentur-Geschäftsführer Bentlage sieht eine der großen Herausforderungen für Sponsoringagenturen, dass auch die Wirkung von Sponsoringmaßnahmen messbar und der Erfolg eindeutig nachweisbar sein muss. Dies galt bis vor kurzem allein für schwer fassbare Erfolgsgrößen wie eine Imageverbesserung. Mittlerweile werden auch Sponsoringmaßnahmen an konkreten Verkaufszahlen gemessen. Dem permanenten Nachfassen von Ergebnissen (auch Tracking genannt) kommt inzwischen eine enorme Bedeutung zu.

• Agenturen für Corporate Identity

Wer sich mit Corporate Identity beschäftigt, hat das ganze Unternehmen im Blick, oder genauer gesagt die Persönlichkeit des Unternehmens. Akademisch definiert meint das Begriffspaar Corporate Identity „die dynamische Organisation der Systeme einer Institution, die ihr charakteristisches Verhalten gegenüber ihren Mitgliedern, ihren Partnern wie der Gesellschaft insgesamt bestimmen" (Heinz Kroehl). Angesichts dieses Definitionsversuchs fällt es einigermaßen schwer zu sagen, was denn nun eine Agentur für Corporate Identitiy eigentlich genau macht. Aus Sicht von Uli Mayer-Johanssen, Geschäftsführerin der CI-Agentur MetaDesign, über-

setzt sie die Strategie und Vision eines Unternehmens in sinnlich wahrnehmbare Dimensionen. Corporate-Identity-Agenturen begleiten Unternehmen bei der Positionierung ihrer Unternehmensmarke oder ihrer Produktmarken. Strategie und Ziele führen zu Fragen nach dem Wesen des Unternehmens und seiner Produkte. Dabei geht es um Fragen wie: Wofür steht das Unternehmen? Was verkörpern seine Produkte und Dienstleistungen? Was macht das Unternehmen unverwechselbar? Welche Werte prägen die Kultur und das Handeln des Unternehmens?

Immer wieder geht es darum, ein einzigartiges, unverwechselbares Profil herauszuarbeiten, das die Vision, die Ziele und die Leistungen übersetzt und in den Markt transportiert. Ein wichtiges Mittel ist dabei das Corporate Design, die systematische Gestaltung aller visuellen Elemente des Außenauftritts. Für viele manifestiert sich Corporate Design immer noch ausschließlich im Logo. Sicher bringt ein gutes Markenzeichen eine Unternehmens- oder Produktmarke auch auf den Punkt. Sie bündelt im Idealfall alle Kommunikationsimpulse. Der Stern von Mercedes, die Ringe von Audi oder der Kranich von Lufthansa stehen stellvertretend für die Marke als Ganzes. Doch Corporate Design umfasst mehr. Unternehmens- und Produktmarken begegnen uns tagtäglich auf vielfältige Weise: in Broschüren, auf Plakaten, in Anzeigen, im Internet, am Handelsplatz, in der Telefonwarteschleife, am Messestand, im TV-Spot und nicht zuletzt auf den Produkten selbst und deren Verpackungen.

Corporate Design ist die Klammer, die alle Elemente eines Markenauftritts im Sinne der Unternehmensidentität zusammenhält und so Kontinuität und Konsistenz ermöglicht. Der gesamte Auftritt eines Unternehmens oder einer Marke muss nach innen wie außen die Ziele, Werte und Visionen zum Ausdruck bringen. Corporate Identity will gelebt werden. Sie kann nur dann ihre Wirkung entfalten, wenn die Mitarbeiter sie annehmen und umsetzen. Eine Agentur für Corporate Identity schafft dafür die Basis, so die Geschäftsführerin von MetaDesign. Sie stellt sicher, dass die Mitarbeiter den Sinn und Zweck des neuen Auftritts und der Positionierung kennen und als Teil ihrer Identität akzeptieren und wertschätzen. Nachdem eine Unternehmensidentität erarbeitet wurde, muss diese auch, wie schon oben beschrieben, wahrnehmbar gemacht werden. Dies kann zum Beispiel durch Unternehmenspublikationen geschehen, was man werbisch als Corporate Publishing bezeichnet. Unter das Corporate Publishing (oder kurz CP) fallen Kunden- oder Mitarbeiterzeitschriften, aber auch der Geschäftsbericht an die Investoren gehört hierzu. CP hat gegenüber der klassischen Kommunikation den Vorteil, dass es glaubwürdiger ist und man sich beispielsweise ein Kun-

denmagazin deutlich länger und intensiver anschaut als eine Anzeige. Auf diesem Verständnis bauen Agenturen wie MetaDesign, Brand Union, Landor. Wolff Olins oder Interbrand auf und entwickeln daraus das Erscheinungsbild, das die Positionierung des Unternehmens adäquat vermittelt. Designer und Berater müssen die Situation des Unternehmens sehr genau kennen, um einen Corporate-Identity- und Corporate-Design-Prozess optimal zu begleiten, betont Mayer-Johanssen. Um allerdings dieses Verständnis zu ermöglichen, geht es im ersten Schritt sehr häufig darum, abstrakte strategische Aussagen mit Hilfe des Visuellen anschaulicher, greifbarer zu machen.

Neben dem Corporate Publishing beschäftigen sich Agenturen für Corporate Design auch mit Fragen der Verpackungsgestaltung. Verpackungen besitzen neben den funktionalen Aspekten wie Produktschutz und der Vermittlung von Inhaltsangaben vor allem die Aufgabe, den markenorientierten Produktnutzen für Verbraucher zu vermitteln – und das auf kleinstem Raum. Aufgrund der zunehmenden komplexen Anforderungen an Verpackungen ist es deshalb notwendig, bei der Entwicklung von Packaging Design ein übergeordnetes Expertenwissen aus den Fachgebieten Design, Technik und Marketing zu besitzen und in eine übergeordnete Designstrategie des Unternehmens mit einzubinden, so Betina Hubrich, die als Marken- und Designberaterin in Frankfurt arbeitet. Die Arbeit in einer Agentur, die sich auf Corporate Identity spezialisiert hat, unterscheidet sich relativ stark von derjenigen in einer klassischen Agentur. Daher sei hier beispielhaft der Tagesablauf eines Mitarbeiters einer solchen Agentur dargestellt.

Ein Tag im Leben eines Kreativen in einer CI-Agentur

Florian Dengler / MetaDesign

09:00

Der übliche Start

Kurzer Check der E-Mails. Abgleich der Themen des Tages. Sind alle Designer beschäftigt? Stehen heute oder morgen irgendwelche Deadlines für Projekte an, die abgesegnet werden müssen? Gibt es Bewerbungen, die zu bewerten sind?

10:00

Team-Meeting zur Pitchausschreibung eines Telekommunikations-Dienstleisters

Laut Briefing geht es „nur" um ein neues Logo. Zusammen mit einem Brand Consultant wird der Ablauf der Wettbewerbspräsentation entwickelt. Wie erklären wir dem Kunden, dass es mit einem Logo allein nicht getan ist? Und wie, dass eine Gestaltung ohne strategischen Bezug wohl recht kurzlebig wäre?

11:00

Treffen mit den Kollegen von Sound Branding

Ein Modeunternehmen, das von uns neu positioniert wurde und dessen Corporate Design in meinem Team gestaltet wurde, möchte sich in Sachen Corporate Sound beraten lassen. Wie klingt die Marke? Und wo klingt sie? Im Laden? In der Kommunikation? Am Telefon? Wie laut und wie lang?

12:30

Abstimmung einer Idee für die Marke eines Spielwarenherstellers

Zusammen mit den Designern, der Account Managerin und dem Consultant überprüfen wir bei den ersten grafischen Anmutungen, den Moodboards, welche den Markenkern und die Neupositionierung am genauesten treffen. Zwei davon werden dann ausgearbeitet und dem Kunden präsentiert.

13:00

Lunch

Mittagessen mit meinen beiden Kollegen aus der Unitleitung. Neben ein bisschen Privatem wird vor allem überlegt, wie wir zwei neue Stellen in der Unit besetzen. Der Markt hat angezogen und gute Leute, die zu uns passen, sind gar nicht mehr so leicht zu finden.

14:00

Workshop zu Markenklärung mit einem Reiseveranstalter

Endlich lernen wir die Entscheider auf Kundenseite und ihre Vision vom Unternehmen kennen. Die Vorbereitung war ziemlich aufwendig, und der Termin ist sehr intensiv und kräftezehrend, aber die Erkenntnisse sind unbezahlbar. Danach arbeitet es sich fast wie von selbst.

18:00

Treffen mit den Design-Teams, um die aktuellen Projekte zu besprechen

Nach dem Workshop eine kurze Pause mit E-Mail-Check, Telefonrückrufen und einem Gang durch die Unit, sehen, ob was Wichtiges passiert ist. Dem ist natürlich so, und ich kümmere mich auch gleich darum. Die Treffen mit den Design-Teams werden um eine Stunde verschoben, dann noch um eine halbe und dann auf morgen. Erst müssen ein paar wichtige Fragen aus einem Projekt geklärt werden.

20:00

Auf Wiedersehen

Schnell den Rechner aus, oder nein, doch noch zwei E-Mails beantworten, dann aber nichts wie raus und Feierabend. Aber vielleicht zu Hause noch mal ganz kurz in die Mails …

Florian Dengler
ist Creative Director bei MetaDesign, Berlin.

Netz: www.metadesign.de

56

• Online-Agenturen

„Wir treiben jede Woche eine neue Sau durchs digitale Dorf!", sagt ein
Kundenberater, der in einer Agentur für digitale Markenkommunikation
arbeitet. Tatsächlich gibt es derzeit wohl auf keinem Feld der Marketingkommunikation eine derartige Dynamik wie bei der Online-Kommunikation. Die Zeiten, in denen Online-Werbung mit dem Platzieren von Wer-
bebannern auf möglichst aufmerksamkeitsstarken Internetseiten gleichzu-
setzen war, sind lange vorbei. Ständig kommen neue Möglichkeiten hinzu,
und neue Kommunikations-Instrumente können in nur wenigen Monaten
zu internationaler Bedeutung gelangen. War beispielsweise Suchmaschinenmarketing vor der Jahrtausendwende nahezu unbekannt und ökonomisch nahezu unbedeutend, so sind die großen Anbieter auf diesem Gebiet
heute millionenschwere Platzhirsche. „Unternehmen wie eBay, Google
oder Yahoo haben in wenigen Jahren, ja teilweise Monaten eine Entwicklung genommen, die andere Unternehmen nicht in hundert Jahren hinbe-
kommen", sagt Tobias Kirchhofer, Geschäftsführer der Frankfurter Agentur für digitale Markenkommunikation Blue Mars. Auch wenn die Popularität dieser Namen an der einen oder anderen Stelle nachgelassen habe,
stünden sie für eine rasante Entwicklung, die allein durch Digitalisierung
und die Netzeffekte des Internets und seine weltweite Nutzung möglich
geworden sei.

Neben den schnellen Innovationszyklen zeichnet sich die Internetkommu-
nikation durch eine starke Betonung der technischen Komponente aus, die
man in anderen Bereichen, mit Ausnahme des nahe verwandten Mobile
Marketing, so nicht findet. Beschränkten sich die Möglichkeiten der Inter-
netkommunikation zu Beginn auf das Netz selber, so hat in der jüngsten
Vergangenheit eine Ausdehnung der Interaktivität auf das Handy begonnen und wird sich sicherlich weiter fortsetzen. Entsprechend vielfältig sind
die Themen, die eine Internetagentur bedient. Sie muss vor allem auch die
wichtigen technischen Aspekte abdecken und bei den entsprechenden Entwicklungen aktiv sein.

Ein fast schon klassisches Betätigungsfeld von Online-Agenturen bildet das
Thema E-Commerce, also der Direktvertrieb über das Internet. Die Agenturen beraten ihre Kunden dabei, wie Waren über den Vertriebsweg Internet gekauft und verkauft werden können. Sie entwickeln beispielsweise virtuelle Shops und helfen bei deren Vermarktung. Auf E-Commerce spezialisierte Agenturen übernehmen in der Regel die Abwicklung des Bestell-
prozesses und überwachen die Zahlungssicherheit. Neben dem direkten

Vertrieb kann auch der Verkauf über den Handel ein Feld von Internetagenturen sein. Dies gilt beispielsweise dann, wenn entsprechende Handelsplattformen geschaffen werden oder Vertriebsmitarbeitern in einem Unternehmen aktuelle Informationen über ein entsprechendes Intranet zur Verfügung gestellt werden. Hier können auch Motivationsprogramme ansetzen, die via Internet dargestellt werden.

Internet-Marketing findet zunehmend auf Ebene des Gesamtunternehmens statt und betrifft etwa auch die PR-Maßnahmen. Schließlich können im Netz wie in keinem anderen Medium aktuelle Informationen verbreitet werden. Investoren holen sich Finanzinformationen immer häufiger aus dem Internet, die Pressemitteilungen werden zunehmend online verbreitet. Auch das Entwickeln und Begleiten von Online-Rekrutierungsprozessen kann die Aufgabe einer Internetagentur sein. Ein weiteres wichtiges Thema ist das E-Learning, also Weiterbildungsmöglichkeiten im Internet. Auch hierfür gibt es spezialisierte Agenturen. Das Themenspektrum für Online-Agenturen ist also riesig.

Die Vielfalt des Leistungsangebots zeigt sich außerdem darin, dass sich im Netz auch unterschiedlichste Medien abbilden lassen. Man denke hier an Filme, Animationen oder Audio-Dateien. Michael Flöß, Geschäftsführer der Hamburger Agentur Viersicht, einem Unternehmen, das einen Schwerpunkt im Internet hat, empfindet aber genau das breite Aufgabenspektrum als spannende Herausforderung. „Nicht nur eine ansprechende Kreation, sondern auch die richtige Auswahl der Medien wie Image, Sound, Film, Animation und interaktive Elemente sind hierbei besonders gefragt und erfordern ein Höchstmaß an medienübergreifendem Knowhow", sagt Flöß. Gerade das Verbinden der verschiedenen Kommunikationsinstrumente sowie das Abwägen der Stärken und Schwächen der einzelnen Medien sei immer wieder eine Herausforderung.

Das erfordert natürlich auch Kreative mit einem entsprechenden Profil. Wer sich als Kreativer in einer Internetagentur verdingen möchte, muss auf der ganzen Klaviatur der Kommunikationsinstrumente spielen können, sagt Simone Ashoff, Geschäftsführerin der Hamburger Internetagentur Jung von Matt/next. Denn im Internet sind alle bekannten Spielarten der Kommunikation vertreten – vom Spot über die Anzeige, den Katalog, das Mailing bis zum Event. Ein Online-Kreativer muss sich also idealerweise mit all diesen Kommunikationsinstrumenten auskennen und sie neu spielen und interaktiv interpretieren können. Außerdem müssen Internet-Kreative vernetzt denken – jede Kommunikationsaktivität im Netz schließt

schließlich an klassische Werbemaßnahmen an und zieht klassische Dialogmaßnahmen nach sich. Hier ist von Kreativen konzeptionelles und strategisches Know-how gefragt. Für das Netz ist, wie eingangs erwähnt, die hohe Dynamik bezeichnend. Alle Parameter, die wichtig für Werbung und Kommunikation sind, verändern sich andauernd und in hoher Geschwindigkeit – das gilt für Technologien genauso wie für das Medienverhalten der Zielgruppen.

Aus Sicht von Torsten Ziegler, Geschäftsführer der Hamburger Agentur gelee royale medien, werden die Möglichkeiten digitaler Kommunikation bisher vor allem in den Vereinigten Staaten und in Großbritannien ausgeschöpft. Unternehmen und Agenturen aus Deutschland hinken nach seiner Meinung bei ihren Versuchen, die werblichen und vor allem kommunikativen Möglichkeiten der neuen Medien auszuschöpfen, weit hinter diesen Ländern hinterher. Noch immer fehle es hier an den nötigen Strukturen. Dies gilt seiner Ansicht nach für sowohl für Kunden-, Planungs- als auch für die Kreativagenturenseite. Viel zu oft würden Kampagnen schlicht „linear verlängert", anstatt sie mit den vorhandenen Möglichkeiten der digitalen Medien zu erweitern, meint Ziegler. Die nächste große Herausforderung sieht Ziegler darin, erzielte Aufmerksamkeit in einen Dialog mit dem Verbraucher zu verwandeln.

Das Internet hat im Vergleich zu anderen Werbemedien den Vorteil, dass man hier auch während der Laufzeit einer Kampagne Elemente optimieren oder entfernen kann. Aus dieser Möglichkeit heraus hat sich das sogenannte Performance Marketing entwickelt. „Hierbei werden die eingesetzten Instrumente im Hinblick darauf überprüft, ob sie das zuvor definierte Ziel erreicht haben oder nicht", sagt Wolfgang Thomas, Inhaber und Geschäftsführer der Agentur Netzwerk Reklame Thomas in Hamburg. Entsprechend ihrer Zielbeiträge werden die Instrumente angepasst oder aus der Kampagne entfernt. Die Instrumente, die meist in einer Kampagne zum Einsatz kommen und daher vom Performance Marketing unter die Lupe genommen werden, sind im Wesentlichen die folgenden:

1. Suchmaschinenmarketing und -optimierung

Mehr als 80 Prozent aller Internetnutzer greifen auf Suchmaschinen und Webkataloge zurück, um Informationen über Produkte und Unternehmen zu finden. Suchmaschinen sind nach der Nutzung von E-Mails die am häufigsten genutzte Anwendung im Internet. Bereits heute entstehen mehr als

die Hälfte aller Online-Käufe darüber. Außerdem haben Nutzer von Suchmaschinen ein konkretes Bedürfnis. Aus all diesen Gründen müssen werbetreibende Unternehmen ein Interesse daran haben, zum einen ihre Suchmaschinenergebnisse zu optimieren, also bei einer entsprechenden Suche nach Leistungen möglichst weit oben zu erscheinen. Zum anderen müssen sie ein Interesse haben, bei Sponsored Links (also zum Beispiel Adwords von Google) möglichst treffgenau zu landen. Hier verkaufen oder versteigern die Anbieter von Suchmaschinen Positionen oberhalb oder neben den regulären Treffern.

2. Affiliate Marketing

Hierunter versteht man die Schaltung von Anzeigen auf viel geklickten Websites, wobei die Bertreiber dieser Seiten eine Provision erhalten, wenn die entsprechende Anzeige zum Beispiel angeklickt wurde. Damit ist nicht nur der Erfolg jeder einzelnen Anzeige direkt messbar, sondern über den Klick auf die Anzeige kann auch jede weitere Aktion (Informationsanforderung, Registrierung, Bestellung oder Verkauf) ausgelöst werden. Neben den genannten Beteiligten (Advertiser stellen die Anzeigen zur Verfügung, Publisher sind die Betreiber der Webseiten, auf denen die Anzeigen geschaltet werden) gibt es noch eine weitere Partei, die die beiden erstgenannten in Kontakt bringt, die Kommunikation aufrechterhält und koordiniert sowie die Provisionierung vornimmt. Diese Aufgaben werden von Affiliate-Netzwerken durchgeführt. Die Provisionierungsmodelle können sich dabei auf Klicks auf eine Anzeige (Pay-per-Click) beziehen oder darauf, dass der Surfer beim Advertisier seine Kontaktdaten hinterlässt (Pay-per-Lead) oder gar erst dann, wenn er kauft (Pay-per-Sale).

3. Banner Marketing

Bei der Banner-Werbung werden Anzeigen der unterschiedlichsten Formate und Formen eingebunden, diese werden – im Unterschied zum Affiliate-Marketing – pauschal abgerechnet. Hier wird die Werbung als Grafik- oder Flash-Datei in die Webseite eingebunden. Mittlerweile hat sich hier eine Vielzahl von Formaten mit den unterschiedlichsten technischen Eigenschaften etabliert.

4. E-Mail-Marketing

Die Basis allen Handels bei diesem Instrument ist, dass der Kunde die Erlaubnis (Permission) erteilt hat, ihm E-Mails mit werblichen Inhalten schicken zu dürfen. Diese Erlaubnis kann er jederzeit entweder entziehen oder begrenzen.

5. Virales Marketing

Das relativ neue Instrument des viralen Marketings funktioniert zwar nicht nur, aber doch zum sehr großen Teil über das Internet. So mancher Werbefilm hat es im Netz zu so großer Popularität allein dadurch geschafft, dass er von Büro zu Büro geschickt wurde, dass er schließlich sogar im Fernsehen und Kino geschaltet wurde. Der Crash-Test-Film mit platzenden Weißwürsten, Sushi und Baguettes etwa, den sich die Hamburger Agentur Nordpol für Renault ausgedacht hat. Für Michael Zerr, Geschäftsführer der auf virales Marketing spezialisierten Agentur VM-People in Berlin, steht virales Marketing für Mund-zu-Mund-Propaganda, die sich möglichst exponentiell verbreiten soll. Virales Marketing bezieht sich aus seiner Sicht auch nicht auf einen Kommunikationskanal, sondern soll im Idealfall über die unterschiedlichsten Kanäle wirken.

Auch wenn virales Marketing sich letztendlich an alle potentiellen Kunden richtet, besteht die Hauptzielgruppe aus den Fans oder auch den sogenannten Heavy Usern eines Produkts beziehungsweise Unternehmens. Diese haben eine ganz besonders enge Beziehung zu einem Produkt oder einer Dienstleistung und sind daher sehr schnell bereit, eine Botschaft zu verbreiten. Damit dies aber auch passiert, muss die Botschaft beziehungsweise ihre Verbreitung bestimmten Anforderungen genügen. Diese Anforderung kann materieller Natur sein, indem man beispielsweise eine bestimmte Belohnung bekommt. Sinnvollerweise sollte der Nutzen aber immateriell sein. So kann sich der Überbringer mit der Kommunikation der Botschaft an einen Freund als Mensch mit Informations- beziehungsweise Wissensvorsprung darstellen.

Die Nutzung all der Möglichkeiten des Internets gelingt Agenturen nur mit Kunden, die für technische und gestalterische Innovationen aufgeschlossen sind und den entsprechenden Mut haben. Doch die Klagen über mutlose Kunden, die gerade klassische Kreativagenturen oft anstimmen, kann man auch aus den Online-Agenturen vernehmen. Wegen des hohen Innova-

tionsgrades ist die Schere zwischen dem, was geht, und dem, was der Kunde sich traut, womöglich noch größer, mithin fallen die Klagen noch lauter aus. Fragt man etwa Agenturchef Flöß, was er an seinem Job nicht mag, dann genau dies: „Am meisten ärgern mich Kunden, die zwar immer sagen, dass sie innovativ sind, dann aber beim Anblick eines wirklich innovativen Designs oder einer neuen Applikation der Mut verlieren. Nach dem Motto: ‚Ja, das ist toll, aber wir sind dann wohl doch noch nicht so weit‘.“ Auch beim Thema Budget komme selten Freude auf. Die Kunden wollten erst mal alles, um auf ein entsprechendes Angebot der Agentur hin sofort das große Streichkonzert anzustimmen. Was dann am Ende meist übrigbleibe, sei ein wenig aufregender Standard-Internetauftritt, den eigentlich niemand braucht.

- Agenturen für Mobile Marketing

Werbung aufs Mobiltelefon – derzeit sicher noch ein Thema vor allem für sehr junge Zielgruppen. Doch die technische Entwicklung auf dem Gebiet der Mobiltelefonie schreitet in großen Schritten voran, schon heute handelt es sich hier eher um Multifunktions- und Multimediageräte als um Telefone, was unter dieser Bezeichnung angeboten wird. Und schon gibt es eine Reihe von Mobile-Marketing-Agenturen wie etwa 12Snap, die Werbekonzepte für die mobile Zielgruppe entwickeln. Für klassische Werbeagenturen ist mobiles Marketing bisher allenfalls ein Randthema. Denn hierbei handelt es sich um eine sehr stark technikgetriebene Veranstaltung, bei der die kreativen Kernkompetenzen einer klassischen Agentur erst frühestens an zweiter Stelle stehen.

Auch für Daniel Tobias Hoffmann, Senior Manager der Agentur Synap, hat im Bereich des mobilen Marketings die technische Umsetzung eine deutlich stärkere Gewichtung als der kreative Part. „Auch hier müssen Ideen entwickelt werden, aber die Umsetzung und Abwicklung der Kampagnen hat eine stärkere Gewichtung“, sagt Hoffmann. Um die technische Umsetzbarkeit einer Kampagne abschätzen zu können, müssten Mitarbeiter ein sehr ausgeprägtes technisches Verständnis und Know-how haben, sagt Hoffmann. Sowohl die Kreation als auch die Distribution von Kampagnen haben viel mit Informationstechnik zu tun. Die hier entstehenden Fragen können viele klassische Agenturen (noch) ebenso wenig beantworten wie zum Beispiel solche nach den Funktionalitäten unterschiedlicher mobiler Endgeräte. Ingo Lippert, Geschäftsführer der Agentur MindMatics, beobachtet allerdings, dass sowohl Dialog- als auch klassi-

sche Agenturen sowie Mediaagenturen im mobilen Bereich Kompetenz aufbauen.

Fragt sich, was genau man mit Mobile Marketing tun kann und was nicht. Für Lippert besteht der große Wert in der oben genannten Fokussierung auf eine recht junge Zielgruppe. Diese Zielgruppe ist mit den mobilen Endgeräten sehr vertraut und kommt auf diesem Wege in einer frühen Lebensphase mit der Marke in Kontakt, hat also, werbisch gesprochen, einen hohen Life-Time-Value. Für Menschen, die älter als 45 Jahre sind, ist mobiles Marketing dagegen von untergeordneter Bedeutung. Der zweite große Nutzen besteht für MindMatics-Geschäftsführer Lippert in der Chance, mit dem Kunden in einen Dialog zu treten. Für Lippert ist mobiles Marketing eine Weiterentwicklung von klassischen Maßnahmen der Verkaufsförderung, etwa von Preisausschreiben. Statt zur Postkarte kann der Kunde nun gleich über eine drahtlose Verbindung per SMS reagieren. Mobiles Marketing ist bisher auch nahezu ausschließlich eine Domäne des Konsumgütersektors. Im B-to-B-Bereich ist es bisher kaum zu finden.

Der Dialog mit dem Kunden beginnt normalerweise mit einer SMS. Die Antwort auf diese Nachricht seitens des werbetreibenden Unternehmens kann sehr vielseitig sein. Der Kunde könnte eine MMS, einen Anruf, ein Spiel, ein Video oder was sich sonst noch denken und darstellen lässt, erhalten. Dank der besseren Displays in den Mobiltelefonen gewinnt aber auch das sogenannte Mobile Advertising zunehmend an Bedeutung. Hier werden die Seiten des Internets mit allen bekannten Werbemöglichkeiten wie etwa Bannern auf mobile Geräte übertragen. Das Marktsegment ist zwar noch klein, in ihm steckt jedoch nach Auffassung von Branchenexperten großes Potential.

Die weitere Entwicklung des Mobile Marketing wird von unterschiedlichen Parametern bestimmt werden. Parameter Nummer eins ist die Leistungsfähigkeit der Endgeräte. So gab es bis vor einigen Jahren noch nicht die Möglichkeit, MP3 Dateien zu versenden, was heute kein Problem ist. In einiger Zeit kann man vielleicht eine Live-Konferenz per Video mit einem Berater aufbauen, der einem an Ort und Stelle bei der Klärung einer bestimmten Frage helfen kann. Der zweite Parameter ist das künftige Pricing der Netzbetreiber, denn heute bezahlt man gerade für die hochwertigen Formate sehr viel Geld. Lippert sieht als weitere Entwicklung, dass man das Handy sehr viel weniger am Ohr und mehr in der Hand halten wird, wie dies etwa in Japan heute schon der Fall ist. Er weist auch darauf hin, dass der Gesetzgeber in den vergangenen Jahren Initiativen zum Schutz jugend-

licher Mobiltelefonierer gestartet hat. Trotz dieser Entwicklungen sehen viele im Mobile Marketing auch künftig einen festen Bestandteil der Marketingkommunikation. Zu schön ist die Eigenschaft des Mobiltelefons, dass es der Kunde in der Regel immer dabei hat (und gerade besonders attraktive Zielgruppen sind besonders viel unterwegs) und auch zu allem möglichen nutzen kann, wenn er sich gerade langweilt.

2.2 Spezialisten für bestimmte Marktfelder

• B-to-B-Agenturen

Die üblicherweise im Alltag wahrzunehmende Werbung richtet sich an Endkunden. Es gibt jedoch auch Marketingkommunikation, die sich an Hersteller oder Händler richtet, man spricht in diesem Zusammenhang von Business-to-Business-Kommunikation. Adressaten sind also Unternehmen. „B-to-B"- oder „B2B"-Kommunikation, wie sie werbisch genannt wird, sieht sich anderen Herausforderungen gegenüber als klassische Endkunden- beziehungsweise „B-to-C"-Kommunikation. Der wesentliche Unterschied liegt in der höheren Erklärungsbedürftigkeit der Produkte im Bereich B-to-B und der engeren Zielgruppe. Beides hat Auswirkungen sowohl auf die Kreation als auch auf die Mediastrategie. Medien wie Radio oder Fernsehen spielen hier nahezu keine Rolle, stattdessen kommen häufig Anzeigen in (Fach-)Zeitschriften in Frage, die sich an die entsprechenden Entscheider wenden. Die enge, aber spezialisierte und kompetente Zielgruppe adäquat anzusprechen gehört zu den speziellen Kompetenzen einer B-to-B-Agentur. Man muss die spezielle Zielgruppe genau verstehen und ihre Fachsprache sprechen. Diese kann von Branche zu Branche sehr verschieden sein.

Im B-to-B-Bereich setzt man in der Kommunikation laut Dirk Gerasch, Geschäftsführer der Darmstädter Agentur Gerasch Communication, weniger auf attraktive Verpackung und originelle Kreation als Selbstzweck als vielmehr auf konkrete Inhalte. Die beworbenen Produkte im B-to-B-Geschäft weisen häufiger als im Konsumgütersegment einen eigenständigen und unverwechselbaren Nutzen auf, entsprechend kann sich die Kommunikation auf konkrete Inhalte stützen und bringt am Ende auch viel besser messbare Ergebnisse, an denen die Agentur dann auch gemessen wird. B-to-B-Agenturen sind in der Regel inhabergeführt. Die Agenturen profitieren von dem Umstand, dass im B-to-B-Geschäft die Kundenloyalität sehr viel höher ist als im Endkundengeschäft. Außerdem scheinen hier die

Kunden bereit zu sein, für Beratungsleistungen mehr Geld zu zahlen, obwohl sie meist ein geringeres Budget zur Verfügung haben. Dies führt häufig zu relativ hohen Erträgen, obwohl die Budgets in den allermeisten Fällen im B-to-B-Segment kleiner sind als im B-to-C-Bereich.

Ein weiterer Unterschied zur Werbung im Endverbrauchergeschäft: Die Beratungsleistung in Agenturen mit Fokus auf B-to-B erfährt in der Regel eine unmittelbare Umsetzung. Hier wird man keinen Verantwortlichen treffen, der ein halbes Jahr auf eine Entscheidung wartet oder die fünfte oder sechste Marktforschung präsentiert, um eine Entscheidung abzusichern. Ein Berater hat hier sehr großen Einfluss und erhält meist unmittelbares Feedback. Dies passiert im B-to-C-Geschäft weniger, da sich die Agentur und Kunde hier stärker absichern müssen. Das Aufgabenspektrum einer B-to-B-Agentur geht häufig weit über die Kreation einer Anzeige hinaus. Oft haben es die entsprechenden Agenturen mit Themen wie Börsengängen, internationalen Markentransfers und Fusions- oder Übernahmeprozessen und den damit einhergehenden Fragen der Markenarchitektur zu tun. B-to-B-Kommunikation erstreckt sich nahezu immer auf mehrere Kommunikationsdisziplinen. Der typische Unternehmer und somit der klassische Kunde einer B-to-B-Agentur hat schlicht keine Lust und Zeit, Kommunikationsaufgaben auf mehrere spezialisierte Agenturen zu verteilen und diesen Vorgang dann auch noch zu steuern.

• Branchenspezialisten

Eigentlich verbietet sich derartiges Spezialistentum von selbst. Denn während sich Unternehmensberater durchaus als Experten für bestimmte Branchen positionieren dürfen und dies von deren Kunden sogar ausdrücklich gewünscht wird, gilt in der Werbung beziehungsweise in der Marketingkommunikation die Regel: Jede Agentur betreut je einen Kunden aus einer Branche. Agenturen, die einen Automobilkonzern zum Kunden haben, müssen leider das Werben anderer Fahrzeughersteller schnöde abweisen. Wer mit dieser Regel auf Agenturseite bricht, kann sich mitunter warm anziehen. So war die Berliner Agentur Scholz & Friends vor einigen Jahren ihren Telekom-Etat ruck-zuck los, als dem damaligen Marketingchef Kindervater zu Ohren kam, dass sich einer der Scholz-Geschäftsführer an einer Wettbewerbspräsentation um einen anderen Etat aus der Telekommunikationsbranche beteiligt hatte. Dennoch gibt es Ausnahmen von dieser von den Werbetreibenden ansonsten recht humorlos gehandhabten Regel. So hat sich beispielsweise die in Offenbach ansässige Agen-

tur Taste auf den Nahrungsmittelsektor spezialisiert und betreut mehrere Unternehmen dieser Branche, Schwerpunkt der Frankfurter Wefra-Agenturgruppe ist die Pharma-Kommunikation. Auch die Ogilvy-Gruppe unterhält eine eigene auf die Pharmabranche spezialisierte Sparte (Ogilvy Healthworld).

Spezialistentum findet sich vor allem in Sektoren mit stark erklärungsbedürftigen Produkten und einem hohen Maß an Regulierung. Beides gilt beispielsweise für den Pharmasektor. Der Markt ist relativ stark reguliert, etwa durch die „Spargesetze und Eingriffe in die Verordnungshoheit des Arztes". Zum anderen stehen Apotheken, Krankenhäuser und Ärzte vor großen Veränderungen – Ärztemangel, Apothekerpleiten, die Privatisierung der Krankenhäuser und der mündige, gut informierte Patient sind Stichworte, die in diesem Zusammenhang zu nennen sind. Eine weitere Besonderheit liegt zumindest momentan noch darin, dass die werbetreibenden Unternehmen im Pharmamarkt sehr stark vom Außendienst beziehungsweise vom Vertrieb gesteuert sind. Dadurch hat dieser eine relativ gewichtige Position auch gegenüber den Agenturen. Nur wenn der Außendienst Konzepte und Maßnahmen abnickt, werden sie auch umgesetzt.

Die Besonderheiten der Branche schlagen sich auch in den Arbeitsinhalten der Mitarbeiter einer spezialisierten Pharma-Agentur nieder. Vor allem müssen sie über genaue Kenntnisse der Produkte verfügen, mit denen es die Agentur zu tun hat. Wie in nur wenigen Branchen muss die Kommunikation hier sachlich und im wissenschaftlichen Sinne richtig sein. Medizinisch-wissenschaftliches Know-how ist also unerlässlich. Dazu kommt aus Sicht von Wolf-Peter Witt, Managing Director der Frankfurter Agentur Ogilvy Healthworld, eine genaue Auseinandersetzung mit der Zielgruppe. Kreative Höchstleistungen scheinen in dieser Branche eher zu irritieren. Typisch für die Zusammenarbeit zwischen Agentur und pharmazeutischem Unternehmen ist vielmehr, dass Kampagnen in aller Regel durch Pretests abgesichert werden. Ohne einen erfolgreichen Werbemitteltest gelangt praktisch keine Kampagne an die Öffentlichkeit. Mutige Kampagnen seien auch deshalb in dieser Branche rar, sagt Witt von Ogilvy Healthworld.

Was die PR-Arbeit angeht, so war diese bis vor wenigen Jahren noch in erster Linie von der Anzahl der Pressemeldungen an die Fachmedien bestimmt. Heute muss Public Relations sehr viel fokussierter sein, um die wichtigen Botschaften eines Unternehmens bezüglich eines Medikamentes

durchzusetzen. PR wird zudem heute stärker genutzt, um das hinter dem Produkt stehende Unternehmen zu profilieren.

Vergleichbar speziell wie die Kommunikation für den Gesundheitsbereich ist die politische Kommunikation (also die Kommunikation von und für Politik), deren Bedeutung in den letzten Jahren stark zugenommen hat. Dies hängt stark mit der Professionalisierung von Politik in einer medial organisierten Öffentlichkeit zusammen. Die moderne Darstellung von Politik verlangt nach Fachleuten. Ein ganz besonderes Feld mit ganz besonderen Fallstricken tut sich für die Agenturen auf, die Parteien zu ihren Kunden zählen. Eine der Schwierigkeiten liegt beispielsweise darin, dass Parteien im Umgang mit Agenturen weniger professionell sind als beispielsweise Unternehmen der Konsumgüterindustrie, da sie die Arbeit mit ihnen weniger gewohnt sind.

Dafür ist den im Wahlkampf engagierten Agenturen ein relativ hohes Maß an Aufmerksamkeit gewiss: Einige der Agenturen verdanken ihre Bekanntheit insbesondere auch dem Umstand, einmal Wahlwerbung gemacht zu haben. Die Agentur Zum Goldenen Hirschen etwa wird wohl für immer die Agentur der Grünen sein, auch wenn sie den Kunden längst nicht mehr betreuen sollte. Von Mannstein aus Solingen gilt als die CDU-Agentur, auch weil Inhaber Coordt von Mannstein es sogar zum persönlichen Berater des damaligen Kanzlers Helmut Kohl brachte. Auch die inhabergeführte Agentur BUTTER. in Düsseldorf verfügt über weitreichende Erfahrung in politischer Kommunikation. Der Gründer Werner Butter hatte hier lange Jahre einen Schwerpunkt gesetzt, und nach einigen Jahren der Abstinenz hat die Agentur die politische Kommunikation jüngst wiederentdeckt. BUTTER. hat den Wahlkampf für Klaus Wowereit 2001 in Berlin unterstützt und 2005 den Bundestagswahlkampf der SPD.

Wie im Konsumgütergeschäft auch braucht es ein gutes Produkt, um gute Kommunikation zu machen, sagt Oliver Lehnen, geschäftsführender Gesellschafter bei der Agentur BUTTER. in Düsseldorf. „Der wichtigste Einfluss für politische Kommunikation ist gute Politik. Gab es eine Politik der Pannen, so kann man dies mit Kommunikation nicht ändern“, sagt Lehnen. Auch für Detmar Karpinski, wahlkampferfahrener Geschäftsführer der Hamburger Agentur KNSK, kann auch eine noch so gute Kampagne einen Wahlkampf nicht entscheiden, wenn die entsprechenden Politiker keinen guten Job machen. Politische Kampagnen könnten sich allenfalls als das berühmte Zünglein an der Waage erweisen. Ganz wichtig sei in einem

Wahlkampf das Harmonieren des Dreigestirns aus Kandidat, Botschaft und Partei. Wahlkampf sei aus Kommunikationssicht eine wesentlich intensivere Angelegenheit als etwa Produktkommunikation. Der Zeitraum, in dem die Instrumente eingesetzt werden, ist eng bemessen, und in diesem Zeitraum geht es eben relativ laut zu. Aus diesem Grund gilt Schnelligkeit als eine der wichtigsten Eigenschaften einer Agentur. Sie muss immer wieder in der Lage sein, rasch auf neue Entwicklungen kommunikativ zu reagieren. Gerade bei einer Bundestagswahl komme es darauf an, Themen zu verdichten, wie zum Beispiel mit einem Begriff wie „Merkelsteuer", sagt BUTTER.-Geschäftsführer Lehnen weiter. Auch die „Rote Socken"-Kampagne für die CDU aus der Feder von Mannsteins kann in dieser Hinsicht punkten. Nur derart verdichtete Botschaften nutzen den Kandidaten beziehungsweise der Partei.

Werbung, beziehungsweise Kommunikation im Wahlkampf, macht insgesamt nur einen kleinen Teil der politischen Kommunikation aus, schließlich agieren hier neben Parteien auch Ministerien, Verbände und viele mehr, und alle wollen gehört werden. Deswegen gibt es darüber hinaus einen relativ bunten Strauß kommunikativer Aufgaben, die Agenturen auch außerhalb der Wahlkämpfe beschäftigen. Hierzu gehört beispielsweise das sogenannte Fundraising. Diese systematisierte Spenden-, Fördermittel- und Sponsorenwerbung schafft und sichert eine dauerhaft solide Finanzbasis für Projekte, politische Initiativen und Organisationen. Issues Management plant und steuert die Kommunikation von Themen auf der von Politik und Öffentlichkeit beachteten Agenda.

Unter Lobbying oder Government Relations versteht man die direkte Kommunikation mit Vertretern staatlicher Institutionen – insbesondere Regierungen, Parlamenten und Behörden – über Ansichten und den Standpunkt eines Unternehmens oder einer Organisation zu bestimmten politischen, legislativen und administrativen Vorhaben. Politische Beratung grenzt sich bewusst von herkömmlichen Methoden wissenschaftszentrierter Politikberatung einerseits und den Strategien der Public-Relations-Agenturen andererseits ab, betont Dominik Meier, Geschäftsführer der Agentur Miller und Meier. Die Zielgruppen der Politikberatung sind neben den politischen Entscheidungsträgern (Parteien, Fraktionen, Regierungen und so fort) auch Unternehmen oder Organisationen, die sich im politischen Raum bewegen.

2.3 Spezialisten für bestimmte Bevölkerungsgruppen

Die klassische Zielgruppe einer Agentur besteht aus den 14 bis 49 Jahre alten Westdeutschen. Eine Reihe von Agenturen hat sich jedoch auf die Ansprache bestimmter Zielgruppen spezialisiert, die abseits dieses Standards liegen. Zunächst gibt es Spezialisten für Jugend- und für Seniorenmarketing. Teils haben auch die Networks eigene Abteilungen, die sich auf solche Themen spezialisieren. Seniorenmarketing sollte eigentlich angesichts der demographischen Entwicklung eine große Zukunft bevorstehen, wären da nicht die Senioren selbst: Die wollen nämlich alles, nur nicht als Senioren angesprochen werden. Daher hat dieses Feld bisher, verglichen mit dem Jugendmarketing, eine geringere Bedeutung.

Dem Jugendmarketing widmen sich beispielsweise die Dresdner Agentur Schach & Matt oder die Hamburger tfactory. Die gezielte Ansprache Jugendlicher ist nicht nur sinnvoll, weil diese selbst potentielle Kunden eines Unternehmens sind und es sich lohnen kann, sie möglichst frühzeitig an die eigene Marke zu binden. Auch ihr Einfluss auf die Kaufentscheidungen ihrer Eltern ist teilweise – etwa bei den Themen Lebensmittel und Automobile – erheblich. Zu den besonderen Schwierigkeiten des Jugendmarketings gehört, dass sich die Zielgruppe in sehr viele Szenen und Subkulturen unterteilt, die häufig jeweils individuell adressiert werden müssen. Tatsächlich betreiben die hier spezialisierten Agenturen einen beträchtlichen Aufwand, um dieser schwierigen Zielgruppe möglichst nahe zu sein – sie forschen viel, lassen sich auf den einschlägigen Events sehen und beschäftigen jugendliche Trendscouts, die immer auf der Suche nach dem nächsten großen Ding sind. Eine weitere Herausforderung im Jugendmarketing liegt im speziellen Mediennutzungsverhalten der jüngeren Bevölkerungsgruppe. Mobile Marketing spielt hier eine relativ große Rolle, In-Game-Advertising, also Werbung in Computerspielen, ebenfalls.

In Deutschland leben aber nicht nur mehr oder weniger betagte Westdeutsche, sondern auch zahlreiche Menschen anderer Herkunftsländer und Kulturkreise. Aus Marketingperspektive handelt es sich auch hierbei um spezielle Zielgruppen. Mittels Ethno-Marketing versuchen spezialisierte Agenturen wie Tulay & Kollegen, WFP oder KOM, diese Bevölkerungsgruppen anzusprechen. Denn häufig ist es nicht damit getan, einen Claim schlicht ins Türkische, Italienische, Polnische oder Russische zu übersetzen. Eine Agentur muss sich vielmehr mit dem kulturellen Hintergrund dieser Bevölkerungsgruppen auskennen und sie bei deren Ansprache berücksichtigen. Beispielsweise können mit dem Begriff „saubillig", den jüngst eine Elektrohandels-

kette verwendet hat, einige Kulturkreise auch dann nicht adressiert werden, wenn er korrekt in die jeweilige Sprache übertragen wurde.

Dass dies selbst bei einem angenommen winzigen Kulturunterschied wie dem zwischen Ost- und Westdeutschen notwendig ist, behauptet die Berliner Agentur Fritzsch und Mackat. Für diese Agentur stellen die in Ostdeutschland lebenden Menschen eine eigene Zielgruppe dar, die mit genau auf sie zugeschnittenen Inhalten ansprechen muss, wer bei ihr Erfolg haben will. Fritzsch und Mackat verweisen auf die großen Schwierigkeiten, die große West-Marken wie Mercedes, Persil oder Warsteiner im Osten hatten, weil sie nicht den richtigen Ton trafen. Ganz verschwunden sind die Unterschiede zwischen Ost und West in Sachen Werberezeption immer noch nicht. Die Agentur hat jüngst sogar eine Studie aufgelegt, die zeigen soll, dass die Konsumenten im Osten tatsächlich immer noch anders ticken als ihre westdeutschen Pendants. So mögen sie beispielsweise unrealistische Lifestyle-Darstellungen in Anzeigen überhaupt nicht. Die vierköpfige und dabei entspannte Familie im Landhaus, die gemeinsam am Frühstückstisch sitzt und strahlend eine bestimmte Margarine/Butter/Marmelade genießt – von einer solchen Bilderwelt sollte der Konsumgutproduzent sich mit Blick auf Ostdeutschland möglichst gleich verabschieden. Bodenständig und lebensnah müssen Anzeigen und Spots gestaltet sein, wenn sie im Osten ankommen sollen.

3 Zulieferer

Agenturen bieten nicht nur eine Dienstleistung gegenüber ihren werbetreibenden Kunden an, sondern arbeiten ihrerseits mit zahlreichen Dienstleistern zusammen. Da das Spektrum auch dieser Unternehmen sehr groß ist, können hier nicht alle dargestellt werden. Der Aufgabenbereich der Agenturen ist in den letzten Jahren schlanker geworden, seit diese sich auf ihre Kernkompetenzen konzentrieren. Verfügten Agenturen früher etwa noch über eigene Fotostudios, so findet man diese heute auch bei großen Networks nicht mehr. Einzelne Agenturen haben noch eine eigene Pre-Press-Stufe, aber auch diese Unternehmen bilden eine kleine Minderheit. Brancheninsider erwarten, dass sich diese Entwicklung zu mehr Spezialisierung fortsetzen wird: „Agenturen werden sich in Zukunft noch stärker auf ihre eigentliche Kernkompetenz konzentrieren, und das ist die Kreation und die Beratung. Alle anderen Bereiche werden an externe, spezialisierte Dienstleister abgegeben", sagt beispielsweise Robert Skazel von Mediaworks. Es zeigt sich aber auch, dass das Verhältnis zwischen Agentur und Dienstleistern nicht immer spannungsfrei ist, wie das erste Beispiel „Marktforschung" zeigt.

3.1 Marktforschung

Wer im Rahmen einer Abendgesellschaft ein wirklich würziges Thema für ein Streitgespräch mit Werbern oder Agenturkunden sucht, dem sei das Thema „Marktforschung" und hier speziell der Begriff „Pre-Tests" ans Herz gelegt. Was ist aber nun Marktforschung und was tut sie genau? Wie schon beschrieben, wird ein Werbemittel aus einer Idee entwickelt, die immer stärker konkretisiert wird. Marktforschung kann nun an allen Zwischenschritten eingesetzt werden, um das jeweilige Zwischenergebnis zu überprüfen, weiterzuentwickeln oder zu modifizieren. Marktforschung wird eingesetzt, um sowohl qualitative als auch quantitative Informationen zu erhalten. Es gibt in Deutschland einige Dienstleister, die sich auf die Generierung solcher Marktforschungsinformationen spezialisiert haben. Dazu zählen neben der erwähnten TNS Infratest auch AC Nielsen sowie die Gesellschaft für Konsumforschung (GfK). Je nach ihrer Größe bieten sie ein unterschiedlich breites und tiefes Leistungsspektrum an. Grundsätzlich wird das Marktforschungsinstrumentarium nicht nur im Kommunikationsprozess eingesetzt, sondern kann alle Bereiche des Marketings abdecken. Dies gilt zum Beispiel für die Produktentwicklung, wo schon erste Ideen getestet werden können, und reicht bis zur Phase nach einer Markteinführung (Launch) neuer Produkte. Für die Kommunikation ist die Marktforschung vor allem bei der Bewertung von Anzeigen und Fernsehspots relevant. Auch dort können schon Ideen getestet werden. Bei diesen Tests geht es um kognitive (wie einprägsam ist die Anzeige) und affektive (welche emotionale Wirkung hat sie) Werbziele. Ähnlich geht man vor, wenn beispielsweise Produktverpackungen getestet werden. Über die Befragung von Menschen, die mit diesen Verpackungen konfrontiert werden, möchte man wissen, ob diese dem Verkauf nützen. Außerdem wird auch noch der Handel stärker ins Visier genommen, um sogenannte Shopper-Insights zu gewinnen (siehe Seite 73ff.). Mit Hilfe der Marktforschung wollen die Unternehmen und Agenturen zudem mehr über die Zielgruppe und deren Entwicklung erfahren. Und natürlich wird Marktforschung eingesetzt, um bessere Mediaentscheidungen zu treffen. Da hier das meiste Geld im Spiel ist, hat Marktforschung bei Mediaplänen die vielleicht größte Bedeutung.

Die Marktforschung bedient sich mittlerweile einer ausgefeilten Methodik. Grundsätzlich muss man zwischen qualitativen und quantitativen Methoden unterscheiden. Die qualitative Marktforschung bezieht sich auf die Analyse von statistisch kleinen Stichproben. Unter Verwendung von semistrukturierten, nicht standardisierten explorativen Techniken (beispiels-

weise Focus Groups, persönlichen Tiefeninterviews, Expertenbefragungen) werden bestimmte Arten, Beziehungen und Wirkungen von Merkmalen identifiziert. Man interessiert sich also für Ursachen und Motive. Ziel ist hierbei nicht, repräsentative Aussagen zu gewinnen. Das ist vielmehr die Aufgabe der quantitativen Marktforschung. Diese bezweckt die Sammlung und Analyse von Daten aus statistisch großen Stichproben. Es geht also um Informationen, die durch Zählen und Messen zustande gekommen sind.

Dank standardisierter Untersuchungsmethoden und Analysen erhält man mittels quantitativer Marktforschung statistisch repräsentative Ergebnisse. Oft dienen quantitative Erhebungen der Ergänzung und Unterstützung der Ergebnisse der qualitativen Marktforschung. Neben Informationen, die zu bestimmten Anlässen erhoben werden, wie zum Beispiel der Einführung eines bestimmten Produktes, werden andere Informationen kontinuierlich aus derselben Stichprobe und demselben Erhebungsinstrument ermittelt. Man spricht dann von einer Panelerhebung. So wird beispielsweise der Handel kontinuierlich befragt, wann welche Produkte verkauft wurden. Diese Befragung ist heutzutage automatisiert, da die Informationen über die Scannerkassen erhoben werden können. Ergebnisse der Marktforschung haben zwar primär für die werbetreibenden Unternehmen Bedeutung. Agenturen werden davon aber auch berührt, wenn an derartigen Informationen der Erfolg ihrer Arbeit gemessen wird.

Nicht wenige Kreative sehen in der Marktforschung einen der wesentlichen Feinde der kreativen Idee (und damit einen wichtigen Verbündeten des anderen Gegners, des Kunden). Das Verhältnis der Agenturen zu den Marktforschungsinstituten ist daher oft ein eher gespanntes. Dies liegt zum einen daran, dass Werbeagenturen die Institute als Wettbewerber ansehen und glauben, dass sie deren Leistungen genauso gut über interne Ressourcen selbst abdecken könnten. Oft wird aber auch in der Marktforschung der Ideenkiller gesehen, der mühsam ausgearbeitete Konzepte zerstört oder ihnen zumindest jeden Pfiff nimmt. Thomas Hoch vom Marktforschungsinstitut TNS Infratest in Wetzlar kennt diese Beziehungen und erkennt auch das Konfliktpotential. „Erhält ein Kreativer einer Agentur ein Briefing, so führt er selber eine kleine Marktforschung durch, indem er mit Kollegen, seiner Familie oder anderen Menschen über ein Produkt spricht und deren Meinungen dazu sammelt und auswertet. Auch aufgrund dieser Ergebnisse wird er eine konzeptionelle Idee entwickeln und weiter verfolgen." Aufgrund seiner Marktforschung beziehungsweise der gewonnenen anekdotischen Evidenz komme er aber in der Regel zu anderen Ergebnissen als ein Marktforschungsinstitut, dessen Forschung wesentlich

mehr Breite und Tiefe habe. „Angesichts der geringeren Validität seiner Informationen muss er sich dann nicht wundern, wenn seine Idee vor dem Kunden keinen Bestand hat", sagt Hoch. Würde er die Marktforschung als seinen Verbündeten sehen, mit dem man in einem sehr frühen Stadium spricht, so käme es nicht zu solchen Enttäuschungen, und eine sehr fruchtbare Zusammenarbeit könnte die Folge sein. Tatsächlich sehen das auch solche Werber ähnlich, die in Kreativagenturen arbeiten. Niels Alzen etwa, Mitbegründer und ehemaliger Geschäftsführer der Hamburger Kreativagentur Santa Maria, hält Marktforschung schon im Vorfeld der eigentlichen Kreation für sinnvoll. Hier gehe es darum, genaue Erkenntnisse über den Markt sowie Consumer Insights zu gewinnen. Alzen hat Marktforschung aber auch als destruktiv kennengelernt. „Wenn man aus unbefangenen Konsumenten Experten macht, indem man sie in ein Labor steckt, kommt in der Regel wenig Erhellendes dabei heraus", sagt der ehemalige Santa Maria-Geschäftsführer.

Neues aus der Marktforschung: Shopper-Research und Behavioral Targeting

Shopper Research oder dem Käufer auf der Spur

Sören Ott / Unternehmensgruppe Nymphenburg

Der POS, also der Point of Sale oder die Verkaufsstätte, wird als Ort der Entscheidung von Konsumenten immer wichtiger. Das ruft nicht nur den Handel auf den Plan, sondern vor allem auch die Markenartikelindustrie. Beim POS/Shopper Research geht es vor allem um die Abbildung des Orientierungsverhaltens und die Suchlogik der Kunden am Ort des Einkaufs sowie um die Darstellung von Kaufentscheidungsprozessen. Häufig wird zudem der Einfluss von Maßnahmen am Point of Sale auf Impulskäufe untersucht. Last but not least werden auf Grundlage der Marktforschungserkenntnisse Regale und Platzierungen optimiert. Beim POS beziehungsweise Shopper Research geht es um die Identifikation und Analyse aller Einflussfaktoren am Ort des Geschehens, also etwa in einer Filiale. Erstens: Was hat der Kunde in seinen Einkaufskorb gelegt? Was verraten die Käufe beziehungsweise Nichtkäufe über den Kunden? Zweitens: Wie verhält er sich während des Einkaufs? Was kann man aus seinem Kaufverhalten lernen? Drit-

tens: Wie sehen Motive und Meinungen der Kunden genau aus? Wie beurteilt der Kunde sein Einkaufserlebnis?

Ziel dieser Forschung ist, möglichst alle POS-Maßnahmen optimal auf den Kunden auszurichten: Ladengestaltung, Platzierungen, Produkte, Preise, Warenpräsentation und Erlebniswelten. Dazu lassen sich grundsätzlich drei Hauptfragestellungen unterscheiden, die mit unterschiedlichen Instrumenten untersucht werden: Erstens: Was kaufen die Kunden? Hierzu bedient man sich der klassischen Verfahren: Scannerdatenanalysen, Bondatenanalysen und Kundenkartendatenanalyse. In der Regel werden diese Verfahren parallel eingesetzt, insbesondere dann, wenn neue Konzepte im Live-Test überprüft werden sollen. Zweitens: Wie kaufen die Kunden? Hierzu setzt man Kundenlaufstudien ein – einerseits als verdeckte Beobachtung (Beobachter mit Laptop), andererseits vollautomatisiert mittels GPS-Technologie, Videobeobachtung mit späterer dezidierter Auswertung der Daten sowie Eye-Tracking – heutzutage auch mobil direkt am POS einsetzbar. Drittens: Warum kaufen Kunden (nicht)? Dies ist aus Sicht der Gruppe Nymphenburg die alles entscheidende Frage. Die Beantwortung dieser Frage erfolgt mittels POS-Befragung, Fokusgruppen sowie begleiteter Einkäufe. Teilweise wird sogar versucht, den kompletten Einkaufsvorgang nachzuzeichnen – angefangen zu Hause, über die Einkaufstätte und wieder zurück. Untersucht wird ferner die Frage, was vor dem Regal welche Relevanz hat (Marke? Preis? Sorte?). Hautwiderstandsmessung kommt zum Einsatz, um Emotionen beziehungsweise Erregungszustände zu ermitteln. Wichtig hierbei ist es vor allem, sich einen Zugang zu den unterbewussten Vorgängen bei einer Kaufentscheidung zu verschaffen. Der Einsatz impliziter Verfahren, die in der Lage sind, Emotionen zu messen und abzubilden, ist heutzutage schlicht unabdingbar.

Sören Ott
ist Leiter Marktforschung bei der Unternehmensgruppe Nymphenburg.

Behavioral Targeting oder dem Surfer auf der Spur

Frank Wagner / Nugg.ad

Die zielgruppengenaue Ansprache mit nutzerrelevanten Informationen gehört zu den wichtigsten Themen in der Online-Werbung. Ihre Hoffnung setzt die Branche dabei vor allem auf eine Technologie: Behavioral Targeting. Was ist Behavioral Targeting, wie funktioniert es und wo liegen seine Grenzen? Das Prinzip: Mit Hilfe von Behavioral Targeting wissen Anbieter von Online-Informationen, welche Seiten Surfer besucht haben, also ob sie beispielsweise besonders viele Autoseiten angesehen haben. Behavioral Targeting zählt dabei die Nutzung der Umfelder wie Auto- oder Finanzseiten und klassifiziert die Besucher ab einer bestimmten Nutzungshäufigkeit als themenaffin. Auf Basis ihres Verhaltens erhalten sie nun Werbung. Selbst wenn autointeressierte Surfer innerhalb des Vermarktungsnetzwerks andere Seiten anwählen, Web-Mail, Nachrichten oder andere Inhalte lesen, kann ihnen Autowerbung gezeigt werden. So weit, so gut.

Leider surfen nur wenige der an einem neuen Auto interessierten Besucher auch auf speziellen Autoseiten und zeigen so, wo ihre Interessen liegen. Doch wo es kein messbares Verhalten gibt, ist herkömmliches Behavioral Targeting nutzlos. Wie kritisch diese Defizite für die Online-Branche sind, zeigt ein Blick auf Produkte des täglichen Bedarfes, die sogenannten „Fast Moving Consumer Goods" (FMCG). In Westeuropa nimmt dieser Bereich rund 20 Prozent der Werbebudgets in Fernsehen, Print und Radio ein, im Internet sind es weniger als 2 Prozent. Das hat einen einfachen Grund: Egal, ob Lebensmittel, Haushaltsreiniger oder Kosmetik – niemand informiert sich vor dem Kauf solcher Produkte ernsthaft im Netz. Wo kein Verhalten und damit auch keine Interessen erkennbar sind, funktionieren normale Behavioral-Targeting-Systeme nicht. Die attraktiven FMCG-Werbebudgets bleiben den Online-Werbevermarktern verschlossen. Der Online-Werbemarkt und der Supermarkt finden nicht zueinander. Was tun?

Vermarkter können mit Internet-Werbung erfolgreich sein, wenn sie mehr bieten als Abzähl-Targeting. Ihre Aufgabe ist, sowohl das messbare Verhalten als auch die nicht artikulierten Interessen der Nutzer zu berücksichtigen. Moderne technische Ansätze ermöglichen dies, indem

sie über das herkömmliche Behavioral Targeting hinausgehen. Behavioral-Targeting-Systeme der neuesten Generation setzen auf einen Mix aus Befragung und Nutzungsmessung und analysieren die gesammelten Daten mithilfe von Data-Mining-Algorithmen. So lernen Vermarkter, ihre Nutzer und deren Interessen zu verstehen. In der Konsequenz können sie reichweitenstarke Werbung relevanter machen, Streuverluste signifikant reduzieren – und zusätzlich Werbung für FMCG schalten.

Das Internet revolutioniert die Medienlandschaft und holt die klassischen Medien kontinuierlich ein. Der Medienwandel in Deutschland ist in vollem Gange und fordert eine neue Medienplanung. Marken müssen dorthin gehen, wo die Menschen sind, die sie kaufen sollen – und wenn es statt der vertrauten Umfelder eben MySpace, YouTube oder andere General-Interest-Angebote sind. Wer den Markenartiklern helfen kann, die Köpfe all jener zu erreichen, die immer weniger fernsehen und immer mehr im Internet unterwegs sind, wird dauerhaft Erfolg haben.

Frank Wagner
ist Vorstand des Berliner Unternehmens Nugg.ad.

Netz: www.nuggad.de

3.2 Werbefilmproduktionen

Üblicherweise produzieren diese Unternehmen Spots für Fernsehen und Kino und sogenannte Image-Filme, in denen sich Unternehmen vorstellen und die beispielsweise auf Messen gezeigt werden. Die Werbefilmproduktionen unterscheiden sich dabei erheblich in der jeweiligen Wertschöpfungstiefe. Der Marktführer Markenfilm in Wedel bei Hamburg etwa macht nahezu alles selbst. Er verfügt sogar über recht ansehnliche eigene Studios. Die meisten anderen Werbefilmproduktionen dagegen mieten sich Studiokapazität an, wenn nötig. Egal, wie die Wertschöpfungstiefe der Produktionsfirma aussieht – ihr wirkliches Asset sind die Regisseure, die sich mehr oder weniger exklusiv an eine Produktionsfirma binden. Tatsächlich betonen die Agenturen als Auftraggeber von Filmproduktionen häufig, dass sie diese nicht wegen eines bestimmten Firmennamens, sondern wegen eines Regisseurs auswählen.

Werbefilm-Regisseure vereinen dabei idealerweise die unterschiedlichsten Fähigkeiten in einer Person: Sie sind kreativ, arbeiten ökonomisch und haben genug diplomatisches Geschick, um zwischen Agentur, werbetreibendem Unternehmen und eigenem kreativen Anspruch zu agieren und am Ende ein für alle zufriedenstellendes Ergebnis abzuliefern. Kein Wunder, dass es einige Werbefilmer bis in die erste Riege der Hollywood-Regisseure gebracht haben – etwa Alan Parker, Tony Scott und Ridley Scott („Blade Runner", „Alien", „Gladiator") als vielleicht prominenteste Beispiele. In den goldenen achtziger Jahren des vergangenen Jahrhunderts war es übrigens für Filmregisseure zeitweise lukrativer, in der Werbung zu arbeiten als für Kino oder Fernsehen.

Doch auch die Regisseure bekommen den Kostendruck zu spüren, unter dem die Werbefilmproduktionen stehen – Traumgehälter gehören hier wohl endgültig der Vergangenheit an.

	Produktion	Umsatz 2006 (Mio.Euro)	Feste Mitarbeiter	Jahr der Gründung
1	Markenfilm	49,1	146	1957
2	Neue Sentimental	34,4	75	1988
3	E+P Commercial	14,0	30	1994
4	Telemaz	13,3	44	1986
5	Radical Media	12,1	37	2003
6	Tempomedia	11,7	28	1987
7	Twin Film	11,0	21	1997
8	Embassy of Dreams	10,9	21	1996
9	Big Fish	9,5	8	1998
10	Soup Film	9,2	10	2000

Tabelle 6: Die größten zehn Werbefilmproduktionen in Deutschland (Quelle: Horizont)

Eine besonders wichtige Rolle beim Werbefilmdreh spielt neben dem Regisseur der Producer. Auf ihm lastet die Verantwortung für ein Budget, und zwar vom Erstellen des Storyboard bis hin zum sendefähigen Film. Er ist der Ansprechpartner für sämtliche Beteiligte – für die Kreativen der auftraggebenden Agentur, für das werbetreibende Unternehmen, für den Regisseur, eben für alle. Er arbeitet zudem in der Regel eng mit dem FFF-Producer (siehe Abschnitt II, 8) auf Agenturseite zusammen. Der eigentliche Dreh nimmt meist nicht mehr als zwei oder drei Tage in Anspruch, wesentlich zeitaufwendiger gestaltet sich häufig die Post-Production, also die (digitale) Nachbearbeitung des Filmmaterials (siehe Abschnitt 3.3).

Auch Werbefilmproduktionen sind in ganz besonderem Maße von der wirtschaftlichen Situation abhängig. In schlechten Zeiten lassen Werbetreibende ihre Spots schon mal einfach ein wenig länger laufen, statt neue zu drehen, was die Gesamtnachfrage senkt. Der Kostendruck der Filmproduktionen ist stark, die Margen fallen eher dürftig aus. Es gibt aber auch positive Entwicklungen. Dank Internet wächst der Bedarf an Filmchen, die für „virale" Kampagnen genutzt werden sollen, also mit dem Ziel ins Netz gestellt werden, dass sie sich dort von Nutzer zu Nutzer von selbst verbreiten. In einigen Fällen hat es ein solcher Film nach erfolgreicher Karriere im Netz ins Fernsehen geschafft. Konsequenterweise nutzen Werbetreibende das Netz immer häufiger als Medium für Pre-Tests ihrer Spots.

Zudem handelt es sich bei der Werbefilmproduktion um ein relativ nationales Geschäft. Nach den Ergebnissen einer Studie gehen 93 Prozent der in Deutschland vergebenen Filmaufträge an deutsche Werbefilmproduktio-

nen. Weniger national sieht es allerdings beim Haupt-Asset dieser Firmen aus, nämlich bei den Regisseuren: Nahezu die Hälfte der bei deutschen Werbefilmproduktionen wirkenden Regisseure kommen aus dem Ausland.

3.3 Post-Production

Post-Production sorgt dafür, dass wir in Werbefilmen und auf Werbefotos nicht mit der grauen Realität konfrontiert werden. Was bei einem im Journalismus arbeitenden Fotografen oder Bildredakteur zur fristlosen Kündigung führen würde, ist im Zusammenhang mit Werbung gang und gäbe: „Dass etwa bei einer Frau, die für einen Modetitel fotografiert wurde, die Beine per Computer verlängert werden, ist absolut normal und einfach nur Standard", so Robert Skazel, Geschäftsführer der Post-Production Firma Mainworks in Offenbach.

Noch dramatischer wird es allerdings beispielsweise bei Werbeanzeigen von neuen Automodellen. Der unvoreingenommene Betrachter mag annehmen, man habe das entsprechende Fahrzeug zu einem bestimmten Ort (werbisch „Location") transportiert, um es dort aufwendig genau so zu fotografieren, wie es dann letztendlich in der Anzeige zu sehen ist. Der Blick hinter die Kulissen offenbart ein ganz anderes Bild. Nichts ist, wie es scheint. Eine herkömmliche Anzeige ist, und das ist Routine, aus unterschiedlichen Bildern zusammen-„gestrippt". So sind die Häuserfassaden, die man im Hintergrund sieht, beispielsweise in New York aufgenommen. Dort wurden nicht nur eine oder wenige Aufnahmen gemacht, vielmehr hat der Fotograf den ganzen Tag investiert, um ein Foto der Häuserfassaden bei jeder Sonnenstellung im Kasten zu haben. Das Auto selber wurde in einem Studio fotografiert, wobei auch hier unterschiedliche Lichteinstellungen berücksichtigt wurden, damit Auto und Häuserfassaden im fertigen Foto zusammenpassen. Bevor es mit dem Shooting losgeht, hat der Assistent der Fotografen noch schnell vorne und hinten in das Fahrzeug schwere Gewichte gelegt. Tiefergelegt sieht ein Auto einfach besser aus. „Aber auch das ist Standard. Genauso wie die Tatsache, das in der Post-Production die Räder ein wenig größer gemacht werden", erläutert Skazel. Ob die Felgen, die in der Anzeige zu sehen sind, diejenigen waren, die man fotografiert hat, weiß heute niemand mehr zu sagen. Schließlich kann man solche Details in der Post-Production beliebig verändern.

Der Mann, den man in einer Hängematte neben seinem Auto sieht, ist vielleicht in England aufgenommen. Er kam unrasiert zum „Set" und so hat man ihn auch aufgenommen. Bis man dann doch auf Nummer Sicher

gehen wollte und ihn rasiert abgelichtet hat. Man weiß ja nie, was der Kunde letztendlich will. In der Anzeige sieht der Betrachter aus dem Inneren einer Wohnung heraus den Mann in seiner Hängematte liegen und zufrieden auf das Auto schauen, während der Hintergrund von einer Häuserfassade gebildet wird. Die einzig passende Wohnung war in Amsterdam zu finden. Also hat man diese ebenfalls den ganzen Tag über fotografiert, um auch für jeden Sonnenstand das passende Foto zur Verfügung zu haben.

In der Post-Production werden nun alle diese unterschiedlichen Bilder zur letztlich finalen Anzeige zusammengesetzt. Am Ende, wenn man die Anzeige in einer Zeitschrift sieht, wird man der festen Überzeugung sein, dass dieses Auto an diesem Ort fotografiert worden ist. Nichts deutet darauf hin, dass es sich eigentlich um fünf unterschiedliche Aufnahmen gehandelt hat. Jede Autoanzeige, die man heute sieht, ist so zustande gekommen. „Die nächste Stufe wird sein", sagt Robert Skazel, „dass wir ein Auto gar nicht mehr fotografieren müssen. Wir bauen es per Computer nach und setzen es in eine Stelle, wo es sein soll, ein. Was im Film schon lange Standard ist, findet nun auch seinen Weg in die Werbung. Im Printbereich benötigt diese Technik ein wenig länger, da man sich hier ein Bild sehr genau anschauen kann und so Fehler viel leichter ins Auge fallen. Beim Film muss man zum einen wegen der Trägheit des Auges, zum anderen aber auch wegen der sich verändernden Einstellungen nicht ganz so genau arbeiten. Im Printbereich müssen wir genauer sein und deswegen wird dies der nächste Standard sein."

3.4 Druckereien/Lettershop/Adressmanagement

Am Ende des Prozesses, also bei der Umsetzung der Kampagne, kommt eine Vielzahl spezialisierter Dienstleister ins Spiel. Printprodukte müssen gedruckt, Kundenadressen generiert und Mailings verschickt werden. Ein paar dieser Dienstleister sollen kurz vorgestellt werden. Es gibt viele weitere solcher Satelliten, die eine Agentur umkreisen – Modellbauer, Location-Scouts und so weiter –, diese alle hier zu beschreiben, würde aber zu weit führen.

Druckereien sind die diejenigen Unternehmen, bei denen aus den entsprechenden Druckdaten die Printprodukte hergestellt werden. Sie erhalten entweder von Agenturen direkt oder von einem Lithografen die entsprechenden digitalen Daten oder Filme zum Druck. Die bis vor einigen Jahren noch stark verbreiteten Filme gibt es nur noch in geringem Maße.

Genauso wie man heute als Amateurfotograf seine Digitalkamera an den Drucker anschließt, arbeiten die meisten Druckereien heute mit digitalen Systemen. Die Druckereien kaufen außerdem im Auftrag der Agenturen das entsprechende Papier oder anderes zu bedruckendes Material ein. Auswahl und Koordination der Druckereien fallen agenturseitig in das Aufgabengebiet des Produktioners. Auch unter den Druckereien gibt es, was sowohl das Druckverfahren als auch die zu bedruckenden Materialien angeht, ein hohes Maß an Spezialisierung. So gibt es Druckereien, die sich gut mit der Verarbeitung von Postern auskennen, andere sind auf den Druck von Außenfahnen spezialisiert. Der Produktioner der Agentur muss hier jeweils einen Marktüberblick haben und die Lieferanten entsprechend auswählen können.

In einem Lettershop kann man keine Briefe kaufen; ein solches Unternehmen ist ein Dienstleister primär von Agenturen aus dem Umfeld des Dialogmarketings. Die Aufgabe des Lettershops besteht darin, die komplette Abwicklung von Aussendungen zu organisieren und umzusetzen. Im Einzelnen kann man die Arbeiten in die folgenden Bereiche untergliedern:

• Planen von Mailing-Kampagnen,
• Produzieren (beispielsweise das Drucken personalisierter Anschreiben via Digital-Laserdruck) und
• Versenden der Mailings (etwa das Falzen und Kuvertieren von Briefen, das Konfektionieren von Werbemitteln in einen Brief und das Schnüren der Pakete),
• Frankieren und Portooptimieren,
• Postausliefern.
• Erfassen der Rückläufer.

Kunden von Adressmanagement-Anbietern möchten entweder bestehende Kunden anschreiben oder Adressen von potentiellen Neukunden neu aufnehmen, um diese wiederum anzuschreiben. Auch dieses Angebot richtet sich in erster Linie an Dialogmarketingagenturen. Neue Adressen werden zum einen von Adressbrokern eingekauft. Diese generieren die Anschriften aus öffentlich zugänglichen Quellen (Veröffentlichungen von Handelsregistereinträgen, Telefonbüchern und so weiter) oder kaufen sie wiederum von anderen Unternehmen.

So verfügen Versandhändler naturgemäß über Adressen von Kunden, die bei ihnen eingekauft haben. Bestimmte Unternehmen verkaufen diese an Adressbroker. Zum anderen können neue Adressen aber auch aus promo-

tionalen Aktivitäten gewonnen werden; beliebt sind hier Gewinnspiele. Diese Adresse kann mit internen Datenbeständen abgeglichen und zur Akquise genutzt werden. Eine sehr spezielle, aber sehr effektive Maßnahme zur Adressgewinnung sind hier sogenannte Kunden-werben-Kunden-Aktionen.

3.5 Freelancer

Freelancer und ihr spezieller Lebensstil genießen derzeit besondere Aufmerksamkeit. Die beiden (ebenfalls frei tätigen) Autoren Holm Friebe und Sascha Lobo feiern diesen Typ der Berufstätigkeit als das Zukunftsmodell. Gerade die neuen Technologien – allen voran das Internet – machten es für die „digitale Bohème" immer leichter, auch ohne Festanstellung ein Auskommen zu finden, und das bei einem weitgehend selbstbestimmten Arbeitsleben. Wie etwa auch freie Journalisten binden sich Freelancer nicht an einen Arbeitgeber, sondern arbeiten projektweise für verschiedene Agenturen. Manche haben dabei sogar einen Schreibtisch in der betreffenden Agentur, typischerweise aber unterhalten sie ein eigenes Büro. Freelancer findet man primär in der Kreation, also bei Textern und Art Directors bis hin zu Kreativdirektoren. Gerade hier werden sie oft eingesetzt, um kurzfristig Engpässe auf Agenturseite zu beseitigen. Aus Sicht der Agenturen stellen Freelancer ein Leistungsreservoir dar, mit dem sie bei starker Arbeitsauslastung ihrer festangestellten Mitarbeiter für Entspannung sorgen können. Häufig kaufen die Agenturen aber auch eine spezielle, in der Agentur selbst nicht vorhandene Expertise zu, wenn sie Freelancer nutzen. In diesem Zusammenhang werden Freelancer oft nur tageweise gebucht. Neben diesen Feuerwehren gibt es außerdem freie Mitarbeiter, die nicht nur einige Tage in einer Agentur arbeiten, sondern mehrere Monate. Diese „freien Festen" übernehmen dann Urlaubsvertretungen oder arbeiten in einer Agentur, bis eine vakante Position besetzt ist.

Der Schweizer Thomas Wildberger und sein deutscher Kollege Alex Römer haben zum Beispiel über viele Jahre als Freelancer-Kreativ-Team gearbeitet, um Agenturen, die gerade in einem Pitch standen, zu helfen. Wildberger, der für Kunden wie die Deutsche Post oder BMW gearbeitet hat, kennt die Vor- wie die Nachteile dieser Art von Tätigkeit. Auf der einen Seite steht der Reiz, immer wieder kurzfristig Ideen generieren zu können, auf der anderen Seite die mäßig motivierende Konsequenz, die eigenen Ideen bis auf wenige Ausnahmen nie bis zum Ende begleiten zu können. Nach der Entwicklung der Kampagnenidee sind in der Regel andere Menschen für die Umsetzung mittels Filmproduktion oder Shoo-

ting verantwortlich. Gerade hier hat man aber einen sehr großen Gestaltungsspielraum, und es fehlt ein Spaßfaktor, wenn man diese Optionen nicht ziehen darf. Wildberger und sein Partner denken aus diesem Grund intensiv darüber nach, eine eigene Agentur zu gründen.

Aber wie wird man Freelancer? Schwierig ist es nämlich, von der Hochschule ins selbstbestimmte Arbeiten für Agenturen zu wechseln. Gestandene Freelancer zeigen sich skeptisch. Die Texterin Imke Jungnitsch etwa, die mit ihrer Art-Kollegin Nicole Hoefer zusammenarbeitet, hält es für zwingend notwendig, vor einer freien Tätigkeit einige Jahre in einer Festanstellung gearbeitet zu haben. Nur so könne man sich das notwendige Handwerkszeug aneignen und die Qualität der Ideen von Kollegen und eben auch der eigenen überhaupt beurteilen.

Auch in Bezug auf Freelancer gibt es – wie etwa bei Wertpapieren – einen Zusammenhang zwischen Einkommen und Risiko. Freie Mitarbeiter können häufig im Vergleich zu Festangestellten mehr verdienen. Dies setzt allerdings auch voraus, dass die Auftragslage stimmt. Und genau hier gibt es Risiken. Freelancer sind sehr stark von konjunkturellen Schwankungen betroffen. Wenn die Auftragslage der Agenturen mau ist, leiden als erste die freien Mitarbeiter darunter. Diese Flexibilität stellt aus Agentursicht einen entscheidenden Vorteil der Zusammenarbeit mit freien Mitarbeitern dar. Sie verschaffen den Agenturen eine Art „atmende" Mitarbeiterschaft, die sich der Auftragslage anpassen lässt. So ist zu erklären, dass auch in der bisher schwersten Krise der Branche nach dem Platzen der Dotcom-Blase und dem 11. September die Agenturen vergleichsweise wenig Personal abbauen mussten. Speziell für Network-Agenturen gilt, dass es eine von der Zentrale vorgegebene Anzahl der Headcounts beziehungsweise festen Mitarbeiter gibt. Die Network-Agenturen können dann, wenn sie einen darüber hinaus gehenden Personalbedarf haben, nur auf Freelancer zurückgreifen.

In der Kundenberatung war man im Gegensatz zur Kreation lange Zeit mit solchen freien Beschäftigungsverhältnissen sehr vorsichtig. Berater müssen eine Nähe zum Kunden aufbauen, und das ist nur über einen längeren Zeitraum möglich. Von Seiten der Agenturen bestand stets die Befürchtung, der freie Berater könne, wenn er eine solche Beziehung hergestellt habe, den Kunden bei einem Wechsel des Auftraggebers mitnehmen. In jüngster Zeit zeichnen sich hier allerdings Veränderungen ab, so dass in der Zukunft auch in der Beratung mit einem höheren Anteil an freien Mitarbeitern zu rechnen ist. Laut Ulrike Walther aus dem Frankfurter Unterneh-

men Designerdock werden Freelancer heutzutage in fast allen Bereichen der Kommunikation eingesetzt. Diese Entwicklung wird sich nach ihrer Einschätzung weiter fortsetzen. Dies habe auch damit etwas zu tun, dass Kunden sich immer weniger fest an Agenturen binden und stattdessen immer häufiger Projekte an Agenturen vergeben. Damit wächst auf Agenturseite die Volatilität der Auslastung, die Planungssicherheit nimmt ab und man geht zunehmend vorsichtiger mit Fixkosten wie Gehältern von Festangestellten um. In diesem Zusammenhang bietet der Einsatz von freien Mitarbeitern deutlich mehr Flexibilität.

Freelancer haben immer wieder versucht, quasi virtuelle Agenturstrukturen zu bilden, in denen sich freie Mitarbeiter verschiedener Disziplinen in einer Art Netzwerk organisieren. Mit Hilfe dieser Strukturen hat man versucht, primär mit dem Preisargument eigene Kunden zu gewinnen („Bei uns bezahlen Sie keinen unnötigen Wasserkopf, sondern nur für das, was Sie wirklich haben wollen."). In der Praxis zeigte sich jedoch, dass entsprechende Konzepte meist nicht funktionieren, da sich werbetreibende Kunden ein höheres Maß an Verlässlichkeit, was Leistungserbringung anbelangt, wünschen, als dies virtuelle Netze gewährleisten können.

4 Mediaagenturen

Die Aufgaben und das Serviceportfolio von Mediaagenturen sind ausgesprochen vielfältig und müssen ständig an sich verändernde Marktgegebenheiten angepasst werden. Im Wesentlichen sind sie für die Mediastrategie zuständig, die sich im Kern um die Auswahl der Werbemedien dreht, wobei das vom werbetreibenden Unternehmen vorgegebene Budget begrenzend wirkt. Bis in die siebziger Jahre des vergangenen Jahrhunderts gehörte auch die Mediastrategie zum Leistungsangebot von Werbeagenturen. Da hierfür jedoch zunehmend sehr spezifisches Wissen erforderlich ist, verlagerte sich diese Aufgabe zunehmend auf Spezialisten, eben die Mediaagenturen. Denn nicht nur ist der Kampf um die Aufmerksamkeit der Konsumenten härter geworden, auch das Medienangebot ist gegenüber der Situation vor 20 Jahren erheblich erweitert.

Gab es 1984 noch gerade einmal zehn Fernsehsender, ist diese Zahl mittlerweile auf mehr als 50 angewachsen. Ähnliche und teils noch dramatischere Entwicklungen gab es bei den Publikumszeitschriften sowie den Hörfunksendern. Hinzu kam das Online-Medienangebot. Gerade die digitale Revolution und Innovationen in der Informationstechnologie haben

den wohl nachhaltigsten Einfluss auf die Weiterentwicklung von Media-agenturen gehabt, zum einen hinsichtlich der Entwicklung neuer Kommu-nikationskanäle und Werbeformen, zum anderen aber auch in der Gewin-nung, Verarbeitung und Analyse von sehr umfangreichen und komplexen zielgruppen- und marketingrelevanten Informationen. Das extrem gestie-gene Mediaangebot und der zunehmende Wettbewerb der Medien um Nut-zer und Erlöse hat die Arbeit von Mediaagenturen vielleicht am drama-tischsten verändert. Hinzu kam die zunehmende vertikale Diversifikation der Medienhäuser in ihrer Funktion als Informationsmittler und Schöpfer von Inhalten hin zu Multimediaanbietern.

Das Mediaangebot ist aber auch deshalb größer, weil heute neben Medien auch andere Kontaktchancen mit dem Konsumenten ins Kalkül gezogen werden. Beschränkten sich die Agenturen in der Vergangenheit auf die Pla-nung klassischer Medien und die Platzierung „passiver" Kontakte respek-tive Kontaktchancen, so ist der Kontaktbegriff heute nahezu universell: Alle Dinge, mit denen sich Konsumenten beschäftigen – von der passiven Nutzung von Medien bis hin zur aktiven und bewussten Teilnahme an medienvermittelter Kommunikation –, sind potentielle Brücken zum Ver-braucher. Werbisch spricht man hier von Touchpoints. Dementsprechend weit gefasst ist demnach auch das Angebotsportfolio von Mediaagenturen: von der Planung und dem Einkauf klassischer Anzeigen-, Spot- und Pla-katkampagnen, über interaktive Online-Kampagnen bis hin zum Event-sponsoring, Product-Placement und der Produktion von Inhalten.

Die Auswahl der wirksamsten Werbeträger erweist sich also als zuneh-mend anspruchsvollere Aufgabe. Auf der einen Seite gibt es eine Vielzahl unterschiedlicher Werbeträger, auf der anderen Seite eine gewaltige Zahl von Marken, die um die Gunst der Verbraucher buhlen. In diesem Umfeld muss die Mediaagentur einen Weg finden, auf dem sich das werbetreiben-de Unternehmen mit seiner Botschaft durchsetzt. Erschwert wird die Auf-gabe, eine Mediastrategie zu formulieren und umzusetzen, dadurch, dass sich der Verbraucher gegen die anwachsende Informationsflut stärker abschirmt. Als Beispiel sei hier nur an das Zappen von Programm zu Pro-gramm erinnert.

Die Mediastrategie umfasst dabei den allgemeinen Rahmen für eine sinn-volle und zielgerechte Mediaplanung (Media-Mix, Kampagnenzeitraum, Verteilung des Werbedrucks). Dazu müssen zuvor Marketing,- Werbe,- und Mediaziele definiert worden sein. Denn die Kernaufgabe der Kom-munikation ist es nicht nur, ein Produkt bekannt zu machen und im Wett-

bewerbsumfeld zu positionieren, sondern darüber hinaus kann beabsichtigt sein, dauerhafte und robuste Beziehungen zu potentiellen Käufern aufzubauen, sie zu loyalen Konsumenten zu machen und als Markenbotschafter zu gewinnen. Innerhalb jeder Dimension arbeiten unterschiedliche Strategien mehr oder minder wirksam. Die ganzseitige Anzeige oder der 30-Sekunden-Spot gehören zu den passiven Werbeformen, werden zum Teil als störend empfunden und decken letztlich nur eine Dimension der Kommunikation ab. Um eine intensive Beziehung und Loyalität aufzubauen – und diese auch zu verteidigen –, bedarf es allerdings anderer, wesentlich stärker inhaltlich getriebener, „intensiverer" und individueller Kommunikationslösungen. Hier kommt dann das Direktmarketing oder Corporate Publishing zum Einsatz.

Die Kernfunktion einer Mediaagentur besteht also darin, wirksame Kontakte in den richtigen Zielgruppen zu kaufen und hierüber einen Return-on-Invest für die eingesetzten Mittel zu schaffen, sagt Christof Baron, Geschäftsführer der Frankfurt Mediaagentur Mindshare. Im Wesentlichen geht es darum, mit einer Werbebotschaft eine definierte Zielgruppe im richtigen Medium oder einem geeigneten Medien-Mix mit einer optimalen Frequenz beziehungsweise Kontakthäufigkeit möglichst wirtschaftlich zu erreichen, so dass die Werbung ihre volle Wirkung entfalten kann. Wirkung heißt hier Mehrwert für den Kunden, sei es in Form kurzfristig höherer Umsätze oder in Form einer höheren Markenloyalität beziehungsweise -bindung, was sich eher langfristig auszahlt. Das klingt erst einmal sehr simpel, und an dieser Funktion hat sich im Grunde genommen in den letzten Jahrzehnten – allerdings, wie geschildert, in einem völlig anderen Marktumfeld – nichts verändert.

Die Auswahl der Medien geschieht nach ökonomischen Kriterien auf der Basis von Daten. Hierzu nehmen die Mediaagenturen zunächst umfangreiche Analysen vor. Sie untersuchen Eigenschaften und Bekanntheit der betreffenden Marke, sie versuchen, so viel wie möglich über die Zielgruppe und insbesondere deren Mediennutzungsverhalten herauszufinden, und analysieren den Wettbewerb. Die Auswahl der Werbeträger umfasst dabei zunächst einzelne Mediengattungen (Fernsehen, Print, Internet) und im zweiten Schritt die Wahl einzelner Medien beziehungsweise Titel. Die Mediastrategie wird anschließend in einen konkreten Mediaplan umgesetzt, auf dessen Basis die Mediaagentur Werbeplätze einkauft.

	Mediaagentur	Holding	Marktanteil 2006 in Prozent	Verwaltetes Werbevolumen (Billings)
1	Mediacom	WPP/GroupM	18,3	3495
2	Carat	Aegis Media	14,5	2765
3	OMD	Omnicom	12,3	2355
4	Mediaedge: cia	WPP/GroupM	8,6	1770
5	Zenith Optimedia	Publicis	6,9	1645
6	Mindshare	WPP/GroupM	9,3	1325
7	Universal McCann	Interpublic	4,0	770
8	Mediaplus	Serviceplan	3,1	705
9	Initiative	Interpublic	3,4	645
10	Vizeum	Aegis Media	3,7	590

Tabelle 7: Die zehn größten Mediaagenturen in Deutschland (Quelle: Horizont)

Beim Thema Mediaeinkauf geht es dann zur Sache. Denn auch wenn, wie geschildert, die Beratungsleistung einer Mediaagentur für den Kunden von essentieller Bedeutung ist – bezahlen wollen dafür die wenigsten. Also finanzieren sich die Mediaagenturen auf anderem Wege. Nämlich indem sie Einkaufsvolumen bündeln, Rabatte bei den Medien, bei denen sie Werbeplätze einkaufen, aushandeln, und diese nicht vollständig an die werbetreibenden Unternehmen weitergeben. Selbst dem Laien wird hier ein gewisser Zielkonflikt schnell deutlich: Die Mediaagentur soll einerseits im Sinne des Kunden über die optimale Verteilung von dessen Werbebudget auf verschiedene Medien nachdenken und entscheiden, aber andererseits davon profitieren, dass sie bei wenigen Medien große Volumina einkauft und entsprechende Rabatte erhält. Noch dazu ist der ganze Prozess gerade für die werbetreibenden Unternehmen alles andere als transparent.

Die große Schlacht um die tollsten Rabatte wird zunehmend kritisch gesehen und hat die Branche teils auch in Verruf gebracht. So beklagt Thorsten Stork, Geschäftsführer der Münchner Mediaagentur Mediaedge:cia, den brutalen, leider häufig auch mit wenig kollegialen Mitteln geführten Preiswettbewerb. Der Mediaeinkauf diktiere der Mediaplanung mittlerweile die Werbeträgerauswahl und nicht umgekehrt, wie es das ideale, von den Agenturen oft hochgehaltene Postulat des Primats der Mediaplanung fordert. Mitschuld habe aber auch der Kunde, also das werbetreibende Unternehmen. Trotz immer und immer wieder zu hörender Lippenbekenntnisse der Kunden hinsichtlich der Bedeutung von Betreuungsqualität, strategi-

scher Beratungskompetenz, ganzheitlichen Kommunikationslösungen, kreativen und aufmerksamkeitsstarken Mediaideen und so fort entscheiden in Pitches am Ende des Tages lediglich zwei Zahlen: Was ist die Mediaagentur in der Lage an Mediaeinkaufskonditionen für den Kunden zu liefern, und welches Honorar ruft die Agentur dafür auf? Das Kriterium Nummer eins lautet immer: möglichst billig!

Ein Tag in der Mediaagentur

Julia Müller

Morgens halb 10 in Deutschland ...

... ist nicht etwa Frühstückspause wie im Rest der Republik (das vermittelt zumindest der bekannte TV-Spot) – denn wir sind keine Taxifahrerinnen, Handwerker, Schwimmlehrer oder Am-Brunnen-Sitzer. Wir haben uns unter allen verfügbaren Jobs gezielt die Mediaplanung ausgesucht. Aus vielen Gründen eine der spannendsten Disziplinen der Werbewirtschaft, wie ich finde.

Morgens halb 10 in Deutschland ...

... stellen WIR für gewöhnlich fest, dass die für diesen Tag am Vorabend sorgsam verfasste To-do-Liste bereits bei strahlender Morgensonne ins Utopische abzugleiten droht – was nebenbei bemerkt nur begrenzt dazu animiert, entspannt lächelnd in eine knusprige Waffelschnitte zu beißen.

Der Tag eines Mediaplaners besteht in erster, zweiter und dritter Priorität aus dem Priorisieren. Der Mediaalltag ist Termingeschäft. Terminvorgaben von Kunden („asap" als gerne verwendetes Synonym für „am besten vorgestern"), Termine für Briefings, Jobs und Meldungen an Kollegen, Partneragenturen, interne Spezialabteilungen und Stabsstellen, Buchungs- und Erscheinungs- oder Ausstrahlungstermine sämtlicher Medien aus sämtlichen Mediagattungen für sämtliche geplanten und laufenden Kundenkampagnen wollen im Mediaplanungsalltag nicht nur zeitgleich erinnert, sondern auch koordiniert und kommuniziert werden.

Mediaberatung – gute Mediaberatung – ist aber auch und vor allem Markenführungs-, Produkt-, Menschen-, Markt- und Zielgruppenverständnis. Schließlich steht im Kern unserer Arbeit, die Marken unserer Kunden voranzubringen. Enorm wichtig ist allerdings auch die Fähigkeit, eine Fülle von Daten und Erkenntnissen so zu verdichten und darzureichen, dass im Zweifel auch der Firmeninhaber (der zweifelsfrei vielerlei andere Dinge, aber nicht ausgerechnet Media zu seinen täglichen Kernthemen zählt) die kommunikations- und mediastrategischen Notwendigkeiten durchholt.

Die Produkteinführungsstrategie – Punkt 1 der To-do-Liste – ist bereits seit 8:45 Uhr im Hintergrund als Powerpoint-Datei geöffnet. Ist doch schon mal was. Details zu Wettbewerb, Zielgruppe und Marktgegebenheiten leiten auf eindeutige strategische Notwendigkeiten hin. Perfekt. Nur ausformuliert werden will das Ganze eben noch.

Morgens halb 11 in Deutschland …

… zwei von 23 To-do-Listen-Punkten abgearbeitet, vier neue draufgeschrieben, nebenbei drei andere Jobs erledigt, die gar nicht erst verschriftlicht wurden. (Ob bitte mal jemand so freundlich sein könnte, die Zeitlupe für eingehende Mails und Anrufe zu erfinden? Und wenn er gerade dabei ist: die Erfindung der Maschine, die Gedanken per Knopfdruck auf aussagekräftige Powerpoint-Folien bringt, steht auch noch aus!). „Wir kümmern uns drum." – „Hier zu Deiner Info." – kurzes Brainstorming – „Mediaplan-Änderung Nr. 27 im Anhang." – „Oh ja, bring mir bitte einen Salat von draußen mit." („draußen" natürlich mit entsprechend sehnsuchtsvoller Betonung) – Was?? Falscher Rabatt für den Titel eingetragen? 30.000 Euro Plandifferenz? – „Bin gleich da, muss nur noch beim Sender anrufen." – „Ja, kreative Umsetzungsideen haben wir bereits entwickelt, schicken wir rüber." – „Anbei die aktuelle Budgetübersicht Nr. 32." – Puh! Rabatt hat natürlich doch gestimmt, doch keine Plandifferenz! – Auftrag muss bis 15 Uhr verschickt sein – „Ob Wechsel des Anzeigenmotivs so spät noch möglich ist, müssen wir eruieren." – noch mal schnell 15 Verlage durchtelefonieren – …

Mittags halb drei in Deutschland ...

... schaut der Salat aus vorwurfsvoll-welken Augen aus der Plastik-
schüssel (ja ja, ich ess dich gleich). Kampagnenstorno vom Kunden.
Gerade reingekommen. Drei Tage vor Kampagnenstart. Dem Fimen-
inhaber gefällt der Spot nicht, die Stimmung sei „irgendwie zu grün"
(allenfalls unsere Gesichter werden gerade grün bei dieser Mitteilung,
lieber Herr Inhaber), die arme Kreativagentur muss noch mal ran, und
wir haben parallel dazu unsere wahre Freude an der Aufgabe, mit
Engelszungen die natürlich drohenden Stornokosten bei den Medien
abzuwenden.

Abends halb 6 in Deutschland ...

... sind die Storno-Kuh vom Eis, Planversion Nr. 27 a, b und c als
Ergänzung zu 27 verschickt, 6 weitere Punkte der To-do-Liste abge-
hakt, 3 weitere dazugekommen, die 15 Verlage sind durchtelefoniert, 5
eilige Nebenbei-Jobs erledigt. Der Salat ist endgültig beleidigt. Der PC
blinkert mir in regelmäßigen Abständen kleine Warnfensterchen entgegen, vielleicht weil ich knapp 50 Dateien gleichzeitig im Hintergrund
offen habe. Plopp, das war's. Auf die EDV warten und sich parallel die
Frage stellen, ob man die täglichen To-do-Listen nicht um eine weiteren Spalte, den Zwischenschritt „bereits angefangen", ergänzen sollte
(dann hätt's nämlich schon jetzt ganz viel mehr Haken auf der Liste,
so).

Abends halb 7 in Deutschland ...

... strahlt der PC wie neu und funktioniert blendend. Die erste Mail,
die wieder eintrudelt (genau, diese eine Mail „trudelt ein"), ist die Mitteilung, dass Herr Inhaber nun doch mit der grünen Stimmung leben
kann – die Kreativagentur hat es als frühlingshafte Anmutung verargu-
mentiert – und die Kampagne „wie geplant" in drei Tagen starten soll.
Die unwesentliche Tatsache, dass ebendiese Kampagne mittlerweile
storniert ist, wird geflissentlich verschwiegen. Also alles wieder rück-
gängig und wieder einbuchen.

Abends halb 8 in Deutschland …

… dafür MUSS einfach Zeit sein – internes Meeting mit der Strategie-abteilung zur Interpretation der Ergebnisse aus der neuesten Verbrau-cherbefragung unserer Forschung. Etwas länger als geplant, aber effek-tiv: haben vier neue Langfrist-Projekte für unsere Kunden entwickelt (auch diese wollen nebenbei bemerkt noch ausformuliert werden).

Abends halb 10 in Deutschland …

… jetzt wäre so ein Knoppers, glaube ich, genau das richtige, um den Kopf für das Schreiben der Einführungsstrategie (vergleiche To-do-Liste Punkt 1) wieder frei zu kriegen.

Julia Müller
ist Director Planning bei einer Mediaagentur.

Netz: www.phdnetwork.com

Die Gretchenfrage in Bezug auf Mediaagenturen und die Frage, wem die von den Medien gewährten Rabatte eigentlich zustehen, lautet: Sind diese Treuhänder des werbetreibenden Unternehmens oder eine eigene Wirtschaftsstufe? Trifft ersteres zu, so haben die Werbetreibenden Anspruch zumindest auf Teile der von der Agentur ausgehandelten Rabatte. Trifft Letzteres zu, müssen die Agenturen die von ihnen ausgehandelten Rabatte nicht weiterreichen.

Die Meinungen gehen in diesem Punkt natürlich weitest möglich auseinander. Mediaagenturen argumentieren, dass erst durch die Bündelung von Werbevolumen in der Agentur die Rabatte überhaupt ausgehandelt werden können. Zudem würden sie schließlich Verträge mit den Anbietern von Werbeplätzen auf eigenen Namen und eigene Rechnung abschließen. Das sehen die werbetreibenden Unternehmen natürlich ganz anders. Sie seien es schließlich, die zahlten, also stünden auch ihnen die Rabatte zu. Zudem befürchten die Unternehmen, nicht mehr angemessen von der Agentur beraten zu werden, wenn diese statt einer optimalen Mediastrategie für ihren Kunden nur Rabattmaximierung im Kopf hat.

Die in den achtziger und neunziger Jahren vollzogene Trennung zwischen Media- und Werbeagenturen steht immer wieder auf dem Prüfstand. Immer wieder gibt es in der Branche die Diskussion, ob die Mediastrategie am Anfang des gesamten Kommunikationsprozesses stehen soll oder, wie traditionell üblich, ganz am Ende. Vertreter der „Media first"-Idee führen an, dass Werbeagenturen immer noch viel zu sehr im durch klassische Medien geprägten Denken verankert seien. Es wird also eine Print und/oder eine TV-Kampagne entwickelt und anschließend werden diese für andere Medien aufbereitet. Angesichts des veränderten Mediennutzungsverhaltens bei deutlich gewachsenem Medienangebot sei dies Vorgehen jedoch obsolet. Erst müsse man eruieren, wann die Zielgruppe mit welchen Medien erreichbar sei, und erst anschließend eine an die ausgewählten Medien angepasste Kreativstrategie formulieren.

Außenwerbung – Spielfeld der Spezialmittler

Bei einem immer wichtigeren Thema geraten die klassischen Media-agenturen rasch an ihre Grenzen: beim Thema Außenwerbung. Darunter fällt im Wesentlichen die Werbung an Plakatflächen und anderen Außer-Haus-Werbeträgern wie Litfasssäulen, aber auch die sogenannte Stadt-möblierung, also Werbeflächen in und auf öffentlichen Toiletten und Wartehallen. Traditionell gibt es hier eine extrem zersplitterte Anbieter-struktur, nach dem Motto „jedem Kaff seinen Außenwerber". Ein Groß-teil der Außenwerbeflächen steht auf öffentlichem Grund und befindet sich daher im Eigentum der Kommunen. Diese verpachten die Flächen an einen Vermarkter, der sie wiederum gegen Entgelt werbetreibenden Unternehmen zur Verfügung stellt. Die polypolistische Anbieterstruktur sorgte bisher dafür, dass die Außenwerbung hierzulande einen ver-gleichsweise geringen Anteil an den gesamten Werbeaufwendungen hat, derzeit sind es rund 3 Prozent. Damit steht die deutsche Außenwerbung auch im europäischen Vergleich recht ärmlich da. Denn es ist für werbe-treibende Unternehmen schwierig, eine deutschlandweite Plakatkam-pagne zu schalten, wenn sie sich dazu mit Dutzenden, wenn nicht Hun-derten Kleinstvermarktern abstimmen müssen. Zwischenmittler sorgen hier für Abhilfe. In den vergangenen Jahren trieben zudem einige Unter-nehmen die Konsolidierung der Branche voran, insbesondere die Kölner Ströer-out-of-home-Media AG und der Marktführer in Europa, die fran-zösische JC Decaux.

Ein Schattendasein fristet die Außenwerbung aber auch auf kreativer Seite. Viele Kreative denken immer noch in ganzseitigen Anzeigen, die speziellen Herausforderungen der Großfläche haben sie dagegen nicht so sehr im Blick, monieren Spezialmittler immer wieder. Auch Martin Graß von der Agentur Grabarz und Partner sieht in der Gestaltung von Außenwerbung eine besondere kreative Herausforderung. Um im Reiz-gewitter „da draußen" Aufmerksamkeit und Interesse zu gewinnen, brau-che es noch stärker als im Printbereich die Konzentration auf eine klare Idee und den Mut zur Reduktion. Eine gute Printanzeige, die man auf Plakatformat vergrößert, sei eben noch lange kein gutes Plakat, sagt Graß.

II Wer Werbung macht

Viele der in Agenturen üblichen Berufsbilder verbergen sich hinter seltsamen Bezeichnungen. Was ein „Berater" und ein „Art Director" tut, kann sich der Durchschnittsmensch vielleicht noch halbwegs vorstellen. Was aber verbirgt sich für ein Tätigkeitsfeld hinter der kryptischen Berufsbezeichnung des „FFF-Producers", und mit welcher Art von Verkehr hat es wohl der „Trafficer" zu tun? Fangen wir also ganz vorne an im Prozess, beim Strategen oder werbisch „Planner".

1 Planner – die Forscher im Dienst der Marke

Wenn man an der Kühltheke im Supermarkt das Gefühl hat, beobachtet zu werden, mag der Hausdetektiv in der Nähe sein. Möglich ist aber auch, dass man einem Planner auf Forschungsreise begegnet ist. Denn Planner – eine deutsche Übersetzung des Begriffs wie etwa „strategischer Markenberater" wird in der Branche fast nicht verwendet – wollen wissen, warum man etwas kauft und wie man zu einem Produkt steht. Mit diesem Wissen sollen sie die Kreativen der Werbeagenturen, für die sie arbeiten, auf die richtige Spur setzen, damit am Ende Werbung entsteht, die nicht nur witzig ist oder schön aussieht, sondern auch tatsächlich verkauft.

Das wesentliche Ziel des Planners sei es, „Insights" in eine Marke zu bekommen, erläutert Marc Sasserath, Partner der Markenberatungsagentur Musiol Munzinger Sasserath und zuvor CEO von Publicis Sasserath und CSO Publicis Deutschland, mit mehr als fünfzehn Jahren Planning-Erfahrung. Solche Einsichten betreffen in erster Linie die Beziehung zwischen Marke und Mensch. „Diese Beziehung zu erforschen ist vielleicht die Hauptaufgabe des Planners", sagt Sasserath. Dabei geht es um Fragen nach der Relevanz der Marke, nach ihrer Einzigartigkeit und inneren Konsistenz. Um solche Fragen zu beantworten, wertet der Planner mitunter Berge von Forschungsergebnissen aus – belässt es aber gerade nicht bei dieser Form der Analyse des menschlichen Verhaltens. Vielmehr begibt er sich auch an Orte, an denen Marke und Mensch aufeinander treffen, um ein Gefühl für deren Verhältnis zu bekommen. Oder an Orte, die eine Marke

prägen. Das kann auch mal Dublin sein, wenn man den Kern der Butter-marke „Kerry Gold" zu erforschen hat, oder die Düsseldorfer Altstadt, wenn eine Altbiermarke beworben werden soll.

Manchmal hilft nur ein Experiment, um herauszufinden, was hinter einer Marke wirklich steckt. Ein leicht betagtes Beispiel für die Art und Weise, wie Planner dabei arbeiten: Als die Polaroid-Kamera noch ein Produkt von Bedeutung war und deshalb auch beworben wurde, hatte Sasserath die Aufgabe herauszufinden, wofür dieses Produkt eigentlich steht. „Fun" lautete die Antwort des Unternehmens selbst. „Ein Begriff, mit dem man in der Kommunikation rein gar nichts anfangen kann", sagt Sasserath. Die vorliegenden Ergebnisse der qualitativen Marktforschung hatten keine greifbaren Ergebnisse gebracht. Um also später die Kreativen auf die richtige Fährte setzen zu können, machte Sasserath ein Experiment: Er knipste Fotos von ihm bekannten und unbekannten Menschen. Und zwar einmal mit der Polaroid und einmal mit einer herkömmlichen Kamera. Und tatsächlich, die Bilder unterschieden sich. Und zwar nicht nur in ihrer technischen Qualität. Auf den Polaroids gaben sich die Amateurmodelle anders – alberner – als auf den herkömmlichen Fotos. „Sie wussten: Da kommt gleich ein Bild heraus, und ich werde darauf garantiert nicht gut aussehen", fasst Sasserath seine Forschungsergebnisse zusammen. Also hätten sie mittels Grimassen und unwürdigen Gehampels alles getan, um diesen unvermeidbaren Eindruck wenigstens selbst zu kontrollieren.

Das Ergebnis solcher Einsichten landet in der Form eines DIN-A4-Blattes, Fachbegriff „Creative Brief", bei den Kreativen der Agentur, die so in kürzester Zeit sehr genaue Anhaltspunkte bekommen, wohin sie den Strom ihrer Ideen zu lenken haben. „Der Creative Brief enthält quasi die Essenz einer Marke", sagt Sasserath. Er unterscheidet sich damit erheblich vom „Briefing" des Kunden, also von dessen „Hausaufgabe" für die Agentur. Dieses enthält eher betriebswirtschaftliche Zielsetzungen wie etwa den Wunsch, in bestimmten Märkten in bestimmtem Maße Marktanteile zu gewinnen. Geleitet vom Creative Brief, erarbeiten die Kreativen ihre Vorschläge für eine Kampagne, die sie schließlich dem Planner präsentieren, der mittels qualitativer Forschung zu ermitteln versucht, inwieweit diese Ideen der Marke tatsächlich nutzen.

Erfunden wurde das Planning in Großbritannien, wo es seit Ende der sechziger Jahre praktiziert wird. Als Erfinder gelten Stephen King (nein, nicht der Autor) von J. Walter Thompson und Stanley Pollitt, damals Partner der Agentur Boase, Massimi & Pollit (BMP, heute DDB). Grundidee der Bri-

ten war, alle Aktivitäten der Agentur auf den Verbraucher in seinem normalen Umfeld zu lenken – damals revolutionär. Erst in den achtziger Jahren des zwanzigsten Jahrhunderts setzte sich Planning in Großbritannien durch, damit allerdings erheblich früher als hierzulande. „Das Resultat ist, dass in Großbritannien Agenturen heute mehr geschätzt werden, bessere Mitarbeiter bekommen und häufig auch profitabler arbeiten als in Deutschland", stellt Sasserath fest, der selbst als Planner bei AMV-BBDO in London gearbeitet hat. In Deutschland ist die Disziplin dagegen erst seit relativ kurzer Zeit etabliert, erlebt dafür aber derzeit einen starken Aufschwung. Noch 1990 gab es hierzulande nur drei Agenturen, die Planner beschäftigten, nämlich die mittlerweile verblichene Lintas, damals Nummer eins im Markt, Saatchi & Saatchi sowie Grey. Heute verzichtet kaum noch eine größere Agentur auf Planner.

Der Aufschwung dieser Disziplin hat sicher auch etwas damit zu tun, dass die Agenturen im Vergleich zu Strategieberatungen im Ansehen des Kunden zurückgefallen waren. Längst beschäftigten sich auch McKinsey, Roland Berger und andere mit Markenstrategie. Planning wird vielerorts als geeignetes Mittel für Agenturen gesehen, gegenüber den Beratern nicht an Terrain zu verlieren. Welche Eigenschaften muss derjenige mitbringen, der sich für den Beruf interessiert? Zunächst einmal ein Hochschulstudium, möglichst mit Auslandsaufenthalt. „Vor allem die Fähigkeit, sich in andere Menschen hineinfühlen zu können", sagt Sasserath. Viele Planner bei Sasserath sind studierte Psychologen. Neben Menschenkenntnis ist allerdings auch Markenverständnis gefragt. Eine Kombination, die so häufig nicht zu finden ist, wie Sasserath betont. Als weitere wichtige Eigenschaften nennt Sasserath „Angstfreiheit und Neugierde".

Auch Kondition sollte mitbringen, wer sich für den Planner-Beruf entscheidet. Vor Wettbewerbspräsentationen, wenn es also darum geht, sich beim potentiellen Kunden mit seinen Ideen gegenüber anderen Agenturen durchzusetzen, sei die Arbeitsbelastung „schon schlimm". Aber auch im normalen Alltag arbeiten Sasseraths Planner von neun Uhr morgens bis neun Uhr abends, wie er in einer Blitzumfrage im Nachbarbüro ermittelt. Allerdings darf man sich den Arbeitsalltag nicht als permanent hektisch vorstellen. „Lesen, Analysieren, Diskutieren, Nachdenken" seien die Tätigkeiten, die den Alltag ausmachen. Es sei denn, es wird gerade an der Kühltheke im Supermarkt geforscht.

2 Kontakter – das Bindeglied zum Kunden

Der Kundenberater (meist wird der Begriff Kontakter synonym verwendet) ist die Schnittstelle zwischen Agentur und Kunden. „Kontakter", wie das Werbisch-Deutsch Wörterbuch von Scholz & Friends zur Begriffsklärung beiträgt, sind „der personifizierte ,Heiße Draht' zum Kunden: klebt in schwerwiegenden Fällen wie Kontaktkleber an demselben." Über ihn und nur über ihn findet der Austausch von Informationen zum und vom Kunden statt. Auch das Briefing des Kunden, also die Aufgabenstellung an die Agentur, nimmt der Berater entgegen, anschließend wird er die entsprechenden Informationen filtern, hinterfragen, aufbereiten und die Ergebnisse an die entsprechenden Mitarbeiter innerhalb der Agentur – beispielsweise den Planner – weitergeben. Er darf seine Kollegen nicht mit Informationen überschütten, sondern muss ihnen genau die Informationen zukommen lassen, die für ihre Arbeit notwendig sind. Entsprechend funktioniert der Kommunikationsweg zum Kunden: Benötigen die Mitarbeiter zu einem bestehenden Briefing weitere Informationen, so werden die Kreativen nicht selber mit dem Kunden sprechen, sondern diese Informationen über den Kundenberater einholen. Benötigt die Agentur mehr oder detailliertere Informationen, als sie im Rahmen eines Briefings geliefert wurden, so werden diese mit einem Re-Briefing vom Kunden eingeholt.

Die Funktion des Kundenberaters hilft, Informationsdopplungen zu vermeiden und den Informationsfluss zu kanalisieren. Auch aus Kundensicht ist es angenehm, nur einen Ansprechpartner in der Agentur zu haben. Gerade bei größeren Projekten würde der direkte Kontakt zwischen Kunden und den jeweils mit Einzelaufgaben des Projekts betrauten Mitarbeitern unweigerlich ins Chaos führen. Es würden ständig Fragen auftauchen wie: Mit welchem Ansprechpartner soll der Kunde über eine spezielle Frage sprechen? Welche Aufgabe hat eigentlich der Agenturmitarbeiter, der ihn gerade anruft, genau? Die Kommunikation zwischen Berater und Kunden findet meist telefonisch oder per E-Mail statt. In längerfristigen Kunde-Agentur-Beziehungen sowie im Rahmen größerer Projekte etablieren sich auch regelmäßige Meetings, in denen der aktuelle Status eines Projektes besprochen wird (Status-Meetings oder Jour Fixe).

Ein Berater braucht viel politisches Geschick. Denn sein Job ist zum einen sehr dienstleistungsorientiert, da er mit und für den Kunden arbeitet und auf dessen Bedürfnisse eingehen muss. Gleichzeitig sollte er aber auch dem Kunden Grenzen seiner Forderungen aufzeigen und ihm immer mal wieder

klarmachen, dass bestimmte Wünsche realistischerweise nicht umsetzbar sind – etwa hinsichtlich des gewünschten Termins. Tut er das nicht, bekommt er Ärger mit den Kollegen aus der Kreation oder Produktion. Auf deren Hilfe und Wissen ist der Berater jedoch unbedingt angewiesen. Daher muss er auch deren Bedürfnissen gerecht werden. „Du schleimst gegenüber dem Kunden so, dass du auf deiner eigenen Schleimspur bald selber ausrutscht", charakterisieren Mitarbeiter aus der Kreation den Job der Kollegen aus der Kundenberatung.

Dass diese Charakterisierung nicht sonderlich schmeichelhaft ausfällt, mag auch damit zusammenhängen, dass sich der Berater mit Blick auf den Prozessfortschritt als ziemliche Nervensäge erweisen kann und muss. Im Rahmen des Timings ist er nämlich dafür zuständig, die entsprechenden Arbeitsergebnisse oder Zwischenschritte einzufordern, die er mit dem Kunden abgesprochen und ihm versprochen hat. Neben der internen und externen Serviceorientierung müssen Berater oder Kontakter also auch durchsetzungsstark sein, da sie die Verantwortung für die richtige Projektumsetzung tragen. Von Senior-Beratern wird weiterhin erwartet, dass sie über ihre Kundenkontakte Neugeschäft generieren, also möglichst auch weitere Projekte verkaufen.

Gerade beim Berufsfeld Berater/Kontakter fällt das Betätigungsfeld je nach Agenturtyp sehr unterschiedlich aus. In kleinen Agenturen mit einem geringen Maß an Arbeitsteilung ist der Kundenberater ein echter Allrounder und übernimmt mitunter die Aufgaben der strategischen Planung, des Traffic, des Art Buying, des Produktioners und manchmal sogar des Texters. Zudem bearbeitet er Projekte aller Disziplinen, die seine Agentur ihren Kunden anbietet. Denn eine Spezialisierung und Unterteilung in verschiedene Disziplinen lässt die Organisationsstruktur einer regionalen Full-Service-Werbeagentur nicht beziehungsweise nicht in diesem Umfang zu. In größeren Agenturen wie Networks gibt es für diese Aufgaben dagegen jeweils Spezialisten. Beides hat Vor- und Nachteile. Der Kundenberater einer Network-Agentur kann sich beispielsweise auf sein Kerngeschäft konzentrieren und seine gesamte Kompetenz dort einbringen, wo auch seine Stärken liegen – in der Beratung seiner/s Kunden für seine spezielle Kommunikationsdisziplin (strategische Planung, klassische Werbung, Verkaufsliteratur/Broschüren, Internet, Direktmarketing, Event/Promotion/ Messen). Er muss sich nicht für Themen engagieren, die nicht seiner Ausbildung entsprechen. Hier arbeitet er mit anderen kompetenten Ansprechpartnern aus den jeweiligen Abteilungen zusammen.

Zwar nimmt die Vielseitigkeit der zu betreuenden Projekte mit zunehmender Spezialisierung ab, die Intensität der einzelnen Projekte nimmt dafür aber stark zu. Der Berater baut hier sehr umfangreiches und tiefes Wissen in seiner Spezialdisziplin auf. So gibt es Berater, aber auch Kreative, die viele Jahre nur Automobilmarken betreut haben oder – um es auf werbisch zu sagen – „auf Autos gearbeitet" haben. Zudem führt er den gesamten Prozess: von der Erarbeitung umfassender Kommunikationskonzepte, gestützt durch Marktforschung, bis hin zu der Umsetzung einzelner Werbeprojekte unter Berücksichtigung der Gesamtkommunikation ist er für seine Disziplin gegenüber dem Kunden verantwortlich.

Ein Vorteil in Networks ist auch, dass sich Berater meistens um einzelne große internationale Etats kümmern. Die Arbeit an kleinen Einzelprojekten bildet eher die Ausnahme. Zudem übernehmen Kundenberater in einer Network-Agentur wegen der speziellen Agenturstruktur schnell Personalverantwortung. Sie haben die Projektleitung inne und sind somit für die Zusammenarbeit einer größeren Gruppe von Prozessbeteiligten verantwortlich. Dazu kommen die Bereiche Strategische Planung, Produktion, Traffic, Art Buying und Kreation. Das Arbeiten in einer Network-Agentur geht also in der Regel mit dem Sammeln von Führungserfahrung einher. Auch die Karrierewege sind hier vergleichsweise vielfältig: Eine Network-Agentur bietet einem Kundenberater sowohl horizontale (strategische Planung, klassische Werbung, Direktmarketing, Internet, Event/Promotion, VKF, Verkaufsliteratur) als auch vertikale (Junior, Senior, Etat Director, Teamleitung, Geschäftsleitung, Geschäftsführung) Entwicklungsperspektiven. Außerdem besteht für ihn die Möglichkeit, aufgrund der internationalen Präsenz einer Network-Agentur an verschiedenen Standorten in Deutschland oder auch im Ausland in einem der Network Offices tätig zu werden.

Der Vorteil in einer regionalen Agentur ist, dass der Kundenberater ein breites Spektrum an Werbeprojekten betreuen kann und sich ihm damit ein vielfältiges und abwechslungsreiches Tätigkeitsfeld bietet. Viele verschiedene (Einzel-)Projekte aus unterschiedlichen Disziplinen liegen in seiner Verantwortung. Projekte wie die Umsetzung von Visitenkarten für ein lokales Fachgeschäft von nebenan gehören genauso zu seinem Aufgabenbereich wie die Erarbeitung von Anzeigenkampagnen oder Kommunikationskonzepten für Etatkunden. In einer regionalen Agentur gibt es flache Hierarchien, die es dem Kundenberater ermöglichen, schnell Projekte eigenverantwortlich zu betreuen. Meistens berichtet er direkt an den Inhaber beziehungsweise Geschäftsführer. Flache Hierarchien führen aber auch

dazu, dass es weniger Aufstiegsmöglichkeiten gibt. Meist besteht die Struktur der Kundenberatung einer regionalen Agentur darin, dass es den Inhaber/Geschäftsführer gibt, dann kommen die Berater ohne weitere Unterteilung und dann die Auszubildenden.

Voraussetzung für diesen Beruf ist nicht immer, aber immer öfter ein Studium. Ein betriebswirtschaftliches Studium mit Schwerpunkt Marketing, Medien oder Kommunikation ist von Vorteil. Einen speziellen Studiengang oder Ausbildungsberuf gibt es nicht. Gelegentlich werden auch Werbekaufmänner/-frauen in Traineeprogrammen in der Agentur zum Kontakter ausgebildet. Erfahrungen aus anderen Bereichen (Produktion, Traffic, Art Buying und Buchhaltung) sowie aus anderen Disziplinen (Strategische Planung, klassische Werbung, POS (Point of Sale beziehungsweise Verkaufsförderung), Verkaufsliteratur/Broschüren/Kataloge, Internet, Dialogmarketing, Event/Promotion/Messe) sind für die Tätigkeit als Berater von großem Vorteil.

Ein Tag aus dem Leben eines Beraters

Giovanni Speranza / Bartenbach & Co.

Obwohl einige Kunden bereits in meiner „Anrufe in Abwesenheits-Liste" stehen, behaupte ich, dass mein Arbeitstag zu einer „humanen" Uhrzeit beginnt. Um neun Uhr sollte ein motivierter Berater seinen durchaus in die Jahre gekommenen PC hochfahren und bereits zwei oder auch drei blöde Sprüche auf Kosten der Kunden gemacht haben. Ich persönlich nenne dies Warmschießen.

Mein Name ist Giovanni Speranza, ich bin 27 Jahre alt und Berater in einer mittelständischen Agentur mit rund 55 festen Mitarbeitern. Unsere Agentur teilt sich in zwei Kompetenzbereiche auf – „Marke und Verkauf", oder: „Brand und Sales" – um es im coolen Agenturjargon zur Sprache gebracht zu haben. Der Sales-Bereich konzipiert, organisiert und plant personalgestützte Verkaufsförderungsaktionen (Sales Promotions) und Schulungen für Fachhändler– in einem Satz gesagt: Unsere Sales-Abteilung fokussiert den direkten Verkauf. Das Ergebnis ihrer kommunikativen Maßnahmen kann man messen, wiegen und zählen. In Zeiten, in denen „Return on Investment" mehr als nur groß geschrieben wird, ist genau dies gefragt. Dementsprechend ist

der Sales-Bereich auch aktuell ausgelastet. Ja, und was machen wir? Brand! Wir sind die klassischsten aller klassische Werbekaufleute. Wir scribblen, brainstormen, layouten, meeten, drucken, präsentieren, telefonieren viel, verhandeln und ja, manchmal lügen wir auch. Wir sind die Markenmacher und -wächter zugleich. Wir sind für das äußere Erscheinungsbild einer Marke zuständig. Wir sind die gesammelte Theorie, die hinter dem einfachen Impulskauf an der Kasse eines Supermarktes steht. Mit dem einzigen Unterschied, dass unsere Agentur keinen einzigen Kunden aus dem Konsumgüterbereich hat. Die Theorie jedoch bleibt dieselbe. Mein Kunde ist ein weltweiter Automobilzulieferer, der ausschließlich auf Business-to-Business-Ebene kommuniziert. Die Car-Entertainment-Handelsmarke dieses Kunden eröffnet mir die Möglichkeit, auch Business-to-Consumer-Maßnahmen zu konzipieren. Das ganz große B-to-C-Kino ist das allerdings nicht – da, wie so oft, kundenseitig kein Budget zur Verfügung steht. Fehlendes Marketingbudget ist aber ein eigenes Thema, welches ich an dieser Stelle nicht anstrengen möchte.

9.04 Uhr

Die Proofs des aktuellen Car-Entertainment-Kataloges liegen bereits zum finalen Check auf meinem Tisch. Die Art-Direktion und unser Texter haben sie schon gecheckt und abgezeichnet. Jetzt fehlt nur noch meine Freigabe. Diese Aufgabe kann ich nach grober Prüfung meiner Assistenz geben. Sie ist in dieser Hinsicht weitaus akribischer als ich.

9.09 Uhr

Während meines viel zu schwachen und bitteren Kaffees lese ich die To-do-Liste für den heutigen Tag und stelle fest, dass gestern erwartungsgemäß einiges liegen bleiben musste. Warum erwartungsgemäß? Wegen Problem Nummer eins: Zwei Art-Direktoren haben ihren längst überfälligen Erholungsurlaub angetreten und die DTPlerin hat die Grippe, die übrigens jeden in der Agentur mal zu treffen scheint.

9.14 Uhr

Nach Aktualisierung der To-do-Liste habe ich mit unserer Produktion, die sich auch um die Einkäufe freier Mitarbeiter kümmert, darüber

gesprochen, wie wir den aktuellen Kapazitätenengpass überbrücken. Wir sind nach anfänglichen monetären Diskrepanzen, die meinen DB 3 (Deckungsbeitrag) betreffen, zu einer Einigung gekommen. Bekomme bis 12 Uhr Bescheid, ob ich für den Rest der Woche einen freien Grafiker zugeteilt bekomme, der meine offenen Jobs bearbeitet.

10.20 Uhr

Meine Assistentin hat keinen Fehler im Proof gefunden – Freigabe erteilt. Der Katalog geht nun in Druck.

10.32 Uhr

Bespreche den ersten Textentwurf für einen Newsletter mit dem Texter. Aus meiner Sicht ist der Text in Ordnung und kann in unser bereits bestehendes Layout eingebaut werden. Womit wir wieder bei Problem Nummer eins wären.

10.45 Uhr

Nach dem Lesen einer sehr forschen und scharf verfassten E-Mail von einem meiner Ansprechpartner auf Kundenseite bin ich bereits jetzt reif für den Feierabend. Problem Nummer zwei: Kunde ist gänzlich unzufrieden mit der Ausarbeitung eines sechsseitigen Flyers. Sowohl Layout als auch Text seien gänzlich nicht gebrieft. Krisensitzung einberufen.

10.48 Uhr

Kaffee ist alle.

11.23 Uhr

Alle Projektbeteiligten des Sechsseiters haben sich in einem unserer Meetingräume eingefunden und erörtern dort das Problem, das der Kunde mit dem Flyer zu haben scheint. Ein Schlachtplan wird zurechtgelegt, um die Darstellung des Kunden zu relativieren – zumindest zu beschwichtigen.

12.43 Uhr

Nach Prüfung des Kundenfeedbacks ist uns aufgefallen, dass Anmerkungen des Kunden sich auf technische Inhalte beziehen. Diese wurden laut Briefing im Vorhinein ausgeklammert, da es im ersten Entwurf lediglich um das Layout und Anordnung der Textabschnitte gehen sollte. Somit ist die Kritik des Kunden aus unserer Sicht ungerechtfertigt. Um dies zum Ausdruck zu bringen, verfasse ich eine „politisch korrekte" E-Mail, in der ich den Agenturstandpunkt vertrete und den Kunden darüber informiere, dass wir die aktuelle Version nach seinen Wünschen überarbeiten und schnellstmöglich liefern werden.

13.20 Uhr

Bestelle mir ein leckeres Tiefkühlessen in der Kantine.

13.25 Uhr

Während ich auf mein Essen warte, lese ich die E-Mail aus unserer Produktion, dass mir Bettina als freie Grafikerin ab morgen früh zur Verfügung steht. Ein Sonnenschein. Arbeitet sauber, schnell und unkompliziert. Der Tag scheint eine positive Wendung zu nehmen. Lösung des Problems Nummer eins. Zeit für eine kurze Auszeit auf dem Fatboy. Die „W&V" und „Elf Freunde" lassen mich für eine gute halbe Stunde vergessen, was bisher passiert ist. Bin entspannt.

13.50 Uhr

Dafür, dass es Kantinenessen ist, schmeckt es annehmlich.

14.00 Uhr

Ein neues Briefing. Die 52-seitige Ersatzteilbroschüre soll grafisch und inhaltlich angepasst werden. Eigentlich ist dies wie Malen nach Zahlen. Man nehme die Broschüre des vergangenen Jahres, füge ein paar neue Produkte hinzu und schon ist die Broschüre 2008 fertig. Eigentlich einfach. Wenn da nicht der Faktor Erwartungshaltung des Kunden wäre, der natürlich mit einer gestalterisch völlig neuartigen Broschüre rechnet, aber nur die im Vorhinein angebotene Überarbeitung zahlen will.

Solche Projekte sind zum Scheitern verurteilt. Warum? Überarbeiten wir die Broschüre wie angeboten, ist dies dem Kunden zu wenig. Entwickeln wie die Broschüre neu, steht das Angebot in keiner Relation zum Aufwand. Es lebe das Minimal-Maximal-Prinzip.

14.05 Uhr

Ich erstelle nun mit meiner Assistentin das Re-Briefing, Timing und das obig angedeutete Angebot für die Broschüre.

15.23 Uhr

„Es besteht kein Zweifel daran, dass ich ein guter Kontakter bin. Ich bin ein sehr guter Berater. Wir sind eine fantastische Agentur." Ich sage es mir immer wieder, bevor ich bei meiner Ansprechpartnerin auf Kundenseite anrufe, um nach meiner relativierenden Antwort-E-Mail Problem Nummer zwei aus dem Weg zu räumen. Tief durchatmen und durch.

15.49 Uhr

„Ciao, bis morgen."

15.50 Uhr

Zum Telefonat: Die Kundin war anfangs noch sehr genervt. Mein subtiler Charme und das positive Einreden haben sie jedoch beschwichtigt. Die von mir vorgeschlagene Vorgehensweise ist zu 100 Prozent angenommen worden. In der Prioritätenliste ist das Projekt nun auf Eins a*** (mit drei Sternchen). Bettina wird sich dem morgen annehmen.

15.55 Uhr

In fünf Minuten bekomme ich die ersten Ideen für ein bereits vergangene Woche vom Kunden gebrieftes Kommunikationskonzept für eine Produkteinführung eines portablen Navigationssystems. Text und Konzeption bringen hoffentlich Kekse zum Meeting mit.

18:15 Uhr

Auch wenn es keine Kekse gab, waren die Ideen durchweg gut. Eine jedoch war sehr gut. Das erspart uns einen zweiten kreativen Anlauf. Somit kann die Kreation, also Bettina, morgen bereits unsere drei favorisierten Ideen für die Präsentation scribblen.

18:25 Uhr

Das Nachbarbüro baut die Zelte ab. Das werde ich nun auch tun.

18:30 Uhr

Nach Aktualisierung meiner To-do-Liste fahre ich nun meinen PC runter. Bereite noch alle Briefing-Unterlagen für Bettina vor und ein weiterer Arbeitstag im Kampf um gute Kommunikation ist beendet.

Giovanni Speranza
arbeitet bei der Agentur Bartenbach & Co. Seinen Tagesablauf hat er geschrieben, als er als Berater bei der Agentur MV-Brand gearbeitet hat.

Netz: www.bartenbach.de

3 Creative Director – der Dompteuer der Kreativen

Sie nennen sich Kreativdirektoren und sind genau genommen „Auftragskünstler". Sie arbeiten für Kunden, die ihre Produkte verkaufen wollen. Dafür denken sie sich Kampagnen aus, die vor allem von einem leben: der Einfachheit der Botschaft mit starken Inhalten. Um dorthin zu kommen, bedarf es eines aufwendigen Prozesses, für den ein ganzes Team nachdenkt. Denn gleich, ob der Kreativdirektor in einer kleinen Inhaberagentur oder in einem großen Network arbeitet: Er lebt von den Einfällen seines Teams, das er motiviert und steuert. Über Erfolg oder Misserfolg entscheidet freilich am Ende der Kunde, der Auftraggeber. Vor Überraschungen ist da kein Kreativdirektor sicher, er braucht viel Frustrationstoleranz beim Versuch, den Kunden von der kreativen Idee zu überzeugen.

Kreative sind von Natur aus Individualisten. Doch was eint sie, was trennt sie bei ihrer Arbeit? „In der Werbung ist man in einem ziemlich engen Korridor unterwegs", sagt Oliver Voss, lange Jahre Kreativdirektor und mittlerweile Vorstand bei der Agentur Jung von Matt. Dreißig Sekunden für einen Spot, eine Anzeigenseite mit oft nur einer Zeile Text, dazu Vorgaben des Kunden – wenig Raum für neue Ideen. Aber: „Die Beschränkung beflügelt, in der Enge sieht man die Lösung häufig viel eher." Hier gebe es Ähnlichkeiten zur Lyrik, bei der den Formulierungen ebenfalls durch die Form enge Grenzen gesetzt seien. Dennoch: Von Geniekult und Künstlerallüren möchte der braungelockte Werber nichts wissen. „90 Prozent der Arbeit eines Kreativen sind Handwerk, der Rest ist Inspiration", betont Voss. Und selbst dieses Zehn-Prozent-Residuum habe weniger mit Alchemie oder Genialität zu tun als mit Erfahrung sowie der Fähigkeit, die richtigen Fragen zu stellen. Bisher rekrutieren die Agenturen ihren Nachwuchs in erster Linie unter Grafikdesign- und Germanistikstudenten – häufig übrigens Studienabbrecher wie er selber. Bisher schaue sich der angehende Texter oder Art Director vieles bei gestandenen Agenturprofis ab, vieles müsse er sich zudem im Selbststudium aneignen – ein langwieriger und zuweilen unsystematischer Prozess.

Werbekampagnen werden von einem Team entwickelt, das in der Regel aus drei Personen besteht: dem Art Director, dem Texter und dem Kreativdirektor. Dessen Aufgabe sieht Voss in erster Linie darin, den kreativen Prozess zu moderieren – innerhalb des Teams, später auch zwischen Agentur und Kunden. Voss, eher ein Freund der sanften Töne, setzt dabei auf Kooperation mit dem Team, „andere gehen da eher autoritär ran". In der Funktion des Kreativchefs bewege man sich stets im Dreieck zwischen

dem, was einem selber gefällt, dem, was ein Produkt verkauft, und dem, was der Kunde mag. „In diesem Dreieck knirscht es schon mal ganz schön", sagt Voss. Ob etwa die Ideen, die beim Kreativdirektor Begeisterung hervorrufen, dann auch den Kunden in Verzückung versetzen, ist zumeist völlig offen. Die Teammitglieder sind in der Regel zwischen 24 und höchstens 35 Jahre alt – Kreative scheinen eine Art natürliches Verfallsdatum zu haben. Ist der Mensch etwa von Natur aus nur wenige Jahre kreativ? „Die Prioritäten der Leute verschieben sich einfach", glaubt Voss. Statt sich die Nächte auf der Suche nach der guten Idee in der Agentur um die Ohren zu schlagen, verbringen auch Werber irgendwann lieber mehr Zeit mit der Familie. Um aber in der Werbung gut zu sein, muss man sich mit jeder Pore der Arbeit widmen. Und wissen, was in Sachen Zeitgeist los ist, also Musik hören, ins Kino gehen, die Clubs aufsuchen. Auch hieran verlieren Ältere häufig das Interesse und damit den Anschluss und widmen sich schließlich anderen Aufgaben. „Welche das sind, wüsste ich auch gerne mal", sagt Voss.

Eine eigene Agentur gründen, zum Beispiel. „Mit vierzig ist man entweder selbständig oder hat einen Posten in einer Network-Agentur", weiß André Aimaq, der den Weg in die Selbständigkeit bereits mit 30 Jahren beschritten hat – damals aber auch schon auf zwölf Jahre in der Werbebranche zurückblicken konnte. Diese Form von Karrieredenken sei ein typisch deutsches Phänomen – in Großbritannien seien fünfzig und mehr Jahre alte Art Directors und Texter keine Seltenheit. Die Arbeitszeiten in seiner Berliner Agentur Aimaq, Rapp, Stolle hält Aimaq für durchaus familienkompatibel und kann sich einen kleinen Seitenhieb in Richtung Hamburg nicht verkneifen: „Dort gehört es einfach zur Kultur, Meetings samstags um neun Uhr morgens abzuhalten."

Aimaq spricht aus eigener Erfahrung, der gelernte Texter hatte auf seinem Karriereweg mehrere Jahre bei der Hamburger Kreativagentur Springer & Jacoby Station gemacht. Wer mit Aimaq über Kreativität und Werbung spricht, merkt: Er leidet am Werbeland Deutschland. Wirklich kreative Werbekampagnen, also solche, „die emotionalisieren können", gebe es nur wenige. Emotionen seien den deutschen Marketingverantwortlichen ohnehin suspekt. Aimaq sieht in der Mutlosigkeit auf Kundenseite eine Ursache für die deutsche Werbemisere: „Zwar rufen alle Unternehmen derzeit nach kreativen Kampagnen, wenn es dann aber konkret wird, schrecken viele zurück." Daher „bedeutet eine gute Idee allein erst einmal gar nichts". Vielmehr gelte es, das werbetreibende Unternehmen von dieser Idee auch zu überzeugen – was häufig der schwierigere Teil der Arbeit sei. Dennoch –

„es bewegt sich etwas in der deutschen Werbung", sagt Aimaq, der trotz seines exotischen Äußeren hanseatisch-kühl wirkt. Dass etwa Unternehmen wie Ferrero oder Unilever Kreativagenturen mit ihren Kampagnen betrauten, sei noch vor wenigen Jahren undenkbar gewesen. Mittlerweile gebe es sogar schon Werbespots und Anzeigen, bei denen vor lauter unkontrollierter Kreativität nicht mehr auszumachen sei, wie damit die Marke gestärkt werden solle, sagt Aimaq. Das Pfund, mit dem vor allem die Kreativagenturen wuchern, sind eben gute Ideen, und diese entwickeln gelegentlich eine gewisse Eigendynamik.

Der Job sei härter geworden, sagt Delle Krause, Kreativchef bei Ogilvy & Mather. Weniger Leute (nicht dramatisch, aber erkennbar), gleiche Leistung für weniger Geld seitens der Kunden, „doch wir kommen irgendwie damit klar". Es ist die differenzierte Balance zwischen Gefühl und Verstand, die gleichsam zum Handwerkskasten des Kreativchefs gehört. „Neben dem Schreiben, das mir noch immer wichtig ist, habe ich Spaß daran gefunden, Leute in einem funktionierenden Team zusammenzubringen", sagt Krause. Besonders junge Leute, von denen viele auf dem Gang vor seinem Büro herumlaufen – Zeitgenossen, die nach Krauses Meinung gewiss nachts „herumhängen und wissen, was gerade cool und geil ist". Sich mit ihnen aber darüber auseinanderzusetzen, welche Kampagne man vorschlägt, darin liegt für ihn der Reiz. Erfahrung schlägt Zeitgeistwahrnehmung? Eindeutig gibt Krause darauf keine Antwort. Sagen wir es so, mit einem seiner vielen Sprachbilder: „Man rennt nicht wie früher gegen die Wand, sondern weiß, wie und wo man Türen findet und einsetzen kann."

Redet man vom Ziel, das Kreativdirektoren im Blick haben, hört man erstaunliche Dinge, etwa Schiller-Zitate: „Einfachheit ist das Resultat von Reife." Einfache Botschaften mit starken Ideen, welche die Menschen emotional stark berühren, darum geht es Kreativchefs. Rasch zeigt sich, dass Kreativität eben doch ein mühseliges Unterfangen ist. Man muss wissen, was die Menschen denken, welche Filme sie sehen, welche Fotos sie zeigen, welche Musik sie hören, welche Bücher sie lesen. Ein Kreativer braucht schon eine hohe Frustrationstoleranz. Denn zu welchem Ergebnis sein Team auch kommt: Der Kunde muss es akzeptieren. Angestellt und dafür bezahlt, Menschen zum Kauf eines Produkts zu bewegen – nach der Devise: „In jeder Aufgabe steckt die Lösung schon drin."

4 Texter/Art Director – die Kreativen

Das, was die Zielgruppe später als Werbung konkret wahrnimmt, entsteht hier, im kreativen Nukleus einer Agentur. Dieser Kern besteht aus einem vom Kreativdirektor geleiteten Team aus Grafiker beziehungsweise Art Director (AD) und Texter. Der Grafiker erstellt Layouts und Präsentationscharts und ist für die visuelle Seite von Fernsehspots und Anzeigen verantwortlich. In der Regel haben Grafiker eine entsprechende Ausbildung oder ein Fachhochschul- oder Universitätsstudium in Grafik oder Design absolviert und dies idealerweise mit Praktika in Agenturen verknüpft. Sie verfügen neben den üblicherweise im Studium erworbenen Kenntnissen zu Typographie, Layout und Foto über Phantasie, visuelle Vorstellungskraft und Kenntnisse der einschlägigen Computer-Grafikprogramme. Außerdem müssen sie in der Lage sein, schnell eine Idee hinzuscribbeln und über genug Gleichmut verfügen, um zu verschmerzen, dass vieles, was sie so produzieren, im Papierkorb landet. Was ein Art Director den ganzen Tag tut, erläutert am besten jemand, der diesen Beruf tatsächlich ausübt:

Ein Tag aus dem Leben eines Art Director

Uli Happel / Damm & Bierbaum

Im Prinzip dürfte das Arbeitsleben eines Art Director den meisten Leuten aus den Medien bekannt sein: Teure Autos, jede Menge Flugreisen an die schönsten Orte dieser Erde, tolle Frauen und natürlich ein schickes Loft im besten Viertel der Stadt. Wie bei den meisten Klischees findet sich hier sogar ein Körnchen Wahrheit. In den letzten Jahren war ich tatsächlich einige Male auf großen Shootings in Südafrika, Spanien oder an anderen netten Reisezielen. Meine Miles & More-Karte gibt eigentlich immer mindestens einen Freiflug her, und man trifft wirklich eine Menge netter Mädels in der Werbung (unter anderem meine Freundin). Der Arbeitsalltag ist allerdings weit weniger glamourös. Meiner findet im Moment in einer inhabergeführten, mittelständischen Kommunikationsagentur statt. Zusammen mit etwas mehr als 40 netten Kollegen machen wir das, was man gemeinhin als Werbung bezeichnet. Dazu gehören natürlich bunte Anzeigen und Kampagnen als Königsdisziplin, aber auch die Niederungen des Berufs sind oft vertreten: Kastenstecker, Flyer und andere kleine Jobs sind

eher die Regel als die Ausnahme. Jeder Arbeitstag beginnt im Prinzip gleich: Mit dem festen Vorsatz, heute pünktlich um neun ins Büro zu kommen. Meistens wird es dann aber doch ein paar Minuten später.

9.12 Uhr

Mein Weg führt direkt aus der Tiefgarage in die Küche. Dort erwartet mich eine große, freundliche Tasse Kaffee. Nicht lecker, aber wirkungsvoll.

9.13 Uhr

Der Weg zu meinem Platz führt am Postfach vorbei. Drei Teile Werbung, ein Teil Verwertbares. Viele Fotografen denken, man würde sie sofort für eine nationale Kampagne buchen, weil sie mal eine Postkarte mit einem Bild geschickt haben.

9.15 Uhr

An meinem Tisch angekommen, starte ich sofort Photoshop. Auf dem Weg zur Arbeit hatte ich eine Idee für den Titel einer kleinen Broschüre, die wir gerade bearbeiten. Bevor der Trubel richtig losgeht, will ich am Rechner ein wenig ausprobieren. Nicht alles, was man sich im Auto ausdenkt, sieht später auch gut aus.

9.16 Uhr

Schade. Noch bevor das Programm geöffnet ist, steht bereits unsere Trafficerin mit einem Stapel Reinzeichnungen vor mir. Natürlich ist alles wieder extrem wichtig und muss sofort erledigt werden. Das behauptet allerdings auch die Beraterin, die zeitgleich aufgetaucht ist. In einem Dokument von gestern ist ihr ein Fehler aufgefallen. Das neue PDF muss in einer halben Stunde bei der Kundin vorliegen. Außerdem klingelt gerade das Telefon.

9.20 Uhr

Langsam wird es lauter im Großraumbüro. Die Leute haben ihren ersten Kaffee hinter sich. Zwei Junioren fragen nach Arbeit. Im Prin-

zip ist mehr als genug zu tun, aber ich muss mich erst sortieren. Das wichtigste Ritual am Morgen: E-Mails lesen. Viele wichtige und dringende Jobs verstecken sich manchmal hinter ein paar lapidaren Zeilen.

10.00 Uhr

Um die Reinzeichnungen zu korrigieren, habe ich mich in einen Konfi verzogen. Hier ist Sorgfalt gefragt. Selbst kleinere Fehler können dramatische Folgen haben. Wenn die Broschüre gedruckt ist, gibt es kein Zurück mehr. Auch dieses Mal gibt es ein paar Unklarheiten. Ich laufe direkt in den vierten Stock, um mit der Produktionerin darüber zu reden. Oben angekommen, laufe ich einem Lithografen in die Arme. Die Proofs für unser Kampagnenshooting von letzter Woche sind da. Das liegt mir natürlich sehr am Herzen. Die schönsten Fotos sind ohne eine gute Bearbeitung nichts wert.

11.00 Uhr

Zurück am Platz. Die dringendsten Brände sind gelöscht. Eigentlich wollte ich ja meine Idee ausprobieren. Allerdings sind in der letzten Stunde etliche Mails angekommen – unter anderem die Einladung zu einem Statusmeeting. Für 11 Uhr.

11.45 Uhr

Zurück aus dem Status finde ich auf meiner Tastatur die überarbeiteten Reinzeichnungen von heute Morgen. Meine Korrekturen sind ausgeführt – dafür hat sich ein neuer Fehler eingeschlichen. Ich laufe in den vierten Stock.

12.10 Uhr

Die Reinzeichnungen sind freigegeben und die 12-Uhr-Esser aus dem Haus. Jetzt habe ich ein wenig Ruhe, um an meinem Broschürentitel zu basteln.

14.10 Uhr

Der Titel ist sehr hübsch geworden, und ich hatte sogar noch Zeit, eine Kleinigkeit essen zu gehen. Jetzt sitzen wir mit fünf Leuten im großen Konferenzraum und bekommen ein Briefing für eine Produktneueinführung. Noch ist alles offen: Es werden eine Positionierung, Name, Logo und auch schon erste Kommunikationskonzepte gesucht. Der Termin ist allerdings relativ eng. In einer Woche findet die erste Präsentation beim Kunden statt.

15.50 Uhr

Nach dem Briefing haben wir – eine Texterin, eine Art-Direktorin und ich – das weitere Vorgehen besprochen und auch schon ein paar erste Ideen gesammelt. Wenn die Informationen noch frisch sind, klappt das meistens am besten. Allerdings klingelt schon wieder mein Telefon. Dieses Mal ist es wichtig: Ein Berater fragt nach seinen Broschürenlayouts. Die müssen nämlich heute Abend fertig sein. Gar nicht so einfach, die Termine von fünf verschiedenen Kunden im Überblick zu behalten.

17.20 Uhr

Die Broschüre ist fertig. Das Layout hatten wir letzte Woche schon gemacht, und der Texter mochte meine Titelidee. Mit einer guten Headline (werbisch für Überschrift) ist das Ganze jetzt noch mal stärker geworden. Ein paar Kleinigkeiten haben wir noch zusammen mit der Beratung optimiert. Allerdings versuche ich immer noch, vernünftige Farben aus dem Drucker zu bekommen. Je nach Tagesform sieht nämlich jeder Ausdruck anders aus. Heute ist zur Abwechslung alles rotstichig.

17.45 Uhr

Meine Ausdrucke habe ich dem Praktikanten in die Hand gedrückt. Der wird daraus hoffentlich einen ansehnlichen Dummy kleben. Der Kurier ist für halb sieben bestellt. Jetzt warte ich gemeinsam mit einer Beraterin auf einen Kunden, der auf dem Heimweg bei uns vorbeischauen wollte. Der Kostenvoranschlag für ein Shooting ist relativ hoch

ausgefallen. Das besprechen wir lieber gemeinsam an einem Tisch, sonst fällt der Kunde vom Stuhl, wenn er die E-Mail öffnet. Zur Sicherheit haben wir die Mappe des Fotografen dabei.

18.20 Uhr

Der Kunde ist wieder weg. Obwohl er die Mappe sehr gut fand, hat er die Kosten nicht freigegeben. Morgen früh muss ich das Honorar neu verhandeln oder einen anderen Fotografen suchen.

18.40 Uhr

Der Broschürendummy hat etwas länger gedauert. Dafür platzt der Praktikant fast vor Stolz. Die Beratung steht schon am Empfang und hält Smalltalk mit dem Kurierfahrer. Als er mit dem Umschlag in der Hand die Agentur verlässt, bin ich erleichtert. Für heute war das genug.

Uli Happel
ist Creativ Director bei der Frankfurter Agentur Damm & Bierbaum.

Netz: www.dammbierbaum.de

Werbetexter behaupten von sich gerne, ganz ohne Zweifel den härtesten Job in der Agentur zu haben. Denn alle Prozessbeteiligten vom Art Director bis zum Auftraggeber seien der Auffassung, dass sie mindestens genauso gute Werbetexte schreiben könnten wie der Texter, wenn sie sich nicht um weitaus wichtigere Dinge zu kümmern hätten. Theoretisch sind Texter für alle Wörter in den Anzeigen und für alle Dialoge in den Werbespots verantwortlich und natürlich für die (von Art Directors gerne als störend empfundenen) Überschriften und Slogans, ohne die keine Werbung wirklich auskommt. Idealbild und Realität scheinen, glaubt man einem Texter, bei diesem Beruf leicht auseinanderzudriften: „Was Texter zu tun glauben, bevor sie mit dem grauen Alltag konfrontiert werden: Sie machen großartige Werbung. Sie begegnen den Problemen der Auftraggeber mit einzigartiger Einfühlsamkeit. Sie schreiben traumhaft gute Texte. Sie besitzen die seltene Fähigkeit zu visuellem Denken. Was sie wirklich tun: Tagelang wälzen sie alte Bücher, um sich von großen Kampagnen inspirieren zu lassen. Sie diskutieren mit Kontaktern über Marktstrategien. Sie treiben den Art Director mit Vorschlägen zur visuellen Anzeigengestaltung in den Wahnsinn. Sie bestehen immer darauf, alle Kameraanweisungen für Kino- und TV-Spots selbst zu schreiben. Wenn ihnen keine Idee kommt, schreiben sie an ihrem Roman weiter."

Dabei ist Texter nicht gleich Texter, die Anforderungsprofile und Aufgaben unterscheiden sich je nach Agenturtyp teilweise deutlich. Der Texter in einem Network hat es auch mit Adaptionen vorhandener (englischsprachiger) Texte ins Deutsche zu tun, sein Kollege in einer Agentur für Dialogkommunikation hat wieder andere Schwerpunkte, wie Ralf Dulisch, Creative Director bei der Agentur Ska Dialog in Frankfurt, beschreibt.

Wie man ein gutes Mailing schreibt und warum ich nicht drüber reden will

Ralf Dulisch / SKA Agentur für Relationship Marketing

Mit dem Anschreiben ist es so eine Sache: Wenn sich neue Texterinnen oder Texter bei uns in der Agentur vorstellen und ihre Mappe zeigen, sagen manche: „Hier, ich hab mal ein paar Anschreiben dabei, sind zwar nicht meine besten Arbeiten, aber das ist es doch, was Sie sehen wollen!" Andere sagen: „Anschreiben hab ich jetzt nicht dabei, das ist ja langweilig, das ist ja klar, dass ich das kann, wenn ich so tolle Anzeigen texten kann." Beide haben Recht. Ja, wir interessieren uns bren-

nend für Anschreiben. Und ja, dialogische Werbung kann sich auch woanders abspielen als in einem Mailing. Aber eins nach dem andern. Was macht denn ein Anschreiben zu einem guten Anschreiben?

Ein gutes Anschreiben ist wie ein persönlicher Kontakt mit einem Dialogpartner aus Fleisch und Blut. Und dazu gehört, dass man erstens die Form wahrt und zweitens individuell aufeinander eingeht. Wie machen Sie das denn, wenn Sie jemanden besuchen? In der Regel klingelt man zuerst an der Tür. Wenn man durch die Gegensprechanlage gefragt wird „wer ist denn da?", nennt man seinen Namen und – wenn man noch unbekannt ist – den Grund seines Besuchs. Ist man dann eingelassen worden, reicht man die Hand und erkundigt sich höflich nach dem Wohlbefinden des Gastgebers. Erst dann trägt man sein Anliegen vor.

Und so ist das auch beim Mailing: Die Versandhülle, die der Empfänger in seinem Briefkasten findet, bittet um Einlass und möchte mitgenommen werden an den Frühstückstisch. Wer dahinter steckt, das verrät die Absenderzeile. Die Betreffzeile auf dem Anschreiben gibt klar und deutlich zu erkennen, was der Grund für die Störung in der heimischen Privatsphäre ist – in der Regel ist das ein besonders attraktives, absolut einmaliges, unwiderstehliches Angebot. Und dann sagt die Grußformel artig „guten Tag". Zu diesen typischen Elementen eines Mailings ist ja schon viel geschrieben worden – aber was machen wir mit dem ersten Satz des eigentlichen Fließtexts? Er entscheidet, ob der Empfänger tiefer einsteigt, und gibt die Tonalität für den gesamten Brief vor. Nun, wir springen noch nicht in medias res. Bevor wir den Empfänger mit unserem Anliegen belästigen, gehen wir erst mal schön auf ihn ein. „Freuen Sie sich schon auf heute Abend?" wäre also zum Beispiel ein deutlich persönlicherer Einstieg als „den Sinus TLX gibt es jetzt auch mit Groove-Modul". Eigentlich klar, oder? Aber gerade hier ergeben sich bei der Textabstimmung mit Kunden immer wieder Diskussionen.

Platz verschenken ist etwas, wovor viele Marketingleute Angst haben. In der klassischen Werbung kennt man das ja: Der Freiraum in großzügig gestalteten Anzeigen, der Platz schafft für die Entfaltung der Marke, muss manchen Kunden mühsam abgerungen werden. Und ein bisschen ist es auch so mit dem Anschreiben. Jetzt macht man schon mal ein Mailing, dann will man auch schnell loswerden, was der Empfänger kaufen soll. Aber das Angebot steht ja schon deutlich in der

Betreffzeile. Wir sollten also im ersten Satz die Chance nutzen, den Empfänger dort abzuholen, wo er wahrscheinlich gerade ist, und ihn dann behutsam zur Kaufentscheidung hinführen. Das erhöht die Wahrscheinlichkeit, dass sich der Empfänger gut behandelt fühlt und sich unserer Call-to-Action wohlgesinnt zuwendet. Ich würde mal behaupten, dass ein guter Texter von dem ersten Satz „freuen Sie sich schon auf heute Abend?" zu jedem beliebigen Angebot überleiten kann, wetten?

Aber eigentlich will ich Ihnen das alles gar nicht erzählen. Denn sonst sieht es ja wieder so aus, als würden wir Texter in der Dialogagentur nur Mailings schreiben. Wenn ich mir aber einen unserer größten und liebsten Kunden anschaue, haben wir in den letzten Monaten für ihn einen Film gemacht, eine Funkkampagne in sieben Sprachen produziert, eine Anzeigenkampagne in der Publikums- und Fachpresse gefahren, die Vertriebskommunikation frisch aufgerollt und dann fallen mir vielleicht – wenn ich mich ganz doll konzentriere – noch zwei, drei Mailings ein, die wir auch für ihn geschrieben haben …

Machen wir uns nix vor, so viel ist klar: Kommunikation und echten Dialog gibt es in der Werbung nur im Ausnahmefall. Was aber in jedem Fall funktioniert, ist eine Ansprache, die auf den Adressaten eingeht und ihm Reaktionsmöglichkeiten offeriert. In diesem Sinn lässt sich jeder Kanal dialogisch nutzen und darum sollte jede Dialogagentur eigentlich auch eine Full-Service-Agentur sein. Die dialogische Ansprache führt sicherlich zu ordentlichen Response-Quoten. Sie hat aber darüber hinaus auch viel mit Haltung zu tun und damit, wie man seine Dialogpartner behandeln möchte: Sie nicht auf ihre Rolle als Zielgruppe, Konsumenten oder potenzielle Leads zu reduzieren, sondern als Menschen ernst zu nehmen, scheint mir kein schlechter Ansatz zu sein.

Ralf Dulisch
ist Creative Director bei SKA Agentur für Relationship Marketing in Frankfurt am Main.

Netz: www.ska-lounge.de

Kreativen eilt ein ganz besonderer Ruf voraus: Viele halten sie immer noch für Bohemiens, innerhalb der Agentur werden ihnen sehr viele Freiheiten eingeräumt. Mit zum Kunden nimmt man sie ob ihres oft unangepassten Verhaltens dagegen normalerweise nicht so gerne. So weit das klassische Bild des Kreativen, für den jedoch in der heutigen Zeit kein Platz mehr ist. Wegen der veränderten Budget- und Zeitpläne müssen auch Kreative immer häufiger direkt mit dem Kunden sprechen. Andernfalls vergeudet man Zeit und Geld sowohl auf Kunden- als auch auf Agenturseite. Das bedeutet jedoch gerade dann, wenn der Ansprechpartner auf Kundenseite eine hohe Position in seinem Unternehmen innehat, dass auch der Kreative über bestimmte Umgangsformen verfügen muss. Dies beginnt bei der Kleidung und geht bis zur Ordnung auf dem Schreibtisch.

Einige Kreative meinen auch, dass das bisherige Modell der Arbeitsteilung innerhalb einer Agentur – auf der einen Seite die Kreativen, auf der anderen Seite die Berater – ausgedient hat. Heute zeichnen in der Regel Kreative für die Ideen verantwortlich und die Berater dafür, dem Kunden diese Ideen zu verkaufen. In einigen Jahren sei ein guter Kreativer zwar immer noch im Wesentlichen für die Ideenfindung zuständig, er müsse darüber hinaus aber auch die Funktionen des Kundenberaters, Strategen und Mediaplaners ausfüllen können. Er wird also viele unterschiedliche Bereiche in sich vereinigen und damit im Vergleich zum heutigen Kreativen über ein deutlich erweitertes Kompetenzprofil verfügen.

5 Reinzeichner – die keine Schlamperei dulden

Die Reinzeichnung ist in einer Agentur der letzte Arbeitsschritt, bevor die Druckdaten generiert beziehungsweise verbindliche Druckvorlagen erstellt werden. Für Heiko Mehler, Leiter der Reinzeichnung (auch Desk Top Publisher oder kurz DTPler genannt) bei Mundocom, meint der Begriff „Reinzeichnung" heute im Wesentlichen die Aufbereitung und Korrektur von Layoutdateien, die aus der Kreation kommen. Daneben werden satztechnische Feinarbeiten durchgeführt und das Dokument auf technische Richtigkeit geprüft – mit Blick auf die verwendeten Farben und etwa die richtige Auflösung. Das Dokument wird auch daraufhin geprüft, ob es mit der Corporate Identity beziehungsweise dem Corporate Design des Kunden konform ist, ob also beispielsweise die richtigen Farben und Schrifttypen verwendet wurden und das Logo an der richtigen Stelle steht. Je nach Agenturgröße gibt es hierfür ganze Abteilungen oder einzelne Mitarbeiter, die sich ausschließlich dieser Aufgabe widmen. In kleineren

Agenturen reicht die Arbeitsauslastung nicht, um mit dem Thema Reinzeichnung eigens einen Mitarbeiter zu betrauen. In diesem Fall wird die Reinzeichnung von der Kreation, in der Regel vom Art Director, übernommen. Im anderen Extrem, dem internationalen Network, ist die Reinzeichnung als eigene Abteilung beziehungsweise sogar als eigenständige GmbH organisiert, die – wie im Falle von Mundocom – auch für externe Kunden arbeitet. Diese Gesellschaft hat häufig den Charakter eines Profitcenters, tritt aber nach außen nicht als eigenständiges Gebilde auf. Die Anteile an der GmbH werden auch meist von der Agentur selbst gehalten.

Die zu druckenden Anzeigen oder Broschüren liegen heute meist in digitaler Form vor. Sie sind nach der Reinzeichnungsphase so aufbereitet, dass sie zusammen mit einem Proof (einem farbechten Ausdruck) an die Druckerei oder den Verlag verschickt werden können. Der Versand geschieht meist immer postalisch oder per Kurier, da man nur zusammen mit einem Proof die Gewähr hat, dass die Anzeigen auch so gedruckt werden, wie es von der Agentur beabsichtigt war. Nach dem Erscheinen der Anzeige wird diese von der Produktion oder der Kundenberatung auf ihre Richtigkeit geprüft.

Es gibt für den Beruf des Reinzeichners keine direkte Ausbildung. Stattdessen erwartet man von ihm Fähigkeiten und Kenntnisse zum Thema Druckvorstufe sowie zur Anwendung der entsprechenden grafischen Software. Hierarchisch gibt es, auch bei größeren Strukturen, keine großen Unterschiede zwischen den einzelnen Reinzeichnern. Einen Aufstieg vom Junior DTPler zum Senior wird man nur sehr selten finden.

Tabelle 8 zeigt das Timing für die Produktion eines Kundenmagazins.

Step to do	Timing
Erstellung neues Layout inkl. Texterstellung Imagepart	08.06.20xx
Präsentation Layout Magazin	13.06.20xx
1. Layout- und Textkorrekturen (Imagepart)	18.06.20xx
Korrigiertes Layout Step 1 / Erstellung Produkttexte	25.06.20xx
2. Layout- und Textkorrekturen	29.06.20xx
Korrigierte Layout- und Textkorrekturen Step 2	05.07.20xx
Freigabe Layout und Text	13.07.20xx
Übersetzung UK Version/Lektorat D Version	16.07.–20.07.20xx
DTP Satz UK inkl. Versendung an xxx	24.07.20xx
Korrekturen UK Step 1	27.07.20xx
Umsetzung Korrekturen UK Step 1 inkl. Versendung	31.07.20xx
Korrekturen UK Step 2	bis 02.08.20xx
Lektorat UK	03.08.20xx
Finale Text- und Layoutfreigabe zur Freigabe	07.08.20xx
Übergabe der Daten an Druckerei	10.08.20xx
Produktion (inkl. Checken der Plots)	10.08.–28.08.20xx
Auslieferung in xxx	29.08.20xx

Tabelle 8: Timing für die Produktion eines Kundenmagazins

6 Produktioner – die für den Druck sorgen

Der Produktioner einer Agentur stellt nichts selbst her, wie es seine Bezeichnung eigentlich vermuten lässt, vielmehr ist er Projektmanager. Er ist Steuermann des gesamten technischen Herstellungsprozesses eines Printprodukts innerhalb der Agentur. Zudem fungiert er als Schnittstelle zu den externen Dienstleistern wie der Druckvorstufe und den Druckereien, die die Produktion in ihrem eigentlichen Wortsinn tatsächlich ausführen. Er ist der technische Berater der Agentur (Beratung und Kreation), oder, wie Anja Söhlke in ihrem Buch „Keine Angst vor großem Druck" schreibt, er ist „ein Mittler zwischen Agentur und Lieferanten. Jede Realisierung einer Werbeidee wird von dem Produktioner gesteuert. Zu seinen Aufgaben gehört die Recherche, die Beschaffung, die Kalkulation, die Auswahl der richtigen Lieferanten und die Rechnungsprüfung." Der Produktioner hat agenturintern und zum Kunden eine beratende Funktion, was die Machbarkeit beziehungsweise technische Umsetzung der Kreation von Printprodukten angeht. Dazu bedarf es spezifischen Knowhows. Der Produktioner muss wissen, was sich technisch in der gewünsch-

ten Zeit, Qualität und Budget realisieren lässt. Nach Auftragsvergabe steuert und überwacht er den gesamten Herstellungsprozess und koordiniert die Arbeitsabläufe aller beteiligten Lieferanten im Sinne eines optimalen Timing, gewünschter Qualität und Budgeteinhaltung.

Produktioner sind Generalisten und Spezialisten zugleich. Sie kennen sich nicht nur mit den unterschiedlichen Druckverfahren (wie etwa Offset-, Flexo- und Tiefdruck) sowie allen dazugehörenden Verarbeitungstechniken und -möglichkeiten aus, sondern beherrschen auch die Produktion von Werbemitteln unterschiedlichster Disziplinen. So stellt die Produktion einer Anzeige völlig andere Anforderungen als etwa ein Display, das als Modul einer Verkaufsförderungsaktion am Point of Sale dienen soll. Wieder andere Faktoren sind bei Werbebriefen beziehungsweise Mailings zu berücksichtigen, wo sich der Produktioner etwa auch mit den postalischen Bestimmungen der Brief- oder Paketbeförderung auskennen muss, um die entsprechenden Drucksachen bereits möglichst portooptimiert herzustellen. Nicht zuletzt dient ihm sein Wissen um Marketing und Betriebswirtschaft dazu, die Anforderungen von Kunde und Kreation verstehen zu können und in ihrem Sinn die optimalen Produktionslösungen für die einzelnen Aufgaben zu finden.

Das hört sich alles nach Administration und Langeweile an. Andreas Rist von der Produktionsagentur Production Lounge kann dieses Vorurteil jedoch nicht bestätigen. Der Job sei vielmehr sehr abwechslungsreich und irgendwie immer wieder neu. „Auch wenn sich die technischen Spezifikationen einzelner Jobs häufig gleichen, stellen sie doch immer wieder gänzlich unterschiedliche Herausforderungen, bedingt durch den Kontext der einzelnen Aufträge", sagt Rist. Die besondere Schwierigkeit sieht Rist darin, alle nötigen Informationen für die jeweilige Aufgabe zu generieren, und das in einem äußerst engen Zeitrahmen. „Geht es um produktionsrelevante Informationen, scheint die ganze Welt eine andere Sprache zu sprechen als der Produktioner", sagt Rist. Zu seinem Berufsalltag gehört entsprechend das Einfordern und Vervollständigen der gesamten Auftragsinformationen. Das Zeitproblem basiert oft auf einem ausgedehnten Prozedere vor Produktionsbeginn, das der technischen Umsetzung wertvolle Tage, manchmal auch nur entscheidende wenige Stunden raubt. Produktioner wünschen sich, früher in Projekte involviert zu werden und im Projektvorfeld stärker beraten zu können, um später weniger die Feuerwehr spielen zu müssen. Der ganze Stress hat eine Ursache auch in den spezifischen Charaktereigenschaften der beteiligten Personen. Werber denken kreativ und chaotisch. Das Gefühl für Zeit und Struktur hat dabei eine nur

stark untergeordnete Relevanz. Das Endprodukt jedoch entsteht erst durch eindeutige Informationen und akribische Detailarbeit. Soziale und kommunikative Kompetenz darf somit als weiterer Anspruch an den Produktioner aufgeführt werden, sagt Heinrich Temesváry, der als freier Produktioner arbeitet.

Sven Müller, der ebenfalls bei der Produktionsagentur Production Lounge CPA Crossmedia Productions Agency GmbH arbeitet, erklärt, dass sich mit dem Wandel der Druckindustrie auch ihre Tätigkeit entsprechend stark verändert hat. Der Umgang mit Daten und das entsprechende Know-how haben vehement an Bedeutung gewonnen. Ging es ehemals fast ausschließlich um physisches Handling und dessen Begutachtung, ist dieser Aspekt besonders in der Druckvorstufe stark in den Hintergrund gerückt. Produktioner sind durch den Wandel der Informationstechnologie auch so etwas wie Datenlogistiker geworden. Daten sicher zu transportieren (sicher in dem Sinne, dass die Daten unverändert beim Empfänger ankommen) und sie von Grund auf so anzulegen, dass sie ohne oder mit nur geringem Aufwand medienübergreifend verwendet werden können, sind neue, gängige Anforderungen an den Produktioner.

Bis vor wenigen Jahren hatte er noch das „magische Wissen", wie aus den vom Kunden freigegebenen Arbeitsergebnissen der Kreation beispielsweise gedruckte Anzeigen wurden. Er hatte den geheimnisumwitterten Zugang zur Druckerei und wusste, was diese Handwerker benötigen, um die gewünschten Ergebnisse tatsächlich auch zu erreichen. Ein Wissen, das den meisten anderen Mitarbeitern der Agentur immer wenigstens im Detail unverständlich und geheimnisvoll erschien. Diese Geheimnisse sind beseitigt und der Weg zum gedruckten Endprodukt ist dank weitgehender Standardisierung vermeintlich sehr viel einfacher geworden. Color-Management und PDF-Normen dienen heute als Garanten für gleichmäßige Daten- und Druckergebnisse, gleich ob in Hamburg oder München, Italien oder Hongkong gedruckt wird – jedenfalls theoretisch. Praktisch wird geflissentlich unterschlagen, dass viele sich gerne um Normen herumschlängeln und gleichzeitig die meisten Normen technisch flexiblen Einflüssen unterliegen (wie etwa die Temperatur der Druckfarbe oder unterschiedliche Papierchargen) und Menschen involviert sind, die über unterschiedliche Tagesformen und unterschiedliches Know-how verfügen.

Dies alles sind Faktoren, die der engagierte Produktioner berücksichtigt, bei denen er beratend zur Seite steht und permanent überwacht und eingreift, um den Herstellungsprozess auf Kurs zu halten. Normen und tech-

nische Entwicklungen haben Produktionsabläufe und -ergebnisse schneller und konstanter gemacht. Gleichzeitig zwingen gestiegene Ansprüche und Vorstellungen von Kunde wie Kreation, permanent die Grenzen der technischen Machbarkeit immer weiter auszudehnen. Dabei sollte der Produktioner nicht nur das Gesamtprodukt im Auge haben, sondern Arbeiten auch im Detail immer wieder auf Fehler prüfen, korrigieren und allgemein verbindliche Prüfdrucke wie farbverbindliche Proofs den relevanten Beteiligten zur Verfügung stellen beziehungsweise für die folgenden Arbeitsschritte genehmigen lassen sowie den gesamten Jobverlauf dokumentieren.

Die Aufgaben des Produktioners und aller am Produktionsprozess Beteiligter werden sich wie der gesamte Produktionsprozess weiter verändern. Die einzelnen Herstellungsschritte werden offener für Eingaben von Nichtfachkräften. Das ist heute schon etwa bei der Erstellung von Händleranzeigen nach einem Baukastensystem üblich, mit dem der Endkunde von seinem Schreibtisch aus online Eingabemasken mit seinen individuell gewünschten Daten ausfüllt und bearbeitet und sich so „seine" Handelsanzeige ohne gestalterisches oder drucktechnisches Fachwissen selbst professionell erstellt. Der Produktioner, in Tuchfühlung mit den Gegebenheiten, dient als Katalysator der weiteren Entwicklung im breiten Spektrum des medienübergreifenden Herstellungsprozesses.

7 Trafficer – die den Laden am Laufen halten

„Traffic" – das klingt zunächst einmal überhaupt nicht nach einer Berufsbezeichnung. Und wer raten soll, was denn wohl ein „Trafficer" tut, dem fällt ungestützt wahrscheinlich etwas in Richtung Fuhrparkmanagement oder Reiseplanung ein. Tatsächlich aber sieht das Tätigkeitsfeld eines Trafficers ganz anders aus. Der Trafficer zieht im Hintergrund die Strippen und sorgt dafür, dass Projekte termingerecht abgewickelt werden. Laut Birgit Roth hat sich der Traffic historisch aus dem Innenkontakt einer Agentur entwickelt. Roth verantwortet bei McCann-Erickson übergreifend den gesamten Bereich der Projektkoordination sowie die Prozess- und Kapazitätsplanung der Kreation. Zu ihrem Team gehört auch der klassische Traffic der Agentur, dessen Aufgabe die interne Abwicklung von Printprojekten nach der Layout-Freigabe ist. Der Innenkontakt, wie auch der Traffic, hatte keinerlei direkten Kontakt zum Kunden. Der Innenkontakt war den einzelnen Teams der Kundenberatung angegliedert und hatte alle verwaltungsnahen Arbeiten, die im Rahmen der Arbeit der Kundenberatung

anfielen, abzuwickeln. Hierzu zählten beispielsweise das Erstellen beziehungsweise Vorbereiten der Rechnungen und Kostenvoranschläge. Diesen Arbeiten wurden mit der Zeit weitere zugeordnet, die stärker in der produktionstechnischen Abwicklung liegen, woraus schließlich das Berufsbild des heutigen Trafficers entstanden ist.

Der Trafficer muss also, nachdem die Kreation ihre Arbeit abgeschlossen hat und etwa eine Anzeige vom Kunden freigegeben wurde, dafür sorgen, dass dieses Motiv in den dazu vorgesehenen Titeln auch tatsächlich erscheint. Er arbeitet dazu sehr eng mit der Produktion, der Beratung und der Kreation zusammen. Die Kreation muss das ursprünglich entwickelte Motiv nach Erstellung der Grundreinzeichnung freigeben und gegebenenfalls Korrekturangaben vornehmen oder Reinzeichnungsformate, die vom ursprünglich gestalteten Layout stark abweichen, überprüfen. Im Kern ist er ein Projektmanager im Finalisierungsbereich. Der Trafficer überwacht ein Projekt von Anfang bis Ende hinsichtlich Produktionskosten, vorgegebenen Produktionsterminen und der damit verbundenen Organisation. Dieser ganze Abstimmungsprozess sorgt dafür, dass der Trafficer, mit ständigem Blick auf die Einhaltung von Terminen, viel innerhalb der Agentur unterwegs ist und vielleicht auch manchmal seinen Kollegen dadurch einige Nerven raubt. Nach erfolgreicher Arbeit ist das aber auch wieder schnell vergessen, denn der Vorteil eines funktionierenden Traffics trägt sehr zur Entlastung der Fachabteilungen, Beratung und Kreation bei.

Das Aufgabengebiet des Trafficers kann sich von Agentur zu Agentur stark unterscheiden, das Berufsbild ist wenig präzise definiert. So ist der Trafficer in einigen Agenturen auch für die Erstellung der Produktionskostenvoranschläge (oder Prod.-KVs, wie man auf werbisch sagen würde) verantwortlich – eine Aufgabe, die er laut Birgit Roth eigentlich gar nicht leisten darf, denn ein Trafficer ist eben kein Produktioner. Nur ein Produktioner kann die inhaltliche Richtigkeit von Produktionskosten aus seiner fachlichen Kompetenz heraus überprüfen.

Einen geregelten Ausbildungsweg gibt es für den Beruf des Trafficers nicht. Häufig verfügen Trafficer in der Praxis über einen Abschluss zum Werbekaufmann oder den Abschluss einer entsprechenden Fachschule. Besonders wichtig sind aber die speziellen Anforderungen an die Persönlichkeit, die mitbringen muss, wer sich als Trafficer der Abstimmung von Prozessen in der Agentur widmen möchte. Vor allem starke Nerven und Organisationstalent sind hier gefragt.

8 Art Buyer/FFF-Producer – die kreativen Einkäufer

Ein Drehtag futsch, vier Autos Schrott, aber die Szene ist noch immer nicht im Kasten. Das wird teuer. Fragt sich nur, für wen. Für die Werbeagentur, die den betreffenden Spot für einen Automobilhersteller in Auftrag gegeben hat? Oder etwa für die Filmproduktionsfirma, die eigentlich zugesagt hatte, den Dreh an einem Tag abschließen zu können? Hier ist der sogenannte FFF-Producer gefragt. Er gehört wie der Art Buyer zu jenen Servicekräften in den Agenturen, die eher im Hintergrund wirken und daher in der Außenwahrnehmung etwas im Schatten der Kreativen und Berater stehen. Art Buyer und FFF-Producer sind im Prinzip Einkäufer, tun aber weit mehr, als nur einzukaufen. Sie beraten die Kreativen, begleiten die Produktion von Werbespots oder -anzeigen und prägen das, was am Ende zu sehen und zu hören ist, in ganz entscheidendem Maße mit.

Der Art Buyer kümmert sich dabei um zweidimensionale Werbeformen, also um Grafiken und Fotos. Cornelia Richter übt diesen Beruf schon seit 1982 aus und kommt bei ihrer Agentur Leo Burnett damit wahrscheinlich auf eine absolute Rekordverweildauer. Eine wirklich vorbereitende Ausbildung gibt es für den Art Buyer nicht. Verbreitet sind Quereinstiege, gelernt wird in der Praxis. Man beginnt als Assistent beziehungsweise Junior und arbeitet sich zum Senior Art Buyer hoch. Diesen Weg ist auch die gelernte Werbekauffrau Richter gegangen. Im Idealfall bringen Art Buyer recht unterschiedliche Fähigkeiten mit. Die naheliegendste: „Ein visueller Mensch sollte man schon sein", sagt Richter. Das heißt, Sinn für Ästhetik und – vielleicht noch wichtiger – ein möglichst gutes Bildgedächtnis haben.

Die Art Buyerin besucht jegliche Kunstausstellungen, um hier auf dem Laufenden zu sein, sichtet Zeitschriften und Arbeitsproben, die bei ihr auf dem Tisch landen. Weiterbildung in Sachen Kunst hält Richter für unerlässlich. Daneben brauchen Art Buyer ein Gespür für Zahlen. „Ich muss immer versuchen, für ein bestehendes Budget die bestmögliche kreative Leistung einzukaufen." Damit das gelingt, schöpft Richter aus einem großen Pool von Fotografen unterschiedlichster Spezialisierung. Der eine kann Lebensmittel besonders gut fotografieren, der andere ist Modespezialist. Von drei bis vier Fotografen fordert Richter Arbeitsproben an. Einer erhält den Zuschlag, wobei häufig nicht allein sein Können den Ausschlag gibt, sondern auch, ob er mit dem Art Director der Agentur auf einer Wellenlänge liegt.

Aber auch die zunächst vielleicht trocken anmutende juristische Seite sollte den angehenden Art Buyer zumindest nicht abstoßen. Mit Urheber- und Personenrechten sollte er sich auskennen, „denn deren Missachtung kann schwerwiegende Konsequenzen haben", betont Richter. Außer um Fotografen kümmert sich der Art Buyer auch um Grafiker. Allerdings sind grafische Werbeillustrationen hierzulande längst nicht so verbreitet wie in anderen Ländern.

Die drei „F" in der Bezeichnung FFF-Producer stehen für „Film – Funk – Fernsehen". Den weitaus größten Anteil an der Arbeitszeit nimmt dabei das Film-„F" ein. Nicht jede Werbeagentur leistet sich einen solchen Spezialisten, in den größeren ist er aber in der Regel zu finden. Der Prozess, mit dem es ein FFF-Producer zu tun hat, ähnelt demjenigen eines Art Buyers. Er oder sie erhält vom Kreativen ein Storyboard oder ein Treatment, also das gezeichnete oder geschriebene Drehbuch des Werbefilms. Dann macht sich der FFF-Producer auf die Suche nach einem geeigneten Regisseur. Rafaela Bonato, FFF-Producerin bei Leo Burnett in Frankfurt, kann auf ein großes Archiv mit Filmen verschiedener Regisseure zu verschiedenen Themen zurückgreifen. Mit den Jahren wisse man aber auch, wer was kann: „Es gibt Auto-, Beauty- und Food-Spezialisten, Experten für Storytelling, Humor und Action beziehungsweise Special Effects", erklärt Bonato in fließendem Werbisch. Für jeden Auftrag würden drei bis vier Regisseure angefragt. Diese schreiben zu dem Storyboard oder Treatment eine sogenannte „Director's Interpretation", in der sie die Anforderungen an den Dreh spezifizieren. Anhand dieses Papiers kalkuliert die Filmproduktionsfirma die Kosten des Spots. Für die Einhaltung des Budgets muss Bonato anschließend Sorge tragen, was ihr nach eigenen Angaben bisher stets gelungen ist, wenn auch teilweise nur mittels harter Verhandlungen. Schließlich überwacht der FFF-Producer die Dreharbeiten vor Ort. Bevorzugte Drehorte sind im Winter Südamerika und vor allem Südafrika, im Sommer ziehen Werbefilmproduktionen derzeit gern nach Osteuropa. Reisetätigkeit ist also garantiert.

Wie beim Art Buying gibt es auch für den FFF-Producer keine konkrete Ausbildung. Rafaela Bonato hat vor ihrer jetzigen Tätigkeit bei verschiedenen Filmproduktionen gearbeitet. „Das ist sehr nützlich, denn man versteht die andere Seite besser in Bezug auf Timing und Kosten." Bonato ist leidenschaftliche Kinogängerin, „ich schaue mir auch schon mal an einem Tag mehrere Filme hintereinander an." Ebenso leidenschaftlich versucht sie, für eine in ihren Augen herausragende Werbeidee einzutreten. „Wenn ich eine gute Idee auf den Tisch bekomme, gehe ich mit Leidenschaft ans

Werk und versuche, all meine gute Energie und mein Know-how im Sinne der Umsetzung für die Idee einzubringen", sagt Bonato. Dies führt regelmäßig zu Diskussionen, hier sind Diplomatie und auch schon mal ein dickes Fell gefragt. Denn stets befindet sich der FFF-Producer in der Sandwich-Position zwischen dem Kundenberater der Agentur, der traditionell eher die risikoscheue Position des werbenden Unternehmens vertritt, und dem Kreativen, der seine Ideen realisiert sehen möchte. Flexibilität und Organisationstalent sind ebenfalls unverzichtbar. „Ich betreue manchmal fünf Kunden gleichzeitig, die allesamt unterschiedliche Ansprüche haben." Und, aber das ist in der Branche ohnehin üblich: Bei Arbeitszeiten von in der Regel 60 Stunden braucht man Ausdauer. Übrigens: Den Schaden im Auto-Spot-Beispiel trug letztlich zum größten Teil die Filmproduktionsfirma.

III Wie Werbung gemacht wird

Im Folgenden zeigen wir einen idealtypischen Prozess auf, der sich in dieser feinen Gliederung – wenn überhaupt – wahrscheinlich nur in großen Agenturen findet. Kleinere Agenturen unterscheiden dagegen weder die im vorigen Kapitel beschriebenen Berufsbilder derart trennscharf, noch arbeiten sie den nun folgenden Prozess so ab. Dort macht – leicht zugespitzt formuliert – vielmehr jeder fast alles, und das irgendwie und irgendwann. Je kleiner die Agentur, desto größer ist die Wahrscheinlichkeit, dass es zum Beispiel keinen Traffic gibt, und bei noch kleineren Strukturen schreibt die Kundenberatung auch gleich die Texte selbst. Die einzelnen Prozessschritte finden sich, wenn auch nicht in dieser Reihenfolge und Trennschärfe, faktisch aber wohl in jeder Agentur. Ob so explizit vorhanden oder nicht: Einen grob in die drei Bereiche Planung – Gestaltung/Realisation – Umsetzung gestaffelter Prozess dürfte in den meisten Agenturen die Regel sein. Die Planungsstufe fällt dabei in den Zuständigkeitsbereich von Planning (sofern vorhanden) und Beratung, Gestaltung und Realisation sind Beritt der Kreativen, also von Textern und Grafikern plus Kreativdirektor, während die Umsetzung von Serviceabteilungen wie Art Buying, FFF, Produktioner und Traffic begleitet wird.

Gerade bei kleineren Projekten, etwa wenn lediglich ein Kundenmagazin erstellt wird, das auf bestehende Ideen aufbaut, beziehungsweise in sehr vielen inhabergeführten Agenturen hat man es zum allergrößten Teil mit sehr viel schlankeren Abläufen als dem im Folgenden skizzierten zu tun. Hier ist die Grundlage ein Briefing, dem eine kurze strategische Phase folgt, die dann direkt in die Umsetzung mündet. Als Richtwert für die Arbeitsteilung in einer Agentur gilt, dass eine Agentur ab einer Größe von 50 Mitarbeitern meist über einen Traffic verfügt. Sonst fallen die entsprechenden Aufgaben in den Bereich der Beratung. Kleinere Strukturen haben auch meist keinen festen Produktioner, sondern arbeiten mit freien Mitarbeitern zusammen. Erst Agenturen mit mehr als 50 Mitarbeitern leisten sich einen FFF Producer oder ein Art Buying.

1 Neugeschäft, Pitch und Briefing

1.1 New Business

Der Verlust eines zumal besonders wichtigen Kunden kann für eine Agentur lebensbedrohend sein. Leider schwebt das Damoklesschwert des Kundenverlusts stets über den Agenturköpfen, und das auch dann, wenn eigentlich alles gut läuft. So kann ein neuer Marketingleiter auf Kundeseite oder eine Fusion des Kunden mit einem anderen Unternehmen, das selbst auch schon eine Agentur beschäftigt, schnell dafür sorgen, dass ein Etat verloren geht. Auch wenn sich eigene Mitarbeiter einen neuen Arbeitgeber suchen, kann dies zu einem Etatverlust führen, wenn der Kunde diesen für ihn wichtigen Ansprechpartnern folgt. Also muss sich die Agentur ständig um Neugeschäft kümmern, um entstehende Lücken im Kundenportfolio schnell wieder füllen zu können.

Neukundengeschäft kann zwei Stoßrichtungen haben. Zum einen kann man bei einem bestehenden Kunden die Geschäfte weiter ausbauen. Dies gilt zumeist für größere Unternehmen, wo die Agentur zum Beispiel die Werbung für eine Marke übernommen hat und nun auch noch für eine weitere arbeitet. Solche Cross-Selling-Potentiale zu nutzen ist immer eine gute Sache, aber auch mit einigen Tücken versehen, da ein Markenverantwortlicher mitunter seine „eigene" Agentur haben möchte, um sich so gegenüber seinem Kollegen abzugrenzen. Neukundengeschäft kann aber auch darin bestehen, einen völlig neuen Kunden zu gewinnen, mit dem man im Moment noch gar nicht zusammenarbeitet.

Die tägliche Arbeit eines Verantwortlichen für den Bereich Neukundengeschäft bewegt sich rund um seine Datenbank. Hier wird es eine Übersicht geben, mit welchem Unternehmen er in welcher Form in Kontakt steht. Hat er dort den richtigen Ansprechpartner identifiziert, so wird es einen ersten Kontakt geben, der entweder telefonisch oder schriftlich erfolgt. Ziel des Neukunden-Verantwortlichen ist zunächst, die Agentur in einem persönlichen Gespräch vorzustellen. Nach der Auffassung von Andreas Geyr, CEO der Network Agentur Euro RSCG, ist „New Business", wie die Akquisitionstätigkeit von Agenturen werbisch genannt wird, nur unter bestimmten Bedingungen sinnvoll. Die Agentur müsse einen spezifischen kommunikativen Ansatz wählen, mit dem man ein bestimmtes Unternehmen kontaktieren will. Zu behaupten, man könne alles gleich gut (Stichwort: integrierte Kommunikation), hält Geyr für falsch. Für sich selbst die Frage zu beantworten, warum sich denn ein

potentieller Neukunde mit der Agentur überhaupt unterhalten soll, sei so wesentlich wie schwierig. Ist es zu einem persönlichen Gespräch gekommen und hatte die Agentur die Möglichkeit, sich zu präsentieren, ist ein wichtiger Schritt getan. Der New-Business-Verantwortliche wird nun diesen Kontakt pflegen und die potentiellen Kunden regelmäßig kontaktieren. Da die wenigsten Unternehmen auf akuter Suche nach einer neuen Agentur sind, gilt es, wachsam zu sein. Es kommt dann darauf an, den Zeitpunkt eines anstehenden Agenturwechsels herauszufinden und im entscheidenden Moment präsent zu sein.

Voraussetzung: Dickes Fell

Jan Diekmann / DDB

BBDO arbeitet nicht mehr für Dr. Oetker, Heye & Partner erstellt keine Kampagnen mehr für McDonalds und Scholz & Friends verabschiedet den Kunden Tchibo. TBWA wird den Kunden Nivea verlieren, Publicis die Arbeit für Renault einstellen und McCann Erickson fliegt nicht mehr auf Lufthansa. Es ist nicht sicher, wann diese Etats die Agentur wechseln. Fest steht nur, dass es irgendwann passiert. Das New Business Department einer Werbeagentur sorgt dafür, dass die Agentur die Chance erhält, diese Verluste auszugleichen, bevor sie faktisch eingetreten sind. Indem sie die Agentur bei potentiellen anderen Auftraggebern mit ihren spezifischen Kompetenzen bekannt macht, den Kommunikationsbedarf potentieller Kunden ermittelt, mögliche Lösungsansätze diskutiert und ein gutes Verhältnis zu den Entscheidungsträgern im Unternehmen aufbaut und pflegt. Die New-Business-Experten verstehen die potentiellen Kunden und ihre Probleme und versuchen, das eigene Portfolio als die bessere Alternative zu dem aktuellen Betreuer des jeweiligen Unternehmens zu positionieren.

Business Development braucht Zeit, den richtigen Zeitpunkt, Geduld und ein dickes Telefonbuch. Das Neugeschäft verdichtet alle Eigenschaften der Agentur in einer Person, bei jedem Telefonat oder Brief, bei jeder Präsentation oder bei jedem gemeinsamen Lunch. Neugeschäft braucht Disziplin und ein dickes Fell, denn jeder potentielle Kunde arbeitet bereits mit einer anderen Agentur zusammen. Wechsel sind immer unbequem, Absagen sind fester Bestandteil des Tagesgeschäfts. Neugeschäft braucht auch gute Arbeit auf Kreativseite. Starke

Kampagnen, die Preise und Herzen gewinnen. Kampagnen, die sichtbar sind, am besten jeden Tag in allen Medien. Kampagnen, die ihre Ziele erreichen: verkaufen oder einfach nur dafür sorgen, dass die Zielgruppe etwas tut oder nicht mehr tut. Neugeschäft erfordert Abstimmungen, national, international und teilweise sogar global. In welchen Branchen bestehen Konflikte, in welchen Märkten kann die Agentur für welches Unternehmen tätig werden, welcher Network-Partner hat die besten Aussichten, den potentiellen Kunden zu gewinnen? Neugeschäft lebt von Kontakten zu anderen Agenturen, zu Partnern und zu Unternehmern. Neugeschäft braucht gute Kreative, Berater und Strategen, die Wettbewerbspräsentationen gewinnen, indem sie potentielle Kunden begeistern und überzeugen, mutig zu sein. Neugeschäft braucht Macher, die das Versprechen halten, das im Namen der Agentur gegeben worden ist. Und wenn BBDO weiter Dr. Oetker vernascht, Heye & Partner die Kampagnen für McDonalds erstellt, Scholz & Friends für Tchibo arbeitet, Nivea TBWA pflegt, Publicis in einen Renault steigt und McCann Erickson weiter Lufthansa fliegt, dann sorgt das Neugeschäft dafür, dass eine Agentur wächst. Dass sie neue Mitarbeiter einstellt, einen höheren Profit erwirtschaftet oder vielleicht sogar in neue, größere Räume umziehen kann. Neugeschäft ist die Grundvoraussetzung für das Gewinnen. Auch ohne vorher zu verlieren.

Jan Diekmann
ist Leiter Business-Development bei
DDB Germany in Berlin.

Netz: www.de.ddb.com

1.2 Pitch

Zunächst eine wahre Geschichte: Eine Ausschreibung eines Projektes des rheinland-pfälzischen Wirtschafts- und Verkehrsministeriums, an dem sich mehrere Agenturen beteiligten (auf werbisch also ein Pitch) sorgte kürzlich für einige Aufregung. Gesucht wurde ein Dachmarkenkonzept für die Vermarktung der Nahverkehrsinitiative „Rheinland-Pfalz-Takt". Im Ausschreibungsverfahren, an dem nur Agenturen teilnehmen konnten, die kostenpflichtige Unterlagen (25 Euro) angefordert hatten, war es zu einer schweren Panne gekommen. Ein Mitarbeiter des Ministeriums hatte eine Mail formuliert, die offenbar an einen Kollegen gerichtet war, parallel und unbeabsichtigt aber auch an einige der mehr als 40 teilnehmenden Agenturen geraten ist. Inhalt: „Noch ein Wettbewerbsteilnehmer. Ich habe schon überlegt, ob ich ihm sagen soll, dass er nicht mehr die Schnitte einer Chance hat, aber habe mich dann doch für die 25 Euro entschieden. Was machen wir eigentlich mit dem Geld? Da sind jetzt mehr als 1.000 Euro reingekommen. Dafür könnten wir zum Beispiel so eine schöne Edel-Kaffeekochanlage auch bei uns im Flur installieren. Dann musst du nicht täglich in die Kantine."

Das klingt lustig, ist es aus der Sicht der teilnehmenden Agenturen aber keineswegs. Denn dass trotz Teilnahme an der Ausschreibung für zumindest eine Agentur „nicht die Schnitte einer Chance" besteht, deutet darauf hin, dass die Entscheidung in der Sache längst gefallen war. Das Schaulaufen der Agenturen hätte dann nur noch den Zweck, Ideen einzusammeln. Tatsächlich ist bei vielen Wettbewerbspräsentationen aus Agentursicht keineswegs zu ersehen, wie ernst es die ausschreibenden Unternehmen mit der anschließenden Vergabe von Aufträgen eigentlich meinen. Daher gehört diese Phase des Kommunikationsprozesses zu den weniger beliebten, jedenfalls agenturseitig betrachtet. Wobei es auch zu dieser Regel eine Ausnahme gibt: Dem Chef einer in Frankfurt ansässigen Network-Agentur wird nachgesagt, er behaupte beharrlich, seine Agentur habe gerade wieder 21 von 20 Pitches gewonnen. Ihm machen Wettbewerbspräsentationen also wohl Spaß. Den übrigen eher nicht.

Kurz gesagt handelt es sich beim Pitch um eine Art Schaulaufen, das ein agentursuchendes Unternehmen veranstaltet. Gerade in internationalen Networks veranstaltet die Agentur aber auch selbst eine Wettbewerbspräsentation. Dabei geht es laut Andreas Geyr, CEO der Network-Agentur Euro RSCG, darum, welche Landesgesellschaft welche Kampagne in der Gruppe entwickeln darf. Dazu werden meist die wichtigsten Ländervertre-

tungen eingeladen, die in einer internen Runde präsentieren. Dieser Pitch kann sich nur auf ein einzelnes Projekt beziehen oder aber zu einer längerfristigen Aufgabe führen.

Das Instrument der Wettbewerbspräsentation erfreut sich auf Kundenseite wachsender Beliebtheit. In einer von einem Autor dieses Buches durchgeführten Studie erklärten nur 5 Prozent der 98 befragten Agenturmanager, dass wegen der besseren Wirtschaftslage weniger gepitcht werde. Die große Mehrheit sieht hier eine wachsende oder deutlich wachsende Bedeutungszunahme. Was bei den werbetreibenden Unternehmen an Beliebtheit gewinnt, erweist sich dagegen auf Agenturseite zunehmend als Ärgernis. Es kursieren die tollsten Horrorgeschichten zu diesem Thema, und sicherlich sind längst nicht alle davon erfunden. Etwa die von den 21 eingeladenen Agenturen, die bei einem Konzern präsentieren durften, von denen fünf in die engere Wahl kamen, nur damit am Ende eine Agentur, die überhaupt nicht am Pitch teilgenommen hatte, den Auftrag bekam. Oder jene Pitches, bei denen die bestehende Hausagentur gegen drei oder vier renommierte andere Agenturen antritt, die jedoch am Ende alle leer ausgehen, die präsentierten Ideen aber von der Hausagentur eins zu eins umgesetzt werden (zu wahrscheinlich angepassten Konditionen).

Neben solchen Anekdoten sorgt unter Agenturchefs auch das Thema Bezahlung regelmäßig für größere Gefühlsaufwallungen. Denn obwohl der GWA (Gesamtverband Kommunikationsagenturen, also die Interessenvertretung der meisten Agenturen) seine Mitglieder anhält, nicht an Wettbewerbspräsentationen teilzunehmen, für die der potentielle Kunde kein Honorar zahlt, tun sie es eben doch, wenn nicht alle, so doch viele. In oben genannter Studie gaben 43 Prozent der Agenturentscheider an, die Bereitschaft der Kunden, einen Pitch zu honorieren, sei trotz des Aufschwunges geringer geworden. 30 Prozent sehen keine Veränderung gegenüber früher, 11 Prozent sind sogar der Meinung, es werde weniger honoriert. Agenturen geraten so tatsächlich in eine missliche Situation, die in der Spieltheorie wohl als „Gefangenendilemma" bezeichnet würde: Entweder sie halten sich an die GWA-Empfehlung und sind damit in vielen Pitches sofort draußen. Oder sie spielen das Spiel der Kunden, und das bedeutet, in Vorleistung zu gehen, ohne vielleicht jemals einen Cent dafür zurückzubekommen. Denn die Vorbereitung für einen Pitch ist eine ausgesprochen aufwendige Angelegenheit. Dies gilt sowohl hinsichtlich des Zeitaufwandes, aber auch im Hinblick auf die Kosten. So arbeiten an einer solchen Ausschreibung je nach Umfang mehrere Mitarbeiter (zwei Kreativteams, Planung, Kundenberatung), die in dieser Zeit für andere Projekte nicht zur

Verfügung stehen und somit auch keinerlei Umsätze erwirtschaften können. Noch ein weiterer Punkt im Zusammenhang mit Wettbewerbspräsentationen ist strittig: die Tatsache nämlich, dass Agenturen gelegentlich das Copyright an den präsentierten Ideen an das Unternehmen abtreten müssen, das zum Pitch eingeladen hat. So stand es beispielsweise in der Ausschreibung für die Events der Europameisterschaft 2008. Wem das nicht passt, der bleibt eben draußen.

Tipps für einen Pitch

Marius Hansa, Agenturcoach

Die Agentur verkauft eine immaterielle Leistung, deren Erfolg (in aller Regel) erst nach der Leistungserbringung überprüfbar wird. Der Kunde aber will möglichst vorher die Sicherheit, dass seine Ziele erreicht werden. Das hat zur Folge, dass er vom Briefing bis zur Pitch-Präsentation nach Indikatoren für Qualität und Erfolg sucht. Denn Informationen bedeuten für ihn Sicherheit. Deshalb scannt er die Agentur auf unterschiedlichsten Ebenen. Das Sichtbare wird zum Ersatz für das Unsichtbare! Höhepunkt des Kontakts in der Anbahnungsphase ist die Pitch-Präsentation. Hier läuft alles zusammen, mit höchsten Erwartungen auf beiden Seiten (wenn es fair läuft). Agenturen kennen jedoch auch Fälle, in denen der Pitch-Gewinner schon vorher feststeht. Hier gibt es eine Reihe von Fragen und Frühwarnzeichen, die es zu beachten lohnt.

▶ Erster Schritt: Das Briefing zum Pitch. Wichtigste Regel: Nicht nur den Auftrag entgegennehmen, sondern aktiv nachfragen! Zum Beispiel: Was ist der Anlass für die Präsentation? Welches Problem soll gelöst werden? Woran wird der Kunde merken, dass das Problem zu seiner Zufriedenheit gelöst ist? Gibt es aktuelle Daten zu Markt, Zielgruppen, Marke, Produkten und so fort?

▶ Außerdem erfragen: Wer genau wird bei der Präsentation anwesend sein? Name, Vorname, Titel und Funktion? Und dann überlegen, welche Interessen diese Personen haben könnten. Es nützt nämlich nichts, mit dem Marketingleiter eine tolle Präsentation zu erarbeiten, die dann vom Geschäftsführer oder Vorstand (den man vorher noch nie gesehen hat) zerpflückt wird. Kommt sehr häufig vor!

▶ Dann – zwingend – das Re-Briefing. Weil in der Agentur nach dem Studium der Briefing-Unterlagen sicher noch Fragen auftauchen. Und man gegebenenfalls erste Konzeptgedanken informell abklären kann. Idealerweise mit mehreren hochrangigen Beteiligten beim Kunden.

▶ Dann, wenn möglich und angebracht: ein „Schulterblick" mit dem Marketingentscheider auf Kundenseite. Inhalt: Konzeptansätze abklären. Ziel: Sicherstellen, dass man auf der richtigen Spur ist.

▶ Dann: Ausarbeitung und Finalisierung der Präsentation (Strategie und Kreation). Danach zwingend das „Rehearsel" – ein Probedurchlauf in Echtzeit, mit „Publikum" = Agenturmitarbeiter aus anderen Abteilungen, die nicht mit der Präsentation befasst sind. Ziel: Einüben der Abläufe und des Timings, Schwachpunkte finden und beseitigen.

▶ Zum Präsentationsablauf: Muss dramaturgisch aufgebaut sein. Aufbau von Energie und Aufmerksamkeit am Anfang … Spannung halten … Interaktion einbauen … Noch ein Höhepunkt zum Schluss. Und insgesamt: Merkfähig sein! In aller Regel sehen Kunden mehrere Präsentationen in kurzer Zeit (an einem Tag) und beraten erst (Tage) danach, wer den Etat bekommt. Hier muss die Agentur sicherstellen, dass ihr Auftritt und Konzept in Erinnerung bleibt.

▶ Was Agenturen oft nicht beachten: Der Informationsanteil der Präsentation ist weniger wichtig als die Showteile. Charts und Worte bringen nur 15 Prozent Beitrag zum Pitch-Erfolg. Viel entscheidender für den Pitch-Gewinn sind (zu 85 Prozent) Körpersprache/Auftreten/Überzeugungskraft/Paralinguistik (Sprache, Rhetorik) und Effekte (beispielsweise Medienwechsel).

▶ Zusätzlich: Das Wissen um die persönlichen Präferenzen und Vorlieben der Entscheider auf Kundenseite. Diese sollten vorher erfragt und mit in die Präsentation berücksichtigt werden. Auch wenn sie nicht im Briefing stehen!

Der ganze Prozess hängt damit stark von der Persönlichkeit und den Fähigkeiten der präsentierenden Personen ab. Sie müssen gelernt ha-

ben, mit Gruppen zu arbeiten, verschiedene Kommunikationsstile beherrschen, etwas von Dramaturgie und Kundenpsychologie verstehen und Lust aufs Präsentieren haben.

Marius Hansa
ist Agenturcoach, er lebt und arbeitet in Wiesbaden.

Netz: www.agenturcoaching.de

Nach Meinung von Agenturchefs muss sich eine Agentur daher sehr genau überlegen, ob und in welchem Umfang sie an welchem Pitch teilnimmt. Wie Peter Roos, Chief Financial Officer und Chief Operating Officer der Frankfurter Network-Agentur Leo Burnett erläutert, entscheidet hier das Management in einer ersten Phase darüber, ob es sich um eine faire Ausschreibung handelt. Es wird etwa versucht abzuschätzen, ob man gleichberechtigter Teilnehmer des Auswahlverfahrens der Präsentation ist oder ob es Anzeichen dafür gibt, dass der Gewinner vor dem eigentlichen Pitch bereits feststeht und der Teilnehmerkreis lediglich zur Einhaltung von kundeninternen Einkaufsrichtlinien erweitert wurde.

Nach dieser Phase folgt eine weitere, in der die Agenturverantwortlichen diese Ausschreibung anhand von Bewertungs-Tools (beispielsweise Balanced Scorecard) sowohl nach Hard- als auch Soft-Facts bewerten. Ziel dieser Maßnahme ist es, unter Einbeziehung aller entscheidungsrelevanter Kriterien ein möglichst ausgewogenes Bild in Bezug auf die betreffende Neugeschäftschance zu erhalten. Dabei spielen sowohl kurzfristige monetäre Aspekte als auch mittel- und langfristige strategische Komponenten eine Rolle. So schaut man sich beispielsweise den zu erwartenden Umsatz beziehungsweise das Income an und versucht zu prognostizieren, wie sich dieses voraussichtlich entwickeln wird. Denn auch wenn im Rahmen eines Pitches zunächst nur ein Produkt beziehungsweise ein Kommunikationsmedium im Fokus steht, so können sich im Erfolgsfall Möglichkeiten ergeben, weitere Produkte beziehungsweise Aufgabenstellungen für andere Kommunikationsmedien (zum Beispiel Online, CRM, Event & Promotions) zu betreuen.

Gibt es derartige Aussichten auf Folgegeschäfte, kann sich die Teilnahme trotz zunächst überschaubarem Income durchaus nachhaltig lohnen. Neben diesen und weiteren Hard-Facts schaut man sich auch an, wie Kreation die zu lösenden Aufgabenstellungen beurteilt. Handelt es sich etwa überwiegend um Adaptionsarbeit, bei der strategische Markenführung und Kreativität in den Hintergrund treten, sinken die Chancen, mit den Arbeiten für den potentiellen Neukunden Kreativpreise zu gewinnen. Die gelisteten Hard- und Soft-Facts werden entsprechend gewichtet und ausgewertet und führen letztlich zu einer Entscheidung für oder gegen eine Pitch-Teilnahme.

Ein Blick in die Vereinigten Staaten zeigt, dass ein großer Teil der Auswahlprozesse und Pitches hier über entsprechend spezialisierte Bera-

tungsunternehmen abgewickelt wird. Diese übernehmen häufig den gesamten Prozess, von der Ermittlung der Bedarfsanforderungen, über das Screening bis zur Pitch-Organisation, so Oliver Klein, Geschäftsführer der auf Agenturmanagement spezialisierten Unternehmensberatung cherrypicker in Hamburg.

Die „Begeisterung" von Agenturleuten für Pitches weckt in einigen sogar den Dichter, wie folgender fiktive Dialog, der bereits im Internet herumgeistert, beweist:

Können Sie auch Altweiß?

Paul Apostolou / Elephant Seven

„Malermeisterbetrieb Steppmüller?"

„Guten Tag, hier Apostolou. Ich beabsichtige meine Wohnung anstreichen zu lassen. Ich möchte Sie zu einem Pitch einladen. Wann können Sie kommen?"

„Pisch? Sie meinen Kostenvoranschlag!?"

„Nein ... Pitch mit ‚t' ohne ‚s' in der Mitte. Da streichen Sie vorab kostenlos einen Teil der Wohnung, um Ihre Kompetenz in Sachen Altweiß unter Beweis zu stellen."

„Also ... Sie wollen, dass ich Ihnen ein Zimmer streiche? Umsonst?? Damit Sie beurteilen können, ob ich anstreichen kann? Hören Sie mal, ich bin eingetragener Meister, ich streiche seit 20 Jahren ..."

„Ja, deswegen habe ich mich auch entschieden, Sie zum Pitch einzuladen. Sie haben einen super Ruf in der Branche. Wissen Sie, mir – und vor allem meiner Partnerin – liegt die Qualität am Herzen. Außerdem möchten wir wissen, wie es so um Ihre Kreativität bestellt ist."

„Wie Kreativität? Soll ich die Wohnung nun weiß streichen oder was?"

„Na ja, Sie wissen schon, Ihr Strich und so. Der persönliche Stil …“

„Das wird mit der Rolle gemacht. Inne Farbe rein, übers Abtropfgitter und auffe Tapete. Abrollen, Zack, Fertig! Das mach ich nun so seit 20 Jahren. Wie mein Vater davor und davor mein Großvater.“

„Das weiß ich auch zu schätzen. Ich beobachte die Entwicklung Ihres Unternehmens schon lange und kenne viele Ihrer exzellenten Arbeiten.“

„Dann wissen Sie doch, wie wir arbeiten.“

„Ja und nein. Wissen Sie, jedes Zimmer ist anders, hat individuelle Bedürfnisse. Sie müssen wissen, dass ich mir seit 41 Jahren Wände anschaue. Glauben Sie mir, Ich weiß inzwischen genau, wann mir eine Wand gefällt und wann nicht. Das muss schon alles passen.“

„Was muss passen? Die Farbe? Die bestimmen Sie doch?“

„Ja, ja, ja … aber wir müssen uns ja auch etwas beschnuppern, prüfen, wie die Zusammenarbeit so läuft. Das muss ich schon in meiner eigenen Wohnung sehen.“

„Wie jetzt Zusammenarbeit? Ich komme mit dem Gesellen und male die Wohnung, Sie schreiben einen Scheck. Fertig is.“

„Da lassen Sie aber eine Menge aus. Ich erwarte einen Zwischencheck, um die Richtung festzulegen. Dann müssen meine Bekannten und Freunde den fertigen Anstrich sehen. Kann sein, dass Sie dann noch mal ran müssen.“

„Verstehe ich das richtig? Sie sagen, ich soll altweiß malen, und wenn ich fertig bin, sagt Ihr Freund, rot wäre besser, so dass ich gratis noch mal alles in rot streichen darf …?“

„Jetzt verstehen wir uns. Außerdem ist meine Partnerin sehr eigen. Wenn Sie für uns arbeiten, müssten Sie sich verpflichten, für ein Jahr keine Wohnung in Eppendorf und vor allem keine in Altweiß zu streichen. Wir hätten da schon gern etwas Exklusivität.“

Paul Apostolou
ist Creative Director bei Elephant Seven AG.

Netz: www.e7.de

Wer aus dem Pitch siegreich hervorgeht, hat deshalb noch lange keinen hinreichenden Grund, die Korken knallen zu lassen. Denn anschließend (teils auch schon früher) folgt auf dem Weg zum Auftrag noch eine weitere, unter Agenturen mäßig beliebte Hürde: der Einkauf. Dessen Rolle hat in den vergangenen Jahren aus Agentursicht stark zugenommen. Haben früher die Marketingverantwortlichen selbst Budgets freigegeben, so kauft heute die Einkaufsabteilung auch Agenturleistungen immer häufiger zentral ein. Ein Agenturverantwortlicher darf sich nach gewonnenem Pitch also mit Einkäufern in den Verhandlungsring begeben, die häufig außer dem Preis nur wenige Parameter kennen, über die sie überhaupt verhandeln wollen (und oft können). Einkäufer werden in der Regel über Boni, die an das Erreichen bestimmter Einsparziele geknüpft sind, zu besonders humorlosem Verhalten in Verhandlungen motiviert. Angesichts der schwierig zu vermittelnden Leistungen und Kosten auf Agenturseite fallen Verhandlungen mit dem Einkauf unter die Rubrik „nicht vergnügungssteuerpflichtig".

1.3 Briefing

Der Begriff „Briefing" hat keine wirklich zutreffende Entsprechung im Deutschen. Ursprünglich bezeichnete er eine Lagebesprechung beim Militär vor Einsätzen. Im Werbekontext heißt Briefing grob „Aufgabenstellung". Darin enthalten sind in der Regel die wichtigsten Informationen über die Marketingziele, die der Kunde verfolgt, die Zielgruppendefinition, die Wettbewerbsanalyse, das geplante Budget sowie die Situation am Markt, in der er sich befindet. Briefings fallen höchst unterschiedlich umfangreich aus, je nach Aufgabenstellung. Typischerweise werden Kunden-Briefings in sogenannte Agentur-Briefings beziehungsweise „Creative Briefs" übersetzt – eine Aufgabe, die in Agenturen häufig das Planning – so vorhanden – übernimmt. Hier muss besonders sorgfältig gearbeitet werden, ansonsten entsteht ein „Stille-Post"-Effekt und die Kreativen laufen in die völlig falsche Richtung los.

Ein Kunden-Briefing ist stets eine heikle Sache. Es legt die Marschroute der Zusammenarbeit zwischen Agentur und Kunde fest. Dabei ergibt sich aus Sicht des werbetreibenden Unternehmens ein gewisses Dilemma: Fasst es das Briefing zu eng, vergibt es möglicherweise die Chance, von seiner Agentur überraschende Lösungen seines Kommunikationsproblems zu erhalten. Fasst das Unternehmen das Briefing jedoch zu weit, arbeitet die Agentur eventuell mangels Orientierung in eine falsche Richtung. Den Mittelweg zu finden ist entscheidend, gelingt aber längst nicht immer.

Zumal viele Unternehmen es hier an Sorgfalt vermissen lassen, wie Agenturmitarbeiter immer wieder klagen. Nach ihren Erfahrungen sind Briefings häufig standardisiert, sie enthalten daher häufig nicht die für die Agentur relevanten Informationen, etwa zur Marke. Stattdessen finden sich hier Floskeln und Worthülsen sowie Standardaussagen wie die, dass die Zielgruppen die Altersgruppe zwischen 16 und 49 Jahre umfasst. Und auch, dass eine bestimmte Kamera für „Spaß" stehen soll, hilft einem Kreativen nicht wirklich weiter. Briefings werden zudem oft nicht an den konkreten Anlass angepasst – egal ob Dialog-, Online- oder klassische Kampagne, das Briefing ist dasselbe. Häufig bekommt eine Agentur sogar überhaupt kein Briefing, sondern muss sich die entsprechenden Informationen selber zusammensuchen. Da dies ein generelles Problem darstellt, werden sogenannte Briefing-Factsheets entwickelt, die so aussehen können wie folgt:

Hintergrund
- Was veranlasst uns zur Bewerbung des Produktes?
- Wurde das Produkt schon vorher beworben? Wenn ja, wie?
- Wie wird es empfunden und verkauft?

Wettbewerb
- Wie vertreibt der Wettbewerb seine Produkte?
- Liegen Umsatz- oder Marktanteilzahlen des Wettbewerbs vor?
- Worin unterscheidet sich der Kunde vom Wettbewerb?

Aufgabenstellung an die Agentur/Projektbeschreibung
- Ist es ein Kreativ- oder Umsetzungsprojekt? Was soll entwickelt werden (Logo, Visuals, Kampagne)?
- Worin bestehen Mittel und Medien (neue Medien, Print)?
- Wo sollen Werbemittel eingesetzt werden (an welchem POS)?

Produktbeschreibung
- Wie sind seine Positionierung, sein USP (Unique Selling Proposition), seine Funktion / Features, die Kosten und seine Verfügbarkeit?
- Gibt es Abhängigkeiten und Ergänzungen zu anderen Produkten?

Kommunikationsziele
- Was soll erreicht werden (Neukundengewinnung, Markenbekanntheit steigern)?

Zielgruppe
- Wie lässt sich die Zielgruppe beschreiben (demografisch/soziografisch (Beruf/Alter/Geschlecht), psychografisch)?
- Ist es eine Geschäfts- (B-to-B) oder Endkundenzielgruppe (B-to-C)?

Inhalte
- Liegen Bilder vor (wenn ja, wie)? Wenn nein, können Bilder „geshootet" oder im Bildkatalog recherchiert werden?
- Wie sehen die (bestehenden) Textinhalte inklusive Gewichtung aus?

Tonalität
- Wie ist die Tonalität (emotional, sachlich, technisch)?
- Gibt es juristisch oder selbstauferlegte Einschränkungen?
- Darf die Kreation bestimmte Umfänge nicht überschreiten?

Gestaltung
- Gibt es Corporate-Identity-Vorgaben?
- Wie sehen die genauen Produktionsdaten aus?

Timing, Budget und Next Steps
- Wann soll was präsentiert werden?
- Wie hoch ist das Budget?
- Wann ist das Re-Briefing, wie sind die Next Steps?

Gerade dann, wenn übergreifende Ideen für ganz neue Kampagnen entwickelt werden sollen, sind Fakten zwar wichtig, reichen aber alleine nicht aus. Was hierfür gerade die Kreativen benötigen, beschreibt der folgende Beitrag.

Was macht ein gutes Briefing aus?

Ullrich Tillmanns / Tillmanns Ogilvy & Mather

Manchmal stelle ich mir vor: „Hören Sie, junger Mann, Sie werden die zwölf Apostel an die Decke malen und das Gewölbe dekorieren, und dafür erhalten Sie 2.000 Dukaten abzüglich der Miete für das Haus, das

ich Ihnen zur Verfügung stellen werde. Alles klar?" Ja, vermutlich. Könnte man das auch besser machen, die Aufgabe anders stellen, aus ihr eine Herausforderung machen? Hm, ganz bestimmt. Und tatsächlich wird es wohl eher anders gelaufen sein: „Bitte geben Sie unserer Kirche eine neue Bedeutung, Michelangelo, verwandeln Sie die Decke der Sixtinischen Kapelle in eine Botschaft – zum größeren Ruhme Gottes und als Inspiration und Lehre für sein Volk. Ich sehe Fresken, die die Schöpfung der Welt darstellen, den Fall und die Erniedrigung der Menschheit durch die Sünde, den göttlichen Zorn der Sintflut und die Rettung Noahs und seiner Familie. Gehen Sie mit diesem Werk in die Ewigkeit ein. Wachsen Sie über sich hinaus – wer sonst als Sie wäre dazu berufen?" Das nenne ich Inspiration, geschehen im Jahre des Herrn 1508, und gegeben von Papst Julius II. Schlau ist er gewesen, dieser Papst. Er wusste ganz offensichtlich um den Unterschied zwischen einer Aufgabenstellung und einem vernünftigen Briefing. Und ging mit Michelangelo Buonarroti und dieser Kirche in die Ewigkeit ein.

Unser heutiges System krankt daran, dass wir – wenn es gut geht – den Leuten ein Briefing geben. Oder eines erhalten, von Kunden und Auftraggebern nämlich, Leuten wie dem Papst zum Beispiel oder auch einem Marketingdirektor. Wenn es gut geht, wie gesagt, erhalten wir eines, denn es ist oft so, dass nur eine Aufgabe gestellt wird und nicht mehr. Und das ist kein guter Anfang. Ein guter Anfang dagegen ist eine wirkliche Inspiration. Ein inspirierendes Briefing setzt Energie frei, die nicht durch Datensammlungen, aktenfüllende Marktforschung oder andere Umwege und Bedenken erstickt wird. „Und denken Sie bitte daran, das geht bei uns gar nicht." Klar braucht man Hintergrund und Cases und Fakten und all das, aber viel wichtiger ist ein essentielles Bedürfnis, das nicht limitiert, sondern öffnet. Ehrlich gesagt, es gibt einige Auftraggeber, die das können, die meisten aber oder zumindest viele beherrschen es leider nicht. Und das ist schlecht. Ersatzweise wenden die Kreativagenturen viel Mühe auf, eine nüchterne und oftmals lücken- und fehlerhafte Aufgabenstellung in einen belebenden Feuerstuhl für die Kreation umzuwandeln. Gesucht wird eine Steilvorlage für den Stürmer, der das Tor schießt. Und nicht ein Platzwart, der einen Haufen Bälle aufs Feld wirft, um mal zu sehen, was passiert. Aber laufen Sie nur ja nicht ins Abseits, bitte.

Ein wirklich gutes Briefing ist wie ein Trichter mit Nachbrenner:

Zuerst wird alles verdichtet und auf einen Staustrahl konzentriert, dann kommt die Zündung, die Sache explodiert am laufenden Meter, und es geht richtig ab. Präzise, relevant und konkret. Dabei fokussiert ein gutes Briefing durchaus das Problem, um das es geht, lebendig und bildhaft am besten, ohne Marketingdeutsch und angelesene Formeln, je sinnlicher desto besser. Wir haben exzellente Briefings erhalten in Fabriken, in denen die Produkte unserer Kunden hergestellt wurden, nicht in ihren Konferenzräumen. Wir haben in deren Werkstätten, Läden und Outlets gearbeitet, um den Kunden kennenzulernen und seine Bedürfnisse, erst dann wurden wir auf die Aufgabe losgelassen. Wir haben deren Maschinen bedient und die des Wettbewerbs gekauft und alles ausprobiert. Wir haben Briefings von engagierten Vorständen erhalten, nicht von ihren Assistenten, und die Chefs wussten genau, was sie erreichen wollten, aber auch, was nicht, wovor sie Angst hatten und was die Wettbewerber nicht schlafen ließ. Wir lernten, wovon sie beseelt waren und wie die Erde sich in zehn Jahren drehen würde. In einem guten Briefing geht es nicht so sehr um tausend Dinge, die einem einfallen, sondern mehr um das eine, das einen antreibt. So gebrieft, beflügelt es mich, es begeistert, es öffnet, es identifiziert ...

Erst neulich nahm ich an einem Briefing teil, dessen Kern eine Geschichte war, fünf Minuten lang, erzählt von einem Kunden, der ganz und gar die Sache lebte. Jeder von uns bekam eine DVD mit, die 15 Gigabyte Daten als Backup in sich barg. Kaum einer hat sie aufgeklickt, es war gar nicht nötig.

Ullrich Tillmanns
ist Chef der Düsseldorfer Agentur Tillmanns Ogilvy & Mather.

Netz: www.tillmanns-ogilvy.de

2 Die Strategie

2.1 Die Markenstrategie

Eine Marke kann man sich wie eine Persönlichkeit vorstellen, die bestimmte Merkmale in sich vereint. Nimmt man zum Beispiel Autos, so wird die eine Marke mit Sportlichkeit verbunden, während die andere eher mit Wirtschaftlichkeit assoziert wird. Diese und andere Elemente, die eine Marke definieren, fließen in der Markenstrategie zusammen und bestimmen die grundsätzliche weitere Entwicklung der Marke. Auch die Frage, ob ein Produkt eher einer Einzelmarken-, Mehrmarken- oder Dachmarkenstrategie unterliegen soll, gehören hierher. Ist bis vor wenigen Jahren eine Beantwortung dieser Fragen eindeutig in das Aufgabengebiet einer Agentur gefallen, so hat sich mittlerweile auch auf der Kundenseite ein entsprechendes Know-how aufgebaut.

Werden aber Fragen nach der Zukunft der Marke gestellt und danach, ob diese in Zukunft verändert auftreten soll (man spricht dann von einem Relaunch), haben wir es immer noch mit einem wichtigen Aufgabenfeld einer Agentur zu tun. Die Markenstrategie fließt, wenn sie aus dem Unternehmen kommt, im Idealfall über das Briefing in die Agentur ein und wird durch das agentureigene Planning ergänzt und angereichert (siehe Abschnitt 1).

Gerade im Konsumgütermarkt sind Marktanteile häufig heftig umkämpft. Über den schlichten Produktnutzen lässt sich daher eine Position im Markt in der Regel weder halten noch ausbauen. Aufgabe von Agenturen ist es, einen Zusatznutzen des Produkts aus Sicht des Kunden zu finden, diesen möglichst emotional aufzuladen und damit von Produkten mit gleichem Zusatznutzen anderer Hersteller unterscheidbar zu machen. Beispiel: Ein Joghurt ist an und für sich nur ein Joghurt. Positionieren lässt er sich aber als besonders gesund (biotisch) oder als der Wohlfühljoghurt (mit Sahne).

Je geringer die Unterschiede eines Produkts auf der Grundnutzenebene, umso größer das Brimborium um die Marke herum, mit der sie als jeweils einzigartig positioniert werden soll. Klassisches Lehrbuchbeispiel hierfür sind Zigarettenmarken, die mit jeweils sehr unterschiedlichen Strategien vermarktet werden. Die Aufgabe der Strategie bestehe darin, eine Vision für die Marke zu erarbeiten, die der Kreation das nötige „Futter" gebe, sagt die strategische Planerin Charmian Tardieu (Geschäftsführerin Miles Further, Hamburg). Für die Markenstrategie benötigt das Planning zum

einen die entsprechenden Consumer Insights und Informationen darüber, was im Wettbewerbsumfeld passiert, also beispielsweise Informationen über die Positionierung von Wettbewerbsmarken sowie über aktuelle gesellschaftlichen Trends. Wichtig ist aus Sicht von Plannerin Tardieu auch, die Geschichte der Marke zu kennen. Die Historie liefert häufig Ansätze für Differenzierungsmerkmale.

Bezüglich der Zielgruppe ist es wichtig, nach psychografischen Kriterien zu differenzieren. Was hält also die Zielgruppe emotional zusammen? Was sind ihre Wünsche und Bedürfnisse? Auf dieser Ebene betrachtet, teilt sich beispielsweise die Zielgruppe für Reinigungsmittel in zwei Hälften: In diejenigen, denen der Hausputz sogar Spaß macht und solchen, die sich der Sache nur schnellstmöglich entledigen möchten. Innerhalb der Strategie gilt es, die Zielgruppen entsprechend zu differenzieren und zu analysieren, welche Teile der Zielgruppe von der Marke eigentlich adressiert werden. Hat man seine Zielgruppe definiert, so geht es im nächsten Schritt darum, diese Menschen und die Art, wie sie leben und arbeiten, zu verstehen. Die Strategie soll so auch der Kreation eine klare Vorstellung darüber vermitteln, wie diese Zielgruppe plastisch aussieht, und die Kreativen entsprechend inspirieren.

Wozu gibt es überhaupt Marken?

Jason Lusty / Heye & Partner

Markenartikel gibt es schon seit mehr als hundert Jahren in Deutschland, doch erst ab den 6oern des letzten Jahrhunderts begann man, forciert und gezielt Marken aufzubauen und zu führen. Doch wie kam es dazu? Nach den entbehrungsreichen Nachkriegsjahren füllten sich in der Zeit des Wirtschaftwunders die Geschäfte wieder mit allen Dingen, die für das tägliche Leben der Menschen notwendig waren und die das Leben bequemer und schöner machten. Die Menschen kauften und konsumierten nach Herzenslust, denn sie wollten all das nachholen, worauf sie so lange verzichten mussten. Die Nachfrage boomte, ob für Lebensmittel oder für Kleidung, Elektrogeräte, Möbel und so weiter. Entsprechend intensiv produzierten die Unternehmen. Das Ergebnis: Wo einst ein überschaubares Angebot herrschte, reihte sich bald Produkt an Produkt in Regalen und Geschäften, angefangen bei Milchtüten von zahlreichen Erzeugern, Zigarettenpackungen von zahlreichen Tabak-Unternehmen, Radios von zahlreichen Herstellern.

In dem Maße, wie das Angebot innerhalb der Warengruppen immer stärker wuchs, wurden zwangsläufig auch die Produkte ähnlicher und austauschbarer. Und das Wachstum wurde insgesamt geringer. Auf der einen Seite standen die Verbraucher nun vor der Qual der Wahl: „Welche Milch soll ich nehmen, schmeckt nicht eine wie die andere? Welche Zigaretten soll ich rauchen, ist nicht Tabak gleich Tabak? Welches Radio soll man kaufen, spielen denn nicht alle dieselbe Musik?"

Auf der anderen Seite standen die Unternehmen, die darüber nachzudenken begannen, wie sie in diesem Verdrängungswettbewerb ihre Produkte weniger austauschbar machen und sich so von den Konkurrenten abheben konnten. Die Unternehmen suchten deshalb nach Wegen und Mitteln, um ihre Produkte mit unverwechselbaren Attributen zu „markieren". Dies geschah mit unterschiedlichsten Maßnahmen, wie zum Beispiel außergewöhnlichen Namen (Hohes C), herausstechender Packungsgestaltung (TicTac), und natürlich mit Werbung (Afri Cola). Meist gingen viele Maßnahmen Hand in Hand, wobei der Werbung jedoch mit die wichtigste Rolle zukam. So wurde zum Beispiel ein Cowboy für eine Zigarette in Szene gesetzt, aus einem Schokoriegel wurde die längste Praline der Welt und ein Waschmittel wusch nicht nur sauber, sondern porentief rein. Und Cola-Verkäufe wurden mit Nonnen angeheizt.

Vor allem über Werbung „markierte" man Produkte, entweder mit einem bestimmten Lebensgefühl oder einem psychologischen/emotionalen Zusatznutzen gemäß „Wenn man dieses Produkt nutzt, ist man eine gute Hausfrau oder eine gute Gastgeberin" und drückt einen bestimmten Status oder eine Haltung aus. Man versuchte also, Produkte werblich so aufzuladen, dass sie bei Menschen bestimmte Werte, Gefühle, Bilder auslösen. Daran hat sich bis heute nichts geändert. Nur dass die Handelslandschaft noch konzentrierter und nicht beeinflussbar ist. Bleiben der „Verbraucher" und sein Verhalten als letzte Variable, die das moderne Marketing für sich nutzen kann. Per Marke.

Die meisten Verbraucher kaufen nicht No-Name-Produkte, sondern bekannte Marken, weil diese ihnen ein Stück Lebensgefühl vermitteln, sie eine Marke sympathisch finden oder die Marke einfach nur „cool und trendy" ist. So wie Aldi, Coca Cola und H&M. Eben Marken, die sich differenzieren, einen Wert haben. Egal ob Discount, Eigenmarke oder nicht. Doch im Vergleich zu früher ist der Konkurrenzkampf der

Marken um die Gunst der Verbraucher so hart wie nie zuvor. Ein Blick in die Kühltheke eines gut sortierten Supermarktes macht dies nur allzu deutlich. Aber auch hier wird die Kraft der Marke deutlich, denn mag alles nur Joghurt sein, assoziiert man mit jeder Marke etwas anderes, angefangen von der Romantik der Landliebe über die Verführung des Ehrmann bis hin zum Hedonismus von Mövenpick und der Gesundheit von Danone.

Überangebot, Individualisierung, Preisdruck, Schnelllebigkeit, Medienvielfalt und vieles mehr machen den Aufbau einer Marke und deren Führung heutzutage zu einer großen Herausforderung. Dabei geht es immer weniger um klassische Werbung wie um einen TV-Spot oder Anzeigen, sondern immer mehr um die Inszenierung eines ganzheitlichen Markenerlebnisses. Dies bedeutet, die Marke für den Verbraucher auf vielfältige Art und Weise erlebbar zu machen wie durch Promotions und Events, am Point of Sales durch Sponsoring, Online-Maßnahmen et cetera. Unbestritten bleiben dennoch die Bedeutung und Vorteile einer Marke. Sie gibt den Verbrauchern Orientierung, sie steht für Qualität und Verlässlichkeit und unterstützt in vielen Fällen, eine bestimmte Lebenseinstellung oder einen bestimmten Lebensstil auszudrücken. Man denke hier nur an die vielen Automarken, von Mercedes über BMW bis hin zu Toyota oder Renault. Immer wichtiger werden hierbei zwei zentrale Punkte: Zum einen Transparenz im Sinne der Ehrlichkeit und Glaubwürdigkeit der Unternehmen, die hinter den Marken stehen. Zum anderen Design – ob Produkt-, Service- oder Store Design. Dieses wird zu einer maßgeblichen Markenbotschaft mit hohem Unterscheidungspotential. Marke ist Haltung, Unternehmenskultur, Antrieb, Handlungsanweisung, Wachstums- und Erfolgsgarant.

Jason Lusty
ist Geschäftsführer der Münchner Agentur Heye & Partner.

Netz: www.heye.de

2.2 Die Ressourcenplanung

Schlampereien bei der Planung der Ressourcen können die Verantwortlichen einer Agentur teuer zu stehen kommen. Vor allem dann, wenn auch noch vorsätzlich geschlampt wurde und die Sache auffliegt. Die ehemalige Geschäftsführerin Shona Seifert und der vormalige Finanzdirektor Thomas Early von Ogilvy & Mather, New York, wurden im Juli 2005 wegen Betrugs zu 18 beziehungsweise 14 Monaten Gefängnis verurteilt. Außerdem müssen sie jeweils eine Geldstrafe in Höhe von 125.000 beziehungsweise 10.000 Dollar bezahlen. Seifert und Early hatten ihrem Kunden – immerhin die Washingtoner Regierung – für eine Anti-Drogen-Kampagne drei Millionen Dollar zu viel berechnet. Die beiden hatten andere Mitarbeiter dazu angehalten, Stundenlisten zu fälschen und mehr Arbeitszeit anzugeben, als tatsächlich für die Kampagne geleistet wurde. Shona Seifert bekam vom Richter auch gleich eine Aufgabe, auf dass ihr die Zeit hinter Gittern nicht zu lang werde. Er verpflichtete sie, eine Art „ethischen Kodex" für die Werbeindustrie zu verfassen. Das hat sie mittlerweile versucht, wer mag, findet die Benimmfibel im Internet, beispielsweise auf der Seite des amerikanischen Branchenfachblattes Advertising Age (www.adage.com).

Aber auch wenn Schlampereien bei der Ressourcenplanung keinen kriminellen Hintergrund haben, können sie sich für Agenturen bitter rächen. Denn wenn sich beispielsweise in der Phase der Umsetzung herausstellen sollte, dass die Kosten für die Agentur doch deutlich höher ausfallen werden als zunächst angenommen, steht sie vor der Wahl zwischen zwei nahezu gleichsam unangenehmen Möglichkeiten: Zum einen kann sie versuchen, die zusätzlichen Kosten an den Kunden weiterzureichen – ein Vorhaben, das selten gelingen dürfte und die Gefahr des Verlusts dieses Kunden birgt. Zum anderen trägt sie die Mehrkosten selbst und arbeitet für den Kunden eben mit Verlust. Tatsächlich sind Agenturen, in denen 80 Prozent der Kunden für 120 Prozent der Erträge sorgen müssen, gar nicht mal so selten. Kunden erwarten im Übrigen immer häufiger eine detaillierte Kostenaufstellung. Gerade bei größeren Projekten bestehen die Unterlagen, die der Kunde erhält, neben einer Dokumentation der kreativen und der strategischen Arbeiten auch aus einer Ausarbeitung und Darstellung der Kosten. Viele große Kunden wünschen der Vergleichbarkeit halber eine sehr detaillierte Darstellung der auf Agenturseite anfallenden Kosten. Daneben gebe es aber auch Kunden, die im Rahmen einer Wettbewerbspräsentation nur sehr grob über die Kosten informiert werden möchten, sagt Volker Franz, Chief Financial Officer der in Frankfurt ansässigen Agentur Young & Rubicam Brands Germany GmbH.

Eine genaue Ressourcen- beziehungsweise Kostenplanung ist für die Agenturen auch deshalb wichtig, weil die werbetreibenden Unternehmen seit Jahren immer weniger für deren Leistungen zu zahlen bereit sind. Das liegt auch an einem Wechsel der Zuständigkeiten auf Kundenseite. Waren früher die Marketingverantwortlichen selber für Budgetfreigaben verantwortlich, so kauft heute häufig die Einkaufsabteilung auch Kreativleistungen zentral ein. Als eine Folge dieser Zentralisierung dürfen Tochtergesellschaften von Konzernen in vielen Fällen nicht ihre eigene Agentur auswählen. Vielmehr schreibt die Zentrale vor, mit welchen Dienstleistern Rahmenverträge bestehen. Verhandlungen zwischen Agenturverantwortlichen und dem Einkauf eines Konzerns haben sich in der Vergangenheit allein um das Preisthema gedreht. Aus Sicht des Einkaufs stellten Kreativleistungen nichts weiter dar als einen Kostenblock, den es so klein wie möglich zu halten galt.

Volker Franz sieht in den vergangenen Jahren allerdings einige Veränderungen auf Seiten der werbetreibenden Unternehmen. Neben den reinen Kostendrückern, die es immer noch gibt, hat er es nach eigenen Angaben zunehmend mit Einkäufern zu tun, die Agenturen als Partner betrachten. Diese Entwicklung ist bei Konzernen stärker zu beobachten als im Mittelstand. Die neue Sicht habe auch damit zu tun, dass der Einkauf erst Erfahrungswissen hat aufbauen müssen, gerade mit Blick auf die Frage, was Werbung überhaupt kostet und wie Ideen zu bewerten sind. „Man musste lernen, dass Schrauben anders einzukaufen sind als Ideen", sagt Franz. Viele Einkäufer hätten schlicht keine Vorstellung davon gehabt, wie Agenturen arbeiten und was genau ihre Produkte eigentlich sind. Außerdem, ergänzt Franz, hätten preisgetriebene Einkäufer beobachten müssen, dass mit dem Preisdumping oft auch die Qualität der Arbeit des Dienstleisters gesunken sei. Mark Ankerstein, Geschäftsführer und Partner der Kölner Agentur trio-westag-bsb, sieht daher eine Notwendigkeit darin, dem Einkauf die Leistungen der Agentur genau zu vermitteln. Wenn dies geschehe, so verstehe auch ein Einkäufer, wo aus Agentursicht die Grenzen bei Preisverhandlungen liegen und warum sie bestimmte Forderungen nicht akzeptieren kann. Informationsaustausch ist entscheidend, eine genaue Vorstellung der Kosten auf Seiten der Agentur ebenso.

Dass der Einkauf heute wesentlich früher ins Boot geholt werde als noch vor zehn Jahren, hat für Tanja Albert, Finanzverantwortliche bei der Frankfurter Agentur OgilvyOne, auch Vorteile. Kamen Mitarbeiter der Beschaffungsabteilung noch bis vor einigen Jahren erst im letzten Drittel zu den Gesprächen zwischen Kunde und Agentur, so hat man jetzt in der

Regel von Anfang an miteinander zu tun. Dies hat zur Folge, dass auch die Finanzverantwortlichen der Agentur früher einbezogen werden, da diese federführend die Kostensituation darstellen müssen. Ein Vorteil dieser Konstellation liegt aus Alberts Sicht darin, dass so erst keine Missverständnisse über finanzielle Rahmenbedingungen aufkommen. Vielmehr können die Vorstellungen beider Seiten sehr früh diskutiert und entsprechend bereits im Pitch berücksichtigt werden; die Agentur kann den Erwartungshaltungen auch des Einkaufs von Beginn an aktiv und maßgeschneidert begegnen.

Trotzdem bleibt der Druck auf die Kosten einer Agentur enorm hoch. Selbst wenn eine Agentur schon lange für einen Kunden arbeitet, ist sie vor Nachbesserungswünschen des Einkaufs nicht gefeit. Dieter Stempel, Geschäftsführer der Agentur TMS, arbeitet beispielsweise schon seit vielen Jahren für einen internationalen Hersteller von Nahrungsmitteln. Er berichtet von jährlichen Gesprächsrunden mit dem Einkauf, die stets in Preiszugeständnisse münden. Auch die Verhandlungen über die Zahlungsmodalitäten verlaufen nur in Ausnahmefällen von Anfang an einvernehmlich. Meist sind es Fragen über Zahlungszeitpunkte und die daraus resultierenden Abzüge, die kontrovers diskutiert werden. So mancher Kunde erwarte dann tatsächlich, dass er noch fünfzig Tage nach Rechnungseingang zahlen könne und ziehe dann noch ein entsprechendes Skonto ab, schildert Stempel seine Erfahrungen. Agenturen, die sich auf dergleichen einlassen, können angesichts ihrer hohen Personalkosten in starke Bedrängnis geraten.

Der steigende Preisdruck trifft die inhabergeführten Agenturen in viel stärkerem Maß als die Networks. Angesichts der wachsenden Bedeutung der Procurement Center großer Unternehmen beim Einkauf auch von Kommunikationsleistungen werden die Daumenschrauben immer enger – hier müssen sich gerade die inhabergeführten Agenturen eher über ihre Qualität als über den Preis positionieren, denn die finanziellen Spielräume der Networks sind hinsichtlich ihrer Preisgestaltung offenbar viel größer. Stuart Nessbach von der gleichnamigen Kölner Agentur würde angesichts dessen im ungünstigsten Fall lieber die Agentur verkleinern, als sich auf überzogene und für die Agentur gefährliche Forderungen von Kundenseite einzulassen. „Man darf nicht einknicken", sagt Nessbach, „und dem Preisverfall weiteren Vorschub leisten."

Viele Agenturverantwortliche hätten an dieser Stelle, zumal wenn sie aus der Kreation kämen, große Defizite. Zum Beispiel seien Zahlungsziele von

mehr als drei Wochen nicht akzeptabel und müssten entsprechend verhandelt werden (im Sinne zinspflichtiger Leistungen), sagt Agentur-Geschäftsführer Ankerstein, und ergänzt: „Eine Agentur ist schließlich keine Bank!"

Bei der Vergütung von Agenturen geht es im Wesentlichen darum, wie die Agenturleistungen zu bewerten und abzurechnen sind. Probleme wirft dabei immer wieder die Frage auf, wie Ideen zu bewerten sind. Der folgende Kasten gibt einen Überblick über die einschlägigen Vergütungsmodelle.

Vergütungsmodelle von Agenturleistungen

Helmut Hechler / Ogilvy & Mather

Vergütungsmodelle sind letztlich immer auf die individuellen Kundenanforderungen ausgerichtet. Es folgt eine kurze Darstellung der vier bekanntesten Grundmodelle inklusive ihrer Vor- und Nachteile. Ergänzend wird ein leistungsabhängiges Modell beschrieben.

Scope of Work (SoW) Modell

Kunde und Agentur definieren gemeinsam, möglichst detailliert, den Aufgabenumfang (zum Beispiel über die Anzahl der Motive, Broschüren, Mailings, Koordinationsaufwand, Strategische Beratung und so weiter). Auf Basis des vereinbarten Aufgabenumfangs und der Erfahrungswerte der Agentur – oder des Kunden mit der vorherigen Agentur – wird der notwendige Ressourcenbedarf im Hinblick auf die Zeiträume, die Fähigkeiten der Mitarbeiter und deren Funktionen usw. abgeschätzt. Daraus entsteht der Ressourcenplan für die nächsten zwölf Monate.

Projekthonorar und Ratecard

Kunde und Agentur vereinbaren ein Basishonorar (Projekthonorar) für die strategische Betreuung und Koordination. Für ständig wiederkehrende, klar definierbare und spezifizierbare Werbemittel wird ein Festpreis (Ratecard) vereinbart. Mehraufwendungen werden über einen separaten Kostenvoranschlag kalkuliert und vorab genehmigt.

Mediaprovision

Die Agentur erhält auf Basis von Erfahrungswerten einen Prozentsatz des geschalteten Mediavolumens als Honorar.

Festhonorar

Die Agentur erhält auf Basis von Erfahrungswerten ein festes Honorar (sogenannte Flatfee). Damit sind alle Aufwendungen der Agentur abgedeckt. Es erfolgt eine jährliche Überprüfung der Höhe des Festhonorars für das Folgejahr auf Basis der Erfahrungswerte des vergangenen Jahres. Sonderereignisse im Laufe des Jahres werden separat kalkuliert.

Leistungsabhängige Bonifizierung

Grundsätzlich kann jedes Vergütungsmodell um eine leistungsabhängige Komponente ergänzt werden. Diesbezüglich ist eine seit Jahren steigende Nachfrage zu bemerken. Unter „normalen Umständen" sollte ein angemessener Bonus möglich sein. Da Agenturen üblicherweise eine „angemessene Vergütung" anbieten, sollte man als Agentur für Boni aufgeschlossen sein. Malusregelungen hingegen, die eine angemessene Vergütung der Agenturen nicht mehr sicherstellen, sind abzulehnen. Als Faustregel sollte gelten: Die Chance sollte doppelt so hoch sein wie das Risiko.

Helmut Hechler
ist Chief Financial Officer der Agenturgruppe Ogilvy & Mather.

Netz: www.ogilvy.de

2.3 Die Kreativstrategie

Die Kreativstrategie legt fest, wie man auf bestmöglichem Weg die zentrale Werbebotschaft an die richtige Zielgruppe übermittelt. Sie bereitet den Weg, auf dem die hoffentlich einzigartige, bewegende Kampagne das Produkt zum großen Erfolg macht. Die Kreativstrategie bildet die Basis für die Arbeit des Kreativdirektors und seines Teams. Um die vorher definierten Kommunikationsziele erreichen zu können, brauchen sie genaue Richtlinien für die Gestaltung der Kommunikationsbotschaft – wie soll sie textlich, bildlich oder akustisch daherkommen? Die Agenturen verwenden verschiedene Verfahren und Begriffe, um diese Richtlinien zu generieren – mit den jeweiligen klangvollen Namen kann man sich im Markt abgrenzen und profilieren. Grundsätzlich müssen aber immer folgende Punkte geklärt werden:

- Die Kernbotschaft: Was soll kommuniziert werden? Was wollen wir dem Zielpublikum sagen? Welchen Vorteil bieten wir? Wie unterscheiden wir uns im Angebot beziehungsweise in der Leistung? Haben wir eine Alleinstellung im Markt? Diese Aussage sollte am besten in einem einzigen prägnanten Satz formuliert werden.

- Die Begründung: Wie begründen wir die Kernbotschaft? Was sind die ausschlaggebenden Fakten und Details? Auch hier sollte man sich auf das Wesentliche beschränken.

- Die Tonalität: In welchem Stil wollen wir kommunizieren? Welche Sprache verwenden wir? Welche Bilder? Welche Töne? Setzen wir zum Beispiel Humor ein? Brechen wir bewusst Regeln? Auch hier: so präzise wie möglich sein.

- Die Vorgaben: Gibt es Gestaltungsrichtlinien? Oder juristische Einschränkungen? Müssen bestimmte Wörter auf besondere Weise geschrieben werden? Alle diese Fragen werden hier beantwortet.

- Erwartete Reaktionen: Was soll die Kommunikation beim Zielpublikum bewirken? Soll in erster Linie Aufmerksamkeit geschaffen werden? Gibt es Lerninhalte, die vermittelt werden müssen? Soll vor allem Akzeptanz erzeugt werden? Sollen Emotionen geweckt werden? In welche Richtung sollen die Emotionen gehen?

Sind alle diese Daten gesammelt und festgelegt, kommt der nächste Schritt: die gestalterische Umsetzung. „Das Kreativteam muss jetzt ermitteln, was die effizienteste kreative Ansprache für das Zielpublikum ist", sagt Thomas Holstein, Creative Director bei der Network-Agentur SEA. In der alltäglichen Praxis ist die Kreativstrategie aus Beratersicht eine in Stein gemeißelte Richtlinie, in der die Kernelemente der Markenidee festgehalten sind, nach denen fortlaufende Kampagnen und kommunikative Maßnahmen zu erstellen sind, sagt Gordon Sommer, Geschäftsführer der Stuttgarter Agentur Sommer + Sommer. Die Kreativstrategie stellt demnach die Brückenpfeiler für die Kampagnen auf und definiert deren Konstanten. Ist die Kreativstrategie einmal definiert, sollte sie über einen möglichst langen Zeitraum ihre Gültigkeit behalten – und das auch dann, wenn wieder einmal ein neuer Marketingleiter oder ein neuer Kreativer ins Team kommt. Der eben beschriebene Weg wird allerdings primär von Kreativagenturen beschritten. Zudem entstehen Kreativstrategien häufig intuitiv und wurden nicht systematisch erarbeitet. In vielen Agenturen ist weiterhin eine gewisse Dominanz der Beratung gegenüber der Kreation zu beobachten. Gerade in Agenturen, die von einem Berater geleitet werden, gibt dieser vor, welche Botschaft auf welchen geeigneten Medien kommuniziert werden muss. Dann bleibt der Kreation nur wenig Raum für die Umsetzung von Bildmotiv und Text, geschweige denn für die Entwicklung einer echten Idee, die sich in allen Medien adäquat entfalten kann. Ein Gleichgewicht zwischen Kreation und Beratung ist in der Agentur von entscheidender Bedeutung, sonst schießt entweder die Kreation daneben oder der Berater führt die Marke von Anfang an auf ausgetretene Pfade.

Vom strategischen Streuverlust

Peter John Mahrenholz / Draftfcb

Jeder Marketingverantwortliche, der schon einmal einen Pitch mitgemacht hat, weiß: Die Empfehlungen der Agenturen können extrem unterschiedlich sein. Eine Herausforderung, viele Lösungen. Woran liegt es? Neben den Möglichkeiten der kreativen Ausgestaltung der Botschaft ist oft schon die strategische Stoßrichtung nicht klar. Die diesbezüglichen Gedanken erschöpfen sich zu oft in einer nett aufbereiteten Zusammenfassung des Briefings. Kommunikationsagenturen sollten mehr liefern. Das kreative Konzept muss aus einem tiefen Verständnis der unternehmerischen und markenspezifischen Perspektive

kommen. Was ist zu tun? Strategische Planung ist der Schlüssel. An Unternehmen geht die Aufforderung, ihre Briefings hinsichtlich der Zielsetzung sauber zu formulieren und dazu alle relevanten Informationen über den Marketingkontext, einschließlich der langfristigen strategischen Ausrichtung, zu liefern. Agenturen müssen die strategische Planung ernst nehmen. Übliche Briefing-Plattitüden bei Zielsetzung („Stammverwender bestätigen, Neuverwender gewinnen") oder Tonalität („sympathisch, authentisch") müssen durch klare Entscheidungen ersetzt werden. Der Creative Brief als Arbeitsgrundlage der Kreation hat zwei Aufgaben: Definition und Inspiration. Als Definition ist die strategische Botschaft klar festzulegen. Zu viele Angebote schaffen Beliebigkeit und bewirken am Ende nicht kreativen Freiraum, sondern Verschwendung von Energie. Als Inspiration muss die Botschaft auch gedankliches Sprungbrett sein, das dem Team den routinierten Blick auf die Aufgabe nimmt und einen neuen Aspekt aufzeigt.

Mit der steigenden Komplexität aller marketingrelevanten Faktoren (von der Bedeutung des Handels bis zum Zusammenspiel aller Kommunikationskanäle) und damit der entsprechenden Aufgaben, kommt zudem einer neuen Struktur von Agentur und Arbeitsorganisation entscheidende Bedeutung zu. So haben wir alle internen Bereiche, die sich spezialisiert mit klassischer Werbung, digitalen Medien oder Dialogmarketing beschäftigt haben, zugunsten einer ganzheitlichen Organisation aufgelöst. Und wir haben das Zusammenspiel von Beratung, Strategischer Planung und Kreation neu definiert. Diese klassischen Bereiche werden um Mediaplaner und Customer-Intelligence-Spezialisten ergänzt und formen aus allen fünf Disziplinen aufgabenspezifische Führungsteams („Wheels").

In dieser Organisation ersetzt man den üblichen Staffellauf des linearen, sequentiellen Abarbeitens durch einen neuen Teamgedanken, der paralleles Arbeiten ermöglicht. Das macht die Arbeit schneller und durch die immer interdisziplinäre Perspektive auch inspirierter und zielgenauer. Ergebnis: Der strategische Streuverlust sinkt. Die Arbeit lässt sich nicht nur an der Begeisterung für die kreative Lösung messen, sondern bringt „Return on Ideas". Damit können Agenturen den Anspruch der werbetreibenden Unternehmen erfüllen und einen maßgeblichen Beitrag zu Absatzerfolg und Markenwert leisten. Und mehr Spaß macht's auch.

Peter John Mahrenholz
ist CEO von Draftfcb Deutschland.

Netz: www.draftfcb.de

2.4 Die Ideenfindung

Wie geht sie denn nun eigentlich vor sich, die Jagd nach der guten Idee? Kreativdirektoren äußern sich hierüber häufig nur vage. „Unspektakulär" sei der Prozess der Ideenfindung, sagt André Aimaq, Mitgründer der Agentur Aimaq, Rapp, Stolle. Mehrere Teams würden nach einem Briefing nachdenken, dann gebe es ein Abstimmungsmeeting, dann werde die beste Idee umgesetzt. Das war's. Eine Beziehung zu dem Produkt, das beworben werden soll, brauche man dabei nicht unbedingt. „Es gibt tatsächlich Kreativdirektoren, die erstklassige Autowerbung gemacht haben, ohne selbst überhaupt einen Führerschein zu besitzen", sagt Aimaq.

Die Phase der Ideenfindung ist in erster Linie Sache des Kreativteams bestehend aus Texter, Art Director und Kreativdirektor. Den Input für die nun folgenden Schritte bilden die Ergebnisse der strategischen Planung beziehungsweise der Creative Brief. Um die darin gestellte Aufgabe zu lösen, suchen die Kreativen zunächst nach tragfähigen und kreativen Ideen. Wie sie das machen, unterscheidet sich je nach beteiligten Personen, nach Agenturkultur, aber auch nach gestellter Aufgabe. Es gibt Situationen, in denen sich Kreative einschließen und in eine Art Klausur gehen, um nach stundenlangem Brüten mit entsprechendem Kreativ-Output wieder herauszukommen. Oft führt aber gerade die Diskussion zu ergiebigen Ergebnissen, wenn sich zwei oder mehr Beteiligte die Bälle zuwerfen. Egal ob allein oder zu mehreren: Ideenfindung ist häufig ein Prozess des Trial and Error; die Kreativen sammeln also Assoziationen, Bilder, Gedanken, konkretisieren sie, verwerfen wieder, suchen einen anderen Weg, sammeln erneut, verwerfen und so fort – bis der Präsentationstermin vor der Tür steht. Dann muss eine Entscheidung her, und das Kreativteam marschiert in nur noch einer Richtung weiter, die dann konkreter ausgearbeitet und letztlich auch präsentiert wird. Verbreitet ist auch ein Vorgehen in zwei Phasen: Phase eins entspricht dem klassischen Brainstorming (übrigens eine Erfindung von Alex Osborn, dem „O" in dem Firmenkürzel BBDO), bei dem es darum geht, möglichst viele Ideen aus dem Briefing abzuleiten. Kritik ist verboten, Zeitdruck ist zu vermeiden. Phase zwei sieht dann das Eindampfen der Ideenflut auf wenige große Würfe vor, wobei im Idealfall Kreative und Berater gleichermaßen beteiligt sind. Ob eine Idee gut ist oder nicht, darüber kann nur das möglicherweise durch Erfahrung ergänzte Bauchgefühl entscheiden. Über dieses bestimmte Gespür zu verfügen, eine Idee als neu und passend zu beurteilen, ist eine der wichtigsten Eigenschaften eines Kreativen.

Ein Kernproblem in der Kreation ist nach Aussage vieler Kreativer das Finden der richtigen Tonalität. Kreative verstehen häufig dieses spezielle Markengefühl nicht und gehen nicht intensiv genug damit auf den Kunden ein. Sie arbeiten lieber aus dem eigenen Bauch heraus. Wem partout nichts einfallen mag, der hat mittlerweile die Möglichkeit, auf eine breite Palette von Buch- und Seminarangeboten zum Thema Ideenfindung oder „Kreativitätstechniken" zuzugreifen. Viele Kreative halten davon allerdings nicht allzu viel. Das lenke alles nur von der eigentlichen Arbeit ab. Und die volle Konzentration auf die Aufgabe sei immer noch der beste Weg zu guten Ideen. Um kreativ sein zu können, ist es aus Sicht von Ralf Zilligen, Chief Creative Officer bei der Agentur BBDO in Düsseldorf, zwingend notwendig, dass in der Agentur ein Klima herrscht, in dem jeder Meinungen äußern kann und diese Meinungs- und Ideenflut in keiner Weise eingeschränkt wird.

Sieben Tipps zur Ideenfindung

Ralf Langwost / IdeaManagement Institute

Große Ideen sind kein Zufall, sondern das Ergebnis eines sehr guten Kreativprozesses. Das zeigen Tiefeninterviews mit 77 Top-Kreativen weltweit. Um effektiv auf außergewöhnliche Ideen zu kommen, kann man ihre Denk- und Arbeitsweise nutzen. Denn Top-Kreative beweisen, dass sie nicht nur einmal im Leben eine kreative Idee haben, sondern diese Leistung wiederholen können. Folgende Tipps helfen dabei:

1. **Schreiben Sie ein inspirierendes Briefing,** das nachvollziehbar und in seiner Aussage so spannend ist, dass Sie sofort eine erste Idee haben. Wenn das nicht geht, gehen Sie zurück im Prozess und forschen nach spannenden Informationen über das Produkt oder die Zielgruppe – in der Beschwerdeabteilung des Unternehmens oder bei einem „Heavy-User".

2. **Formulieren Sie Ihre Aufgabe als spannende Frage.** Input bestimmt Output auch in der Nanosekunde des Einfalls. Eine ganze Menge Kreative kommen nicht zu tollen Antworten, weil sie sich langweilige Fragen stellen. Wie also können Sie eine vollkommen neue Perspektive auf das zu lösende Problem erhalten? Dan Wieden sagt dazu: „The best strategy is a well defined question."

3. Produzieren Sie viele Antworten und Ideen. Masse erhöht die Chance auf „Klasse". Marcello Serpa sagt: „Wenn ich den Auftrag habe, drei oder vier Anzeigen zu machen für einen Kunden, dann mache ich nicht fünf oder sechs, sondern ich mache ungefähr 80 bis 100, und die Wahrscheinlichkeit, dass eine großartige Idee dabei ist, ist wesentlich höher!" Spielen sie mehr, schneller und disziplinierter. Und machen Sie auch dann weiter, wenn andere aufhören, nach neuen Ideen zu suchen.

4. Schalten Sie nicht den Mac ein, sondern den Kopf. Sammeln Sie auf einem weißen Blatt Papier möglichst schnell und fließend erste Gedanken, wie beim „Automatic Writing". So reduzieren Sie Ihre „Fertigungstiefe" von Ideen und werden schneller. Es gibt einen Grund, warum Ihnen bestimmte Dinge in den Kopf kommen, und je schneller Sie scribbln, ohne zu bewerten, desto überraschender kann die Idee sein.

5. Suchen Sie einen Teampartner, der Sie inspiriert oder herausfordert. In den besten Teams sind die Mitglieder unterschiedlich, um gegenseitig ihre „blinden Flecken" auszuleuchten und sich zu ergänzen. In guten Teams streitet man nicht untereinander, sondern für die bessere Lösung. Gehen Sie deshalb bewusst getrennte Wege im Team. Es ist viel effektiver, in kleinen Einheiten zu arbeiten. Und wenn beide Partner unabhängig voneinander den gleichen spannenden Aspekt im Produkt entdeckt haben, hat das einen Grund.

6. Bewerten Sie die Idee wie in einer Jury: Schnell! Seien Sie sehr hart bei der Bewertung Ihrer Ideen. Sonst fangen Sie irgendwann an, Ihre Kompromisse zu mögen. Wenn die Idee erst erklärt werden muss, stimmt was nicht. Die Bewertung bestimmt, ob Sie weiter nach Ideen suchen. Wenn Sie zu früh aufhören, fängt man an, die „gute" Idee zu manifestieren. Sie müssen folglich Ihre guten Ideen wegwerfen, um zu den großartigen durchzudringen.

7. Glauben Sie nicht, dass es lange dauern muss, um eine tolle Idee zu haben. Der Beweis: Wenn Sie ein sehr gutes Briefing vom Kunden erhalten, fällt Ihnen manchmal schon während des Kunden-Briefings eine erste Idee ein. Einfach weil die Informationen sehr gut

sind. Deshalb gilt: Wenn Sie nicht schnell erste Ideen haben, stimmt etwas im Prozess nicht.

Ralf Langwost
ist Geschäftsführer und Gründer des
IdeaManagement Instituts in Frankfurt.

Netz: www.ideamanagement.com

3 Die Umsetzung

In der Phase der Umsetzung geht es in die konkrete Produktion der Werbemittel. Immer wieder treffen sich in dieser Phase Kunde und Agentur zu Abstimmungsrunden. Diese Abstimmungen können einerseits in einem regelmäßigen Turnus stattfinden und werden dann Jour fixe genannt. Eine andere Form haben sie bei großen Projekten, bei denen häufig zahlreiche Details abgestimmt werden müssen. Hier bezeichnet man die Treffen zum Beispiel als Pre-Production-Meetings (PPM). Diese Gespräche werden durch Treffen der Beteiligten innerhalb der Agentur vorbereitet. Die Umsetzung einer Kampagne beziehungsweise eines Projekts verläuft sehr unterschiedlich, je nach Art des Projekts und nach Agenturtyp, wie die folgenden Beispiele zeigen. Den Beginn macht die Entwicklung und Umsetzung eines Werbespots.

3.1 Beispiel eins: Die Produktion eines Werbespots

Unter einem Werbespot versteht man normalerweise einen Fernseh- oder Kinospot. Mit wachsender Bedeutung des Internets haben aber auch virale Spots eine größere Bedeutung bekommen. Dies sind Werbefilme, die alleine für den Gebrauch im Netz produziert wurden. Daher müssen sie in der Regel stärker auffallen, da man über sie ja zur eigentlichen Internetseite gelangen soll. Im Fernsehen selbst gibt es neben dem klassischen Spot noch einige Sonderformen. Die bekannteste Sonderform ist das Programm-Sponsoring. Hier wird eine Sendung vom Anbieter eines Produkts oder einer Dienstleistung präsentiert. Der entsprechende Spot dazu ist meist sehr kurz und wird zusätzlich durch Einblendungen des Key Visuals während der Sendung ergänzt. Weitere Sonderformen können sich zum Beispiel auf Gewinnspiele beziehen, die während einer Sendung eingeblendet werden. Diese Formen lassen sich mitunter nicht exakt vom Sponsoring abgrenzen.

Zunächst einmal ist bei der Fernsehwerbung der gesetzliche Rahmen zu berücksichtigen. Ein Fernsehspot darf in Deutschland nach den Bestimmungen der Werberichtlinien maximal 89 Sekunden lang sein. Überschreitet er diese Zeitspanne, so handelt es sich um eine Dauerwerbesendung (auch Infomercial genannt), die als solche gekennzeichnet werden muss. Daneben ist geregelt, dass die Privatsender bis zu 20 Prozent jeder Stunde für Werbung nutzen dürfen, wobei ein Werbeblock aus mindestens zwei Spots bestehen muss. In Kinderprogrammen, religiösen Sendungen und Nachrichten dagegen ist Unterbrecher-Werbung grundsätzlich untersagt.

Ein generelles Werbeverbot gilt zudem für Tabakprodukte und verschreibungspflichtige Arzneimittel. Die ehemals bestehende Vorschrift, dass zwischen zwei Werbeblöcken ein Zeitraum von 20 Minuten liegen muss, ist in eine Soll-Vorschrift umgewandelt worden. Dieser Soll-Abstand von 20 Minuten zwischen den Werbeblöcken bezieht sich aber nicht auf Filme. Hier gelten in den Werberichtlinien besondere Regeln: „Kinospielfilme und Fernsehfilme dürfen einmal unterbrochen werden, wenn sie länger als 45 Minuten dauern; zweimal bei 90-minütiger Dauer; dreimal bei über 110-minütiger Dauer und ein weiteres Mal je zusätzlicher 45-minütiger Dauer." Werbespots sind deswegen so wichtig, weil man damit als werbetreibendes Unternehmen die Möglichkeit hat, sehr schnell sehr viele Menschen mit einer bestimmten Botschaft zu erreichen.

Anke Knabe, die bei der Frankfurter Agentur Leo Burnett als Account Director arbeitet, erklärt im Folgenden, wie ein Kino- beziehungsweise Fernsehspot entsteht. Die folgende Abbildung zeigt idealtypisch, welche Schritte zur Herstellung solcher Spots notwendig sind.

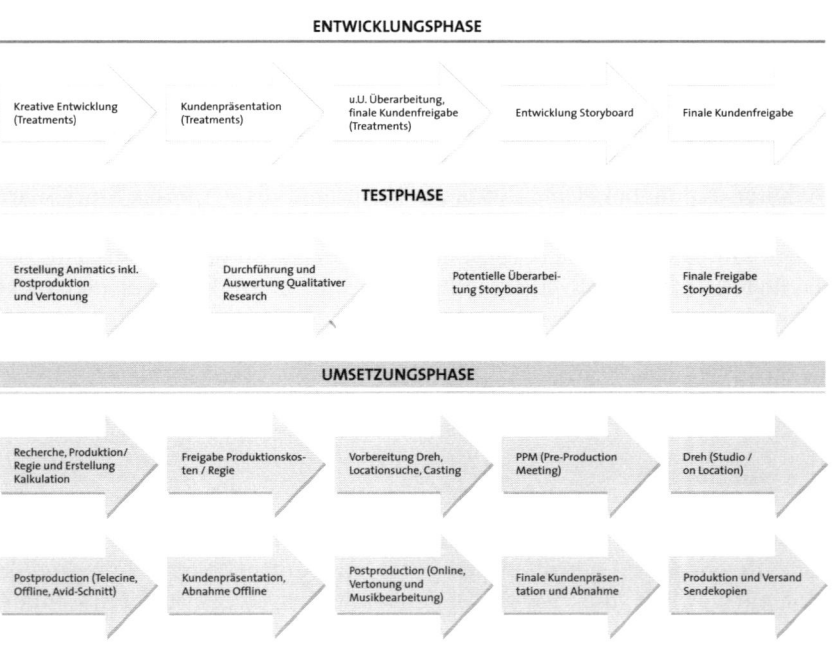

Abbildung 2: Wie ein Spot entsteht (Quelle: Damm & Bierbaum)

- Die Entwicklungsphase

In einem ersten Schritt wird der Kunde ein Briefing an die Agentur richten. Hier sollen zum einen die notwendigen Fakten auf den Tisch kommen. Zum Briefing gehören die Informationen, die oben unter den Briefing-Facts aufgeführt wurden, sowie idealerweise die auch schon angeführten inspirierenden Ansätze (siehe dazu den Beitrag von Ullrich Tillmanns). Alle diese Überlegungen und Informationen münden in einer oder mehreren kreativen Ideen, die aufgeschrieben beziehungsweise gezeichnet werden müssen. Am Ende dieser Denk-, Schreib- und Zeichenarbeit steht das sogenannte Storyboard. Storyboards kommen auch bei großen Filmproduktionen zum Einsatz, sie sind eine Art Drehbuch in Comic-Strip-Form. Damit lässt sich die Szenenfolge des Spots und sogar Kamerabewegungen veranschaulichen. Mit dem Storyboard kann die Agentur dem Kunden eine zumindest ungefähre Vorstellung davon vermitteln, wohin die Reise gehen soll. Findet das Storyboard seine Zustimmung, gibt er es frei.

- Testphase

Ist diese Freigabe erteilt, werden eine oder mehrere der kreativen Ideen getestet, um den Erfolg bei der Zielgruppe zu prognostizieren. Hierbei werden Verständnis, Likes, Dislikes et cetera eruiert. Dies geschieht bei entsprechenden Testinstituten mit Hilfe von Storyboards oder sogenannten Animatics. Eine Animatic kann man als gefilmtes Storyboard umschreiben. Die Einzelbilder des Storyboards werden nacheinander abgefilmt und mit einer Tonspur versehen, die eine Grobfassung der Dialoge und eventuell Musik enthalten kann. Damit kann beispielsweise geprüft werden, ob der Spot verstanden wird und die Dramaturgie gelungen ist. Anhand der Testergebnisse wird entschieden, welche der kreativen Ideen umgesetzt wird.

- Umsetzungsphase

Nach Freigabe der kreativen Idee wird in Abstimmung mit dem Kunden eine Regieauswahl getroffen und somit eine entsprechende Filmproduktion aufgefordert, die Produktion zu kalkulieren. In der Regel präsentiert die Agentur dem Kunden drei verschiedene Regisseure sowie entsprechende Kostenangebote für die Umsetzung.

Nachfolgend wird die ausgewählte Produktionsfirma beauftragt, den oder die Spots umzusetzen und die entsprechenden Vorbereitungen durchzuführen.

Nahezu in jedem Fall findet vor dem eigentlichen Dreh ein Pre-Production-Meeting (PPM) statt. Auch bei aufwendigen Printkampagnen findet ein solches Meeting im Vorfeld statt. Es geht schließlich um viel Geld. An dem PPM nehmen neben dem Kunden und Vertretern der Agentur der Produzent (also Vertreter der Produktionsfirma) und der Regisseur teil. Teilnehmer auf Agenturseite sind in der Regel der Creative Director, der Kundenberater und der FFF-Producer. In Abhängigkeit der Struktur der Agentur können neben dem Creative Director auch der Art Director und der Texter teilnehmen. Das PPM dient dazu, alle Details zum Film zu besprechen und zu verabschieden, so dass vor Beginn der Produktion des Films keinerlei Fragen mehr offen sind. Dazu zählen beispielsweise die Casting-Auswahl und -Ausstattung: Wer spielt welche Rolle und welche Kleidung trägt die entsprechende Person genau? Oder die Auswahl der Location: Wo genau und an welchen unterschiedlichen Orten wird der Film gedreht? Das Ergebnis des PPM wird, wie nach Meetings üblich, in einem entsprechenden Reporting schriftlich zusammengefasst. Üblicherweise äußert der Kunde im PPM Änderungswünsche, die nachfolgend festgehalten werden. Sind die Änderungswünsche jedoch besonders weitreichend, muss gegebenenfalls die Produktion verschoben und zu einem weiteren PPM eingeladen werden.

Der Großteil des nun folgenden Prozesses liegt in der Hand der jeweiligen Werbefilmproduktion. Da wir hier nicht den gesamten Dreh eines Fernsehspots im Detail darstellen können, aber trotzdem Informationen zum Beispiel über das entsprechende Timing liefern möchten, haben wir den Ablauf eines solches Drehs im Folgenden stichpunktartig aufgeschrieben.

Abläufe	Ideal Datum
1.1. Briefing des Kunden an die Agentur	03.01.20xx
1.2. Erstellen und Präsentation der Skripts beim Kunden	
1.3. Einholen eines Ballpark-Angebots (inkl. Kundenabnahme)	
1.4. Klärung von rechtlichen Problemen	
2.1. Kundenfreigabe für Projekt, Auswahl Filmproduktion	10.01.20xx
2.2. Gespräche Agentur/Filmproduktionen, Briefing an Filmproduktionen	
2.3. Präsentation erster Ideen beim Kunden	17.01.20xx
3.1 Angebot von Filmproduktion an Agentur	24.01.20xx
3.2 Einzelkostenvoranschlag über Location-Suche und Casting	
3.3 KV von Agentur zum Kunden (oder Cost Controller)	
3.4. Freigabe der Kosten für Location und Casting	
3.5 Zweite Kundenpräsentation der Ideen	
4.1 Verhandlung, KV-Freigabe, Vertragsunterzeichnung	31.01.20xx
4.2. Start der Location-Suche, Casting-Briefing an Casting-Agentur	
5.1. Casting Session und Location-Suche	07.02.20xx
5.1. Pre-Pre-Production-Meeting	14.02.20xx
5.2 PPM-Vorbereitungen beendet, weiteres Casting	
6.1 Location und Casting zur Agentur	21.02.20xx
6.2 PPM und erste Überweisung bei der Produktion	
6.3. u.U. weitere Location-Suche, Casting, finale Abstimmung	28.02.20xx
7.1. Reise und Dreh	04.03.20xx
7.2. Drehfortsetzung und Rückreise	11.03.20xx
8.1. Einlicht-Telecine /Muster	18.03.20xx
8.2 Off-Line-Schnitt (Director's Cut) und Agenturabnahme, parallel erste Musikauswahl oder Neukomposition	
9.1. Evtl. Umschnitt des Cuts und u.U. Layoutton	25.03.20xx
9.2 Off-Line-Abnahme des Kunden, Musikfinalisierung, Beginn der Verhandlungen mit Urhebern, Sprachaufnahme	
10.1. Finale Telecine, On-Line-Schnitt, Ende Musikproduktion	03.04.20xx
11.1. Vertonung, Finale On-Line-Abnahme des Kunden	17.04.20xx
11.2 Sendekopien beim Sender	24.04.20xx
11.3. Air Date	31.04.20xx

Tabelle 9: Beispielhafter Ablauf eines Drehs

So weit die Theorie ex ante. Ob dieser Plan sich tatsächlich so umsetzen lässt, hängt von einer Reihe von Faktoren ab. Verzögerungen entstehen insbesondere aus folgenden Gründen:

• Mangelnde Verfügbarkeit der Regie und von Schauspielern/Berühmtheiten.
• Aufwendige Location-Suche, Drehrecherche und Vorbereitungen.
• Verzögerte Kostenfreigabe.
• Ungeklärte Rechtslage.
• Aufwendige Postproduktion und deren Recherche, Kalkulation aufwendiger Postproduktion.
• Längere Agenturabstimmung und -abnahme, längere Kundenabstimmung und Abnahme.
• Nachdreh, Pre-Production für Animatics, Animatic-Dreh und Einbindung von Animatic in den Film.
• Veränderte Abgabetermine (beispielsweise Konferenzen).
• Veränderter Mediaeinsatz.

3.2 Beispiel zwei: Eine internationale Printkampagne

Internationale Printkampagnen beginnen damit, dass eine „Lead-Agentur" in ihrem Stammland Anzeigen entwickelt. Die Umsetzung dieser Anzeigen erfolgt dann unter Rücksichtnahme auf nationale Besonderheiten in den einzelnen Ländern. Da man hierfür, gerade bei komplexen Aufgaben, Agenturen vor Ort benötigt, erledigen internationale Aufgaben meist Network-Agenturen. In der Regel also gehören Lead-Agentur und umsetzende Agenturen der gleichen Gruppe an. Möglich ist aber auch, dass zumal kleinere Agenturen Kooperationen eingehen, um internationale Kampagnen fahren zu können. Dergleichen versucht beispielsweise Scholz & Friends über eine Zusammenarbeit mit Lowe.

Bei internationalen Printkampagnen gibt es bestimmte Kunden- und Agenturhierarchien, Kommunikationswege und Freigabeprozesse, die streng eingehalten werden müssen (siehe Abbildung 3). Die oberste Ebene trägt weltweite Verantwortung, im Beispiel ist sie in Nordamerika (WW) angesiedelt. Die zweite Ebene trägt Verantwortung für Europa und Asien, sie wird als EMEA-Wirtschaftsraum bezeichnet und besteht aus Europa, dem Nahen Osten und Afrika. Die dritte Hierarchieebene ist dann jeweils lokal angesiedelt, im Beispiel in Deutschland. Innerhalb dieser unterschiedlichen Hierarchiestufen gibt es klar vorgegebene Kommunikationswege.

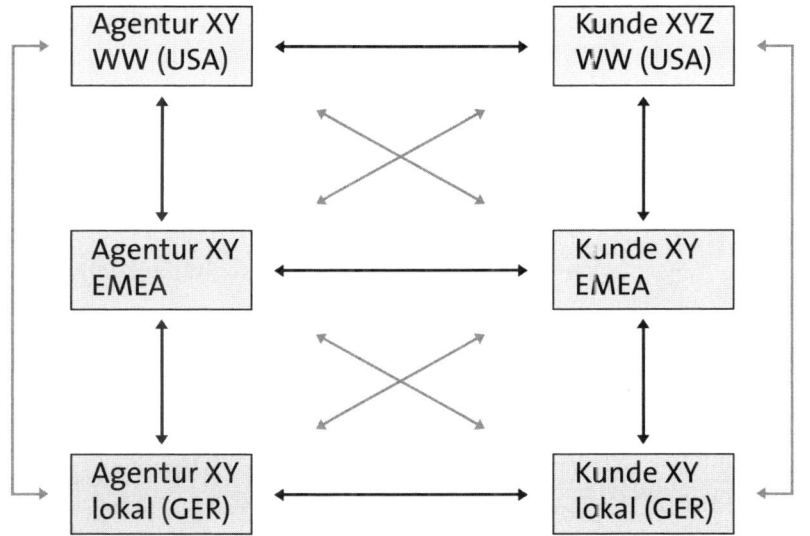

Abbildung 3: Das Kommunikationsgeflecht bei internationalen Kampagnen (Quelle: Publicis)

Die Abbildung veranschaulicht im Wesentlichen die Kommunikationsbeziehungen. Direkte Kommunikation, also Korrespondenz, Abstimmung, Briefing und so weiter, findet in diesem Hierarchiesystem nur in Richtung der schwarzen Pfeile statt. Die grauen Pfeile stellen dar, wie die Kommunikation möglichst nicht laufen darf. Es ist also beispielsweise dringend zu vermeiden, dass sich ein Kundenberater von der Agentur XY lokal eine Freigabe von einem Kundenberater auf WW-Ebene in den Vereinigten Staaten holen oder sich mit diesem abstimmen muss. Auch mit dem Kunden auf WW-Ebene sollte er nichts zu tun haben. Sein Ansprechpartner ist der Kundenberater der Agentur XY auf EMEA-Ebene. Dieses Schema wird auch „Don't break the box" genannt. Mit diesem Schema und den darin festgelegten Kommunikationswegen verhindert man, dass Informationen falsch oder gar nicht ankommen oder ein grenzüberschreitendes Abstimmungschaos entsteht.

Guido Park betreut als Account Director bei der Network-Agentur Publicis einen amerikanischen Konzern als seinen Kunden. Er hat unter anderem die Aufgabe, Printkampagnen, die in den Vereinigten Staaten entwickelt wurden, für den deutschen Markt umzusetzen beziehungsweise zu

adaptieren. Er schildert im Folgenden den Prozess, der am Ende zu einer internationalen Printkampagne führt, und verwendet dazu das Schema, wie in Abbildung 3 dargestellt.

Der Prozess einer internationalen Printkampagne mit Adaptionen in Deutschland

Guido Park / Publicis

1. Initiierungsphase

Der Kunde XY WW brieft die Agentur XY WW auf eine neue Produkteinführung. Nach einem Re-Brief werden sowohl Marketing-, Strategie- und Kreationskonzepte erstellt. Nach Freigabe dieser Konzepte entwickelt die Agentur XY WW eine internationale Kampagne. Im gleichen Zug werden die Kunden und Agenturen auf EMEA (Europe Middle East Asia) und lokaler Ebene gleichermaßen über die anstehende Kampagne informiert. Dazu werden auch Budgetverteilungen bekanntgegeben, die der Kunde XY auf WW-Ebene bestimmt.

Nach Entwicklung der internationalen Kampagne wird diese für die EMEA-Ebene moduliert. Für EMEA ist dann in der Regel ein Land beziehungsweise eine Stadt (häufig London oder Paris) als Hub (Netzwerkknoten) zuständig, und das sowohl auf Kunden- als auch auf Agenturseite. Dieser Hub (EMEA) wird dann von dem Kunden XY WW und der Agentur XY WW über die Kampagne und deren Guidelines informiert. Dieser Hub ist anschließend dafür verantwortlich, alle weiteren Länder auf EMEA-Ebene zu briefen. Zudem kontrolliert der Hub in der Umsetzung, ob die Anzeigen auch tatsächlich gemäß der vorgegebenen Guidelines erstellt wurden.

2. Arbeitsstart auf lokaler Ebene – Layoutphase

Die Kundenberatung auf lokaler Ebene wird dann von einem Kollegen EMEA über die neue Kampagne informiert. Er teilt mir anhand eines Briefings mit, wie die Strategie aussieht, welche Anzeige es gibt und wie hoch das Budget ist. Dies geschieht in gleicher Form auch auf Kundenseite, nur dass dort der Kunde EMEA seinen Kollegen auf lokaler Ebene informiert. Ich trete dann an meinen lokalen Kunden heran, und

wir stimmen noch einmal alle Fakten ab. Anschließend informiere ich alle beteiligten Abeilungen über die neue Printkampagne (Kreation, Produktion, Projektmanagement, Media). Für die Kreation wird ein Creativ-Brief erstellt, in dem die zu adaptierende Anzeige und der gewünschte Textinhalt dargestellt sind. Zugleich bekommen sie die Guidelines, damit sie wissen, was sie bei der Adaption zu berücksichtigen haben. Die Mediaagentur beziehungsweise -abteilung erstellt anhand des vorgegebenen Budgets einen Mediaplan. Die Produktion prüft unter anderem auch anhand dieses Mediaplans, welche drucktechnisch relevanten Gegebenheiten zu berücksichtigen sind. Das Projektmanagement wird darüber informiert, wann die Kreation mit den Layouts fertig ist und mit der Reinzeichnung beginnen kann.

Nachdem die Kreation die Adaption der Anzeige fertiggestellt hat, wird sie der Kundenberatung vorgelegt, die diese mit dem lokalen Kunden abstimmt. Sobald eine lokale Kundenfreigabe vorliegt, muss die Kundenberatung die adaptierte Anzeige mit den Beratungskollegen auf EMEA-Ebene abstimmen. Dieser muss dann wiederum die Anzeige mit dem Kunden auf EMEA-Ebene abstimmen und freigeben lassen. Wenn diese EMEA-Freigabe vorliegt, informiert der EMEA-Kundenberater seinen Kollegen auf lokaler Ebene und dieser informiert seinen Kunden auf lokaler Ebene.

3. Legal-Check (rechtliche Prüfung)

Parallel findet noch die Abstimmung mit den jeweiligen Legal Departments (Rechtsabteilungen) statt. Dies geschieht allerdings nur auf lokaler Ebene, da die ursprüngliche Anzeige in der Originalversion ja schon rechtlich geprüft wurde. Da aber das Wettbewerbsrecht von Land zu Land unterschiedlich ist, muss nach jeder Adaption ein erneuter Legal-Check in der jeweiligen Sprache erfolgen.

4. Art Buying

In der Regel sind die Bildinhalte vorgegeben. Wenn aber der lokale Kunde ein Bild gegen ein neues aus dem Stockmaterial austauschen möchte und das auch von EMEA und/oder WW freigegeben worden ist, dann muss noch das Art Buying eingeschaltet werden, um Lizenzrechte und Kosten darzustellen.

5. Mediaplanung

Die Mediaplanung erstellt in Abstimmung mit der Kundenberatung einen Mediaplan und stimmt diesen mit dem lokalen Kunden ab. Nach erfolgter Freigabe muss die Media auch wieder eine Freigabe auf EMEA-Ebene einholen. Hier funktioniert der Abstimmungs-/Freigabe-Prozess so wie bei der Anzeige in der Layoutphase. Nach finaler Freigabe des Mediaplans wird dieser dem Projektmanagement und der Produktion zur Verfügung gestellt.

6. Reinzeichnungsphase

Nach Freigabe der Layouts übergibt der Kundenberater beziehungsweise die Kreation die Layouts an den Projektmanager inklusive Briefing (welche Besonderheiten etwa im Aufbau und der Farbe beachtet werden müssen). Dann wird die Reinzeichnung erstellt, die aber nur noch mit dem lokalen Kunden abgestimmt wird. Nach finaler Reinzeichnungsfreigabe werden die digitalen Dokumente an die Produktion übergeben, die anschließend die Lithographie erstellt, welche dann nur noch intern mit der Kundenberatung, Kreation und dem Projektmanagement abgestimmt wird.

7. Produktion

Nach finaler Freigabe der Litho werden die einzelnen Verlage mit den Anzeigen beliefert. Nach Druck und Erscheinen der Printerzeugnisse erhalten Agentur XY und Kunde XY jeweils Belegexemplare.

Guido Park
ist Account Director bei der Network-Agentur Publicis.

Netz: www.publicis.de

3.3 Beispiel drei: Eine Kampagne einer deutschen Lead-Agentur

Die zahlreichen agenturinternen und -externen Abstimmungsschleifen einer internationalen Agentur finden sich im nationalen Rahmen so nicht. Dafür geht es im Folgenden um eine Kampagne, die sowohl Print- als auch Fernsehwerbung umfasst. Das Beispiel zeigt, wie eine solche klassische Kampagne in Deutschland entwickelt und in Deutschland sowie anderen Ländern umgesetzt wird.

Eine deutsche Lead-Agentur entwickelt eine internationale Kampagne

Alexander Wittner / Saatchi & Saatchi

Sobald die Agentur das Kunden-Briefing erhält, wird es für die Kreation aufbereitet. Nur ein inspirierendes Briefing ist die Garantie für inspirierende Kreation, die auch den Konsumenten berührt. Hierbei wird nach dem optimalen Konsumenten-Insight gesucht Dieser Insight ist der Einstieg für die Kreation, um den Konsumenten so anzusprechen, dass er das Produkt und den Absender liebt. Das Kreativ-Briefing wird von der strategischen Planung zusammen mit der Kundenberatung und der Kreation entwickelt. Parallel wird von der Kundenberatung ein verbindendes Timing für die einzelnen Kampagnenentwicklungsschritte erstellt. Wenn die Kreativteams gebrieft sind, werden die Ideen entwickelt und in Abstimmungsmeetings mit Strategie und Beratung evaluiert und weiterentwickelt. Hierbei wird kontrolliert, ob die jeweiligen Ideen sowohl der Kundenstrategie, der Marke und dem Kunden-Briefing entsprechen als auch die Zielgruppe optimal ansprechen. Dem Kunden werden dann üblicherweise zwei bis drei Ideenansätze vorgestellt. Basierend auf dem Feedback kann es nun Überarbeitungsschleifen geben, bis sowohl Kunde als auch Agentur sicher sind, die richtige Ansprache an den Verbraucher entwickelt zu haben.

Um sich abzusichern und um noch weiteres Optimierungspotential zu finden, wird die Kampagne nun getestet. Dies kann auf zwei Arten geschehen: sowohl qualitativ, um von der Zielgruppe zu lernen, wie die Kampagne verbessert werden kann, wie auch (oft in Kombination) quantitativ, um anhand von vorhandenen Benchmarks zu erkennen, ob und welche Idee den größten Erfolg im Markt verspricht. Auch mit

quantitativen Ergebnissen lässt sich erkennen, wo die Kreation bei Bedarf optimiert werden sollte. Die Ideen werden üblicherweise mit Layouts für Printanzeigen (mit Illustrationen oder sogenannten Mood-Bildern, die den ungefähren Look der späteren Bilder veranschaulichen sollen) oder Storyboards (illustrierte Abläufe des Fernsehspots) für die Fernsehwerbung der Zielgruppe vorgestellt.

Ist nun die finale Kreation identifiziert, startet der Produktionsprozess. Zunächst sucht die Agentur nach potentiellen Regisseuren und Fotografen und tritt mit diesen in Kontakt. Dem Kunden werden dann in der Regel drei Regisseure/Fotografen mit deren Timing-, Umsetzungs- und Kostenvorstellungen präsentiert. Anhand von bisherigen Arbeiten lässt sich erkennen, ob ein Regisseur beziehungsweise ein Fotograf für die Anforderungen geeignet ist. Nach Auswahl von Regie/Fotograf kommt es zu einem PPM (Pre-Production-Meeting). Hierbei werden sämtliche Details (Location, Casting, Technik und so weiter) zwischen Produktion, Agentur und Kunde abgestimmt. Nun werden letzte Vorbereitungen getroffen, und es kommt zu Shooting und Filmdreh. Nach der Produktion findet die Abstimmung mit dem Kunden statt. Im Printanzeigenbereich wird das Motiv mit dem Kunden ausgewählt. Daraufhin startet die Post-Production (die Bearbeitung des Motivs). Hier werden einzelne Bildelemente zusammengefügt und entsprechend der Idee bearbeitet (inklusive Farbanpassungen und Retusche). Die finale Abstimmung und Freigabe der Anzeige findet dann mit einem farbverbindlichen Proof (Ausdruck) statt. Im TV-Bereich ist die erste Abstimmung mit dem Kunden die Offline-Präsentation. Hier wird der finale Schnitt mit dem Kunden abgestimmt. Im nächsten Schritt wird die Online-Version des Fernsehspots entwickelt. Hier kommen Special Effects, Farbanpassungen et cetera ins Spiel. Der fertige Fernsehspot kann nun an die verschiedenen Sender geschickt beziehungsweise weiteren Agenturen zur Adaption zur Verfügung gestellt werden.

Das fertig bearbeitete Printmotiv wird nun ins Layout gesetzt und in einer Reinzeichnung mit freigegebenen Texten finalisiert. Zusammen mit einem farbverbindlichen Proof wird die Anzeige nun an die Verlage geschickt. Weitere Agenturen, welche die Anzeige adaptieren sollen, erhalten das Motiv der Anzeige in Form von Feindaten, um diese dann in das entsprechende Layout einzupassen. Die Kampagne ist fer-

tig und wird nun optimalerweise auch noch im fertig produzierten Zustand qualitativ getestet.

Wenn eine Kampagne für internationale Zwecke geplant ist, dann sind verschiedene weitere Abstimmungen notwendig (siehe Beispiel zwei). Abstimmung laufen hier insbesondere bezüglich der Umsetzbarkeit der Idee im jeweiligen Land. Erste Abstimmungen sollten schon im Briefing-Prozess stattfinden, um zu kontrollieren, ob alle Länder die gleichen Anforderungen an die Idee haben (etwa Voraussetzungen im jeweiligen Land wie Bekanntheit, Konsumentenbedürfnis und Wettbewerbssituation). Ist das Briefing für alle Beteiligten abgestimmt, so sollte die nächste Abstimmung im Pre-Test stattfinden – nicht nur in einem Land, sondern zur Absicherung in allen Ländern, die die Kampagne nutzen wollen. Eine gute Idee lässt sich in der Regel auch sehr gut international einsetzen. Eine nächste Abstimmung kann nun beim PPM stattfinden, um Sicherheit auch im Bereich Location, Casting und Umsetzung zu erhalten.

Generell kann man zwei Arten von internationalen Kampagnen unterscheiden: Zum einen globale Werbekampagnen, die in allen Ländern eins zu eins verwendet werden. Hierbei werden lediglich sprachliche Anpassungen/Übersetzungen vorgenommen. Ansonsten werden die gleichen Spots standardisiert in allen Ländern verwendet. Multinationale Werbekampagnen sind dagegen noch flexibler. Diese Kampagnen funktionieren in allen Ländern basierend auf der gleichen Idee. Allerdings kann sich die Exekution unterscheiden, indem zum Beispiel unterschiedliche Motive oder Ausschnitte (Vignetten) aus einem Spot verwendet werden, oder es führt zu einer eigenen Exekution/Umsetzung des Spots, die aber auf der international entwickelten Kampagnenidee funktioniert.

Alexander Wittner
arbeitet als Account Director bei Saachti & Saachti in Frankfurt.

Netz: www.saatchi.de

4 Die Erfolgskontrolle

Mehr denn je wollen werbetreibende Unternehmen für das Geld, das sie in Marketingkommunikation stecken, auch konkrete Gegenwerte sehen. Daher wird, sagt auch Florian Haller, Geschäftsführer der Münchener Agentur Serviceplan, die Ergebniskontrolle künftig noch wichtiger sein, als sie es heute ohnehin schon ist. Technische Entwicklungen gerade im Online-Bereich würden diese Entwicklung laut Haller noch verstärken. Denn im Netz ist, wie gezeigt, Erfolgskontrolle sehr explizit möglich.

Erfolgskontrollen finden in Agenturen keineswegs nur ganz am Ende eines Prozesses statt, also nachdem die Kampagne umgesetzt wurde. Es gibt häufig vielmehr eine Art Vorab-Erfolgskontrolle, den sogenannten Pre-Test, sowie eine Während-dessen-Erfolgskontrolle, das sogenannte Tracking. Und schließlich gibt es eben auch Post-Tests, die nach Ende der Kampagne überprüfen sollen, ob sich der ganze Aufwand denn auch gelohnt hat. Zum Tracking gehören kontinuierliche Untersuchungen zu Themen wie ungestützte Markenbekanntheit, ungestützte Werbeerinnerung und Kundenzufriedenheit. Im Pre-Test prüft man Kampagnen, bevor sie geschaltet werden, auf ihre Effektivität. Was in diesem Zusammenhang Effektivität bedeutet, ist nicht eindeutig und hängt stark vom Verfahren ab. Einige stellen auf den Abverkauf ab, andere auf das Funktionieren eines Spots. Hier wird in erster Linie getestet, ob der Konsument die im Spot erzählte Geschichte tatsächlich versteht.

Abweichungen zwischen den Resultaten der Post- zu denen der Pre-Tests sind nur marginal, wenn mit fertigem Material gearbeitet wird. Größer fallen sie dann aus, wenn im Pre-Test lediglich Skizzen oder sogenannte Animatics getestet wurden. Solche Vorprodukte werden im Laufe der Kreation und auf Basis der Testergebnisse häufig noch einmal verändert und anschließend abermals getestet. Der erstgenannte stellt aber den typischen Fall dar: Beim klassischen Pre-Test wird ein Werbemittel vor der endgültigen Fertigstellung auf der Grundlage von Konzepten, Storyboards oder Layouts überprüft. Der Test soll Hinweise darüber geben, ob die Idee einer Kampagne hinsichtlich der mit ihr verfolgten Ziele wirksam ist.

Das Pre-Testing erfreut sich bei werbetreibenden Unternehmen deutlich größerer Beliebtheit als in Agenturen. Agenturchefs verweisen gerne auf hoch dekorierte und außerordentlich effiziente Kampagnen, die beim Pre-Test durchgefallen waren und dann aber auf Geheiß des Kunden trotzdem umgesetzt wurde. Ganz abwegig ist das nicht: Immerhin jede fünfte schlecht

getestete Kampagne wird laut Studien erfolgreich am Markt umgesetzt. Werber argumentieren, dass eine wirklich kreative Idee die Gewohnheiten der Testpersonen nicht bedient und daher häufig zunächst auf Ablehnung stößt.

Für Niels Alzen, ehemals Geschäftsführer der Hamburger Kreativagentur Santa Maria, haben all die Elemente einer kreativen Idee, die aus dem gewohnten Raster fielen, in Pre-Test-Laborsituationen schlechte Karten. Wenn man solche Ideen aber von Menschen in realen Lebenssituationen beurteilen lasse, kämen sie sehr gut an. Als Beispiel nennt Alzen die Oliver-Pocher-Kampagne für Media Markt. Diese Idee wäre im traditionellen Pre-Test sicherlich durchgefallen, habe aber in der Praxis sehr gut funktioniert. In Tests würden die Teilnehmer häufig zu sehr dahingehend konditioniert, nach Fehlern in der Kreation und deren Umsetzung zu suchen, als wirklich große Ideen zu identifizieren.

Auch André Aimaq von der Berliner Agentur Aimaq, Rapp, Stolle hält nichts vom Pre-Test – der im Übrigen eine deutsche Besonderheit darstelle. Aimaq ist sich sicher: „Die Prognostizierbarkeit des Erfolgs einer Kampagne ist null." Daran ändere auch die ganze Testerei nichts. Marketingverantwortliche sichern sich dagegen gerne mit Pre-Tests ab. Wissenschaftliche Studien scheinen ihnen in Bezug auf dieses Vorgehen Recht zu geben: So hat der Berliner Marketingprofessor Volker Trommsdorff herausgefunden, dass 74 Prozent der Kampagnen, die im Pre-Test erfolgreich waren, später auch im Markt ihre Ziele erreichten. Dagegen floppten 60 Prozent der Kampagnen, die im Pre-Test durchgefallen waren.

Auch Marktforscher betonen, wer will es ihnen verdenken, den Nutzen von Tests. Für Udo Sladek, Kommunikationsforscher bei TNS Infratest, darf Kreativität kein Selbstzweck sein, sondern muss mit der Markenstrategie abgestimmt werden. So gebe es tolle Kampagnen, die kreativ sind und Spaß machen, aber nicht auf die Marke einzahlen. Als klassisches Beispiel nennt er die Camel-Kampagne mit den lustigen Kamelen. Diese waren zwar sehr unterhaltsam – für den Aufbau eines konsistenten und starken Markenimages aber kontraproduktiv: Der verspielte Spaß passte einfach nicht zu dem bisherigen, abenteuerorientierten Image und damit auch nicht zum Selbstverständnis der Markenverwender. Genau hierin sieht Sladek die Gefahr von (ungesteuerter) Kreativität: Lustig ist das Ergebnis, aber leider völlig wirkungslos oder sogar negativ mit Blick auf die Marke. Deshalb ist aus Sicht Sladeks auch beim Thema Marktforschung ein gutes Briefing unerlässlich. So sei es absolut erfolgskritisch, ob die Marktforscher wüss-

ten, dass beispielsweise eine relativ spitze Zielgruppe angesprochen werden soll. Wenn etwa ein Modelabel eine sehr „hippe" Zielgruppe hat, so wird man unter Umständen eine Kampagne machen, die dieser Zielgruppe gefällt, vielen anderen Menschen aber eben nicht. Diese Information brauchen die Marktforscher, ansonsten forschen sie in die falsche Richtung und liefern wenig aufschlussreiche Resultate, weil sie schlicht die Falschen befragen.

Und mehr noch: Damit es dann zum Einsatz der Kampagne kommt, muss das Unternehmen bereit sein, seine Strategie auch wirklich auf eine „spitze" Zielgruppe auszurichten. Und hier kann es dann vorkommen, dass ein Unternehmen zwar eine entsprechende Kampagne in Auftrag gibt, im Zuge ihrer Entwicklung aber realisiert, dass dies auch ein gewisses Risiko birgt oder man vielleicht doch mehr Käufer im Markt erreichen möchte (also nach dem Gießkannenprinzip und damit eher oberflächlich). Dem wird dann dadurch Rechnung getragen, dass die Kampagne am Ende an einer breiteren Zielgruppe bewertet werden soll. „Kein Wunder, wenn die Kampagne im Test dann nicht gut abschneidet", sagt Marktforscher Sladek. „Politische" Lernprozesse spielen beim Thema Marktforschung ohnehin eine gewichtige Rolle. Es wird oft nicht nur getestet, um zu sehen, ob eine Werbeidee gut abschneidet, sondern auch, damit Marketingleiter oder Produktmanager ihre Entscheidungen rechtfertigen können: „Eines der wichtigsten Produkte, das die Marktforschung liefert, ist Entscheidungssicherheit", sagt Sladek in diesem Zusammenhang. Diese Funktion darf in der Tat nicht vernachlässigt werden, da große Budgets oft nur dann freigegeben werden, wenn entsprechende Testergebnisse vorliegen.

Für den Kreativen ist das alles zweitrangig. Die relevante Währung, in der er seinen Erfolg misst, sind Awards (siehe Kapitel I, 1). Dies führt innerhalb der Agentur und erst recht zwischen Kreativen und Werbekunden häufig zu einem uneinheitlichen Zielsystem: Der Kunde möchte Produkte verkaufen, der Kreative möchte Preise gewinnen. Ob beide Ziele mit ein und derselben Kampagne erreicht werden können, ist strittig und im Einzelfall zu klären. Oft aber wohl nicht, denn sonst sähe ein Großteil der Werbung in Deutschland wohl anders aus.

IV Wege in die Werbung

1 Aller Anfang ist schwer

Werbeagenturen zehren noch immer von dem Ruf, ein aufregendes und glamouröses Arbeitsleben zu bieten. Ein Posten in der Werbung ist bei vielen Berufseinsteigern heiß begehrt. Dabei werden die Schattenseiten dieser Branche gerne übersehen: zunächst miese Bezahlung, höllische Arbeitszeiten und zunehmend unsichere Perspektiven.

Wenn Werber über ihren Nachwuchs sprechen, setzen sie gerne auf markige Worte: „Nur unter Druck wird man wirklich kreativ" ist dann etwa zu hören oder „Qualität kommt von Qual". Oder: „Die ersten Jahre werden schlecht bezahlt. Gut so, dann kommen nur die, die es wirklich wollen." Solche Sätze bestätigen, dass in der Branche mitunter recht eigentümliche Gesetze wirken. Fest steht aber, dass der Einstieg in den Berufsalltag einer Werbeagentur alles andere als ein Zuckerschlecken ist. Die Arbeitszeit ist länger, die Bezahlung schlechter, die Aufgaben sind langweiliger als erwartet, kann man Berichte ehemaliger Praktikanten zusammenfassen. Oder, wie es Agenturgeschäftsführer Werner Knopf von KNSK formuliert: „Es gibt namhafte Agenturen, die ihre Leute regelrecht verheizen." Mit viel mehr als 1.800 Euro Gehalt für in der Regel nicht weniger als 70 Wochenstunden Arbeit sollte nicht rechnen, wer bei einem Kreativ-Hot-Shop einsteigt. Das entspricht einem Brutto-Stundenlohn von gerade 6 Euro und 40 Cent.

Diese nicht unbedingt leistungsadäquate Bezahlung der Werbetalente ist nicht nur ein Ergebnis von Angebot und Nachfrage – Agenturen wie Jung von Matt können sich trotz dieser Konditionen kaum vor Bewerbern retten. Sie gehört vielmehr, glaubt man Branchenkennern, zum Geschäftsmodell der Werber. „Die Agenturen stellen ihren Kunden zwölf Stunden Arbeit in Rechnung, zahlen dem Mitarbeiter aber nur acht Stunden", erklärt ein Insider die Kalkulation vieler Agenturen. Überstunden werden erwartet und selbstverständlich nicht bezahlt. Damit reagiert die Branche auf die veränderten wirtschaftlichen Bedingungen, unter denen Agenturen spätestens seit 2002 arbeiten.

Die Zeiten, in denen sich klassische Werbeagenturen eine goldene Nase verdienten, sind wohl für immer vorbei. Die Kunden üben immer stärkeren Druck auf die Honorare aus. „10 Prozent gehen immer", beziffert der Insider, der heute selbst auf Kundenseite arbeitet, aber auch über Agenturerfahrung verfügt, den Erfolg von Honorarverhandlungen. Die Folge: „Es gibt nur wenige Agenturen, die überhaupt Geld verdienen." Und Personalkosten sind nun mal der größte Kostenblock in der Werbung, also bieten sich hier auch die stärksten Einsparpotentiale. Wo die Erlöse schrumpfen, müssen die Kosten folgen. Da liegt es fast auf der Hand, Ideen von billigen Praktikanten oder Neulingen entwickeln zu lassen. „Die Kunden der Agenturen müssen allerdings aufpassen, dass sie den Bogen bei Honorarverhandlungen nicht überspannen", sagt der Experte. Denn wird zu sehr am Personal gespart, stimmt irgendwann die Qualität nicht mehr.

Dennoch ist der Einstieg in eine Agentur nach wie vor attraktiv. Das gilt vor allem für jene, die sich vor Augen halten, dass Geld nicht die eigentliche Währung ist, in der Agenturnachwuchs bezahlt wird. Ein eindrucksvoller Eintrag in den Lebenslauf des Jungwerbers ist häufig Anreiz genug, sich vielleicht zwei Jahre lang bei schlechter Bezahlung zu quälen. Ruhm ist die Währung, in der berühmte Agenturen wie Jung von Matt ihren Nachwuchs hauptsächlich bezahlen. Wer von dort kommt, kann es überall hin schaffen, so eine verbreitete Auffassung. Strategische Wechsel zu anderen Agenturen führen später dann im Ergebnis zu Gehaltssprüngen, so dass sich die Investition, als die viele ihre ersten Jahre betrachten, letztlich auszahlt. „Ich bin mir nicht sicher, ob das so noch funktioniert", zweifelt KNSK-Geschäftsführer Knopf. Immer noch suchten die Jungwerber ihre Agentur zu sehr danach aus, inwieweit diese als Sprungbrett für eine Karriere in anderen Unternehmen fungieren könne. „Die Leute sollten sich lieber Agenturen aussuchen, in denen sie Karriere machen können."

Attraktiv am Einstieg in der Agentur ist ferner die Aussicht auf eine steile Lernkurve: „Man kommt relativ schnell an spannende Aufgaben und hat es nach kurzer Zeit mit Leuten auf Kundenseite zu tun, die drei Hierarchiestufen über einem stehen", sagt ein Branchenkenner. Ob die Lernkurve am Ende jedoch tatsächlich so steil ist wie erhofft, ist mindestens unsicher. Werbung lernen heißt in den meisten Fällen „learning bei doing". Und das tut der Nachwuchs immer noch am besten, wenn er von erfahrenen Profis geleitet wird. Die aber werden mehr und mehr zur Mangelware, moniert nicht nur Agenturchef Knopf: „In vielen Agenturen gibt es die erfahrenen Werber, die ihr Wissen an den Nachwuchs weitergeben können und wollen, schlicht nicht mehr." Viele seien zudem überhaupt nicht daran

interessiert, ihren Nachwuchs auszubilden, oder hätten die Zeit nicht. Selbst auf rudimentäre Rückmeldungen und Kommentare müsse der Jungwerber häufig verzichten: „Da heißt es dann einfach: ‚Das taugt nichts, geh in dein Zimmer und mach was Neues!'", beschreibt Knopf den Ausbildungsalltag in Agenturen.

Ernüchterung macht sich unter vielen Einsteigern auch dann breit, wenn sie von ihrer ersten Aufgabe erfahren. Eine Garantie, von Beginn an tolle Aufträge betreuen zu dürfen, gibt es nämlich nicht. Nachwuchswerber träumen vom Etat der großen Automobilmarke, landen stattdessen aber bei einer Kampagne für eine Tütensuppe. Da ist die Markenstrategie schon in Stein gemeißelt, oder, noch schlimmer, es geht um eine Adaptionsarbeit, bei der eine im Ausland gestaltete Kampagne an den deutschen Markt angepasst werden muss. Preise gewinnt man damit selten. Und gerade die können sich für den künftigen Karriereweg eines Kreativen auszahlen. Sie wirken nicht nur auf das eigene Prestige, sondern tatsächlich auch auf den eigenen Marktwert, erläutert Till Wagner, Chef der Agentur JWT. „Von einem gewonnenen Cannes-Löwen profitiert man sein ganzes Werberleben lang."

Es gibt aber noch weitere Pluspunkte, mit der Agenturen ihrem Nachwuchs das harte Arbeitsleben versüßen wollen. Dazu zählt eine ganz eigene Unternehmenskultur: „Der Einsteiger ist gleich mit dem Chef per du und fühlt sich nach zwei Tagen als Stütze der Agentur", sagt Henning von Vieregge, Geschäftsführer des Branchenverbands GWA. Was er allerdings immer häufiger auch ist. Schon beklagen sich Kunden, sie hätten eigentlich keine Lust mehr, die Mitarbeiter ihres Werbedienstleisters auszubilden. Denn auch den Kunden entgeht nicht, dass in vielen Agenturen einige wenige Führungsfiguren ein Heer von Anfängern und Praktikanten leiten – gerade mittlere Ebenen sind in den vergangenen Jahren häufig ersatzlos gestrichen worden. Und das nutzen sie als Argument in Preisverhandlungen – ein Teufelskreis.

Immerhin scheint der Arbeitsmarkt in der Branche wieder anzuziehen. Das mag den Einsteiger beruhigen, denn sicher ist sein Arbeitsplatz häufig nicht: „Der Einfluss des Kunden auf die Personalpolitik ist groß", sagt ein Branchenkenner. Gefällt dem Kunden ein Kreativer oder Berater auf Agenturseite nicht, wird er schon mal aussortiert. Wenn er Glück hat, arbeitet er auf einem anderen Etat weiter. Wenn er Pech hat, darf er sich einen anderen Arbeitgeber suchen. Bei all dem gilt: Agentur ist nicht gleich Agentur. Einen Teil des Spektrums bilden die renommierten Kreativagen-

turen, vorzugsweise mit Sitz in der Metropole Hamburg. Einen nicht unwesentlichen Anteil hingegen stellen kleine und mittelständische Agenturen dar.

Zu den inhabergeführten unter ihnen zählt die Kommunikationsagentur brand2 aus Friedrichsdorf im Taunus. „Bei uns bekommen die jungen Leute eine ordentliche Ausbildung und erlernen den fundierten Umgang mit Etats des etablierten Mittelstands", betont Oliver Goller, der die Geschäfte bei brand2 leitet und Wert auf die Erbringung solider Dienstleistungen legt. „Wofür man sich entscheidet, ist letztlich eine Typfrage", meint Goller zur Wahl zwischen Hot-Shop und solidem Mittelständler. Zwar haben die Kreativen hier kaum Aussicht auf Werbepreise in Cannes und leben nicht in schillernden Werbehochburgen wie Berlin oder Hamburg – aber eben auch nicht in der „Hire and fire"-Kultur, wie in den großen Netzwerkagenturen teils üblich.

Und schließlich gibt es noch die Ableger der großen internationalen Werbekonzerne wie Ogilvy & Mather, BBDO, Young & Rubicam oder Grey. In einigen dieser Werbekonzerne gibt es „Human-Resource"-Abteilungen, die auch auf Personalentwicklung und Ausbildung achten. GWA-Geschäftsführer von Vieregge meldet allerdings leise Zweifel an, ob die dort angeblich vorhandenen formalisierten und standardisierten Personalprozesse tatsächlich in der entsprechenden Qualität überall vorhanden sind. Networks bieten Einsteigern außerdem die Möglichkeit, international zu arbeiten und Karriere auch im Ausland zu machen.

Langsam, aber sicher wird den Agenturen bewusst, dass sie in Sachen Personal umdenken müssen, glaubt Verbandschef von Vieregge: „Die Branche hat es bis heute noch nicht geschafft, die Investitionen in Weiterbildung im Krisenfall aus dem Streichkonzert herauszubekommen." Diese Haltung ändere sich aber. Denn: Der Wettbewerb um gute Leute ist härter geworden. Viele Talente gehen lieber in die Unternehmensberatung oder in die Industrie, ein Umstand, der viele Agenturen zum Umdenken gebracht hat. Einige von ihnen beginnen, auf ihre „Work-Life-Balance", wie es neudeutsch heißt, zu achten. KNSK-Geschäftsführer Knopf legt Wert darauf, „dass die Leute auch ein Wochenende haben". Wenn die Präsentation fertig werden muss, gibt es ansonsten schlicht keine Freizeit. Und nach der Präsentation ist vor der Präsentation. „Das funktioniert auf Dauer nicht. Die Leute müssen auch mal raus, um auf neue Ideen zu kommen", ist Knopf überzeugt.

Auch der härtere Wettbewerb im Personalmarkt ist eine strategische Herausforderung für Agenturen!

Rainer Kitzmann

In der Vergangenheit wurden Agenturen in ihrer Personalakquisition eher verwöhnt. Die Werbung gehörte zu einer Branche, die viele junge Leute faszinierte und anzog. Dies waren zunächst die großen, klangvollen Namen der Networks in Frankfurt und Düsseldorf, später auch die Kreativschmieden in Hamburg und Berlin. Auch die Werbung selbst stand im Fokus, mit Berichten in Trendmagazinen über außergewöhnliche Agenturen, Kreative und Kampagnen. Und gleich mehrere TV-Formate präsentierten regelmäßig die verrücktesten Werbespots dieser Welt.

Werbung war hipp, cool und best place to be – und stand bei vielen kreativen und vor allem auch gut ausgebildeten jungen Leuten ganz oben auf der Liste ihrer Bewerbungsaktivitäten. Aber der Glanz verblasst: Niedrige Einstiegsgehälter und extrem hoher Workload sprechen sich herum. Eine junge Generation mit neuen Prioritäten in ihrer Work-Life-Balance, aber auch attraktive Alternativen in anderen Branchen führen zu einer deutlichen Ausdünnung im Bewerberstrom. Nicht zu vergessen die demografische Entwicklung, die diese Knappheit noch dramatisch verstärken wird.

Das bedeutet: Die aktuelle Diskussion über eine inhaltliche und strukturelle Neuausrichtung von Agenturen ist sicher richtig und wichtig. Aber unabhängig davon, wie die „Neuen Agenturen" auch aussehen werden, sie werden auch wieder durch kreative und intellektuelle Leistungen der Mitarbeiter Kunden gewinnen, begeistern und „bedienen". Und diese Fähigkeit wird in Zukunft entscheidend durch ein erfolgreiches Personalmarketing sicherzustellen sein.

Hierzu gehören zunächst ein offensiveres und kreativeres Recruiting sowie eine insgesamt optimierte Employer-Branding-Kommunikation der Agenturen. In der kreativen Kommunikation sind Agenturen ja ohnehin Profis. Sie sollten es auch verstärkt für sich selbst sein. Bezüglich der Recruiting-Programme und -Maßnahmen könnten etwa Unternehmensberatungen als Vorbild dienen – die wiederum nicht selten

durch Agenturen betreut werden. Warum sollten Agenturen dieses Know-how nicht auch für ihre eigenen Aktivitäten nutzen?

Wie für jede Marke, so gilt auch für das Employer-Branding: Eine Marke ist auch ein Qualitätsversprechen. Wenn also Agenturen im Wettbewerb um die „High Potentials" weiter mithalten wollen – und sich hierbei immer weniger auf den „Sexappeal" ihrer Branche verlassen können –, müssen Kultur, Führungsstil und -qualität, Personalentwicklung, Karriereplanung und Fortbildungsangebote (als generelle wie auch als individuelle Mitarbeiterprogramme) auf den Prüfstand und in den branchenunabhängigen Qualitätsvergleich. Auch Themen wie Work-Life-Balance, Arbeitszeitmodelle, Freizeitausgleiche, Sabbaticals et cetera gehören nicht auf eine Tabuliste. Und nicht zu vergessen – das heißeste Eisen: die Gehaltsstrukturen im Vergleich zum Marketing auf Kundenseite.

Folgt man dem Gedanken, dass das Personalmarketing zukünftig noch stärker ein strategischer Erfolgsfaktor von Agenturen wird, so gehört in der Konsequenz das Human Resource Management nicht nur thematisch, sondern auch organisatorisch in das Management Board. Neben Beratung, Kreation, Finanzen und Planning erhält das HR nur so eine gleichberechtigte Stimme in allen unternehmerischen und strategischen Fragen. Aktuell jedoch gehören in der Agenturbranche HR Manager in der Geschäftsführung immer noch zur Ausnahme.

Natürlich kostet das alles Geld – sicher auch mehr Geld als bisher. Und das Geld zahlen die Kunden. Somit liegt es nicht zuletzt auch in deren Händen, welche Qualität (als Ergebnis der Personalqualität) sie zukünftig von ihren Agenturen erwarten: Erfüllungsgehilfen oder herausragende Kreativität, Cross-Media-Kompetenz sowie Berater als strategische Sparringspartner auf Augenhöhe – für eine bessere Unternehmens-, Marketing- und Marken-Kommunikation.

Es bleibt also spannend – und die Werbung bleibt es auch!

Rainer Kitzmann
ist Peronalberater in Düsseldorf.

Kontakt über www.xing.com

2 Werbung als Ausbildungsberuf

Den guten alten Werbekaufmann gibt es seit Herbst 2006 nicht mehr. Er wurde abgelöst vom Kaufmann (beziehungsweise der Kauffrau) für Marketingkommunikation. Damit reagiert der Verband GWA auf die Veränderungen in der Medienlandschaft und auf Seiten der Agenturkunden. Die klassischen Werbemedien werden zunehmend ergänzt durch Online-Kommunikation, PR und Events und was es da sonst noch alles gibt. Kommunikationskaufleute müssten in der Lage sein, diese gesamte Klaviatur zu beherrschen und sich mit „integrierten" Kommunikationsstrategien auseinandersetzen können, heißt es von Seiten des Verbands. Der Begriff „Werbekaufmann" erscheine angesichts dessen zu eng gefasst.

Die duale Ausbildung umfasst einen Zeitraum von drei Jahren. Die angehenden Marketingkommunikationskaufleute entwickeln darin Werbestrategien für verschiedene Medien und setzen diese auch in kaufmännischer Hinsicht um. Die Ausbildung soll ohne Spezialisierung auf bestimmte Unternehmen oder Fachrichtungen erfolgen; die Kommunikationskaufleute sollen nach ihrer Ausbildung möglichst breit einsetzbar sein. Für einige Berufsbilder in den Agenturen – beispielsweise für Trafficer – reicht diese Ausbildung teils aus, für die meisten jedoch nicht mehr. Auch in Agenturen arbeiten immer mehr Akademiker. Als dem Studium vorgelagerte Karrierestation hat die Ausbildung aber auch für diese durchaus hohen Nutzen.

3 Werbung als Studiengang

Für zahlreiche Tätigkeitsfelder in der Agentur ist ein Hochschulstudium mittlerweile Voraussetzung. Als Kundenberater in einer internationalen Agentur einzusteigen hat nur für jene Aussicht auf Erfolg, die ein abgeschlossenes Studium vorweisen können, sagt Britta Hesse, Head of Human Resources der Frankfurter Agentur Leo Burnett. Gerne gesehen wird dabei beispielsweise ein Studium der Betriebswirtschaftslehre. Schließlich, argumentiert Hesse, gebe es auch auf Kundenseite sehr gut ausgebildete Mitarbeiter, und denen möchte die Agentur natürlich möglichst auf Augenhöhe begegnen. Vor allem Fachhochschulen tun sich bisher darin hervor, spezialisierte Studiengänge für angehende Agenturmitarbeiter anzubieten. Marketinglehrstühle an Universitäten haben dagegen bei ihrer Ausbildung als Zielfirmen ihrer Absolventen immer noch eher die Marketingabteilungen der Agenturkunden im Blick als die Agenturen selbst. Ent-

sprechend ist das vermittelte Wissen in erster Linie im Marketing von Industrie- und Handelsunternehmen anwendbar.

Für die Kreation stellt sich die Notwendigkeit eines Studiums nicht in gleichem Maße wie bei den Beratern, allerdings nimmt auch hier der Anteil der Hochschulabsolventen zu. Wobei Unterschiede zwischen den Agenturtypen zu vermerken sind. So ist es aus Sicht von Margit Scheller-Wegener, Chief People & Communication Officer der internationalen Network-Agentur DDB, absolut notwendig, dass der Nachwuchskreative studiert hat. Dies gilt im immer größeren Maße auch für Texter. Tatsächlich haben viele Texter heute ein geistes- beziehungsweise sprachwissenschaftliches Studium absolviert. Eine wirklich berufsbezogene Ausbildung gibt es für Texter ansonsten kaum, sieht man einmal von Schulen wie der Hamburger Texterschmiede ab. Unter Textern finden sich auch die meisten Quereinsteiger; häufig starten sie als Praktikant oder Trainee. Texter, die neu in eine Agentur einsteigen wollen, machen einen Einstellungstest, den sogenannten Copy-Test. Hat ein Bewerber schon erste Berufserfahrung, wird er über seine Mappe ausgewählt. Auch angehende Art Directors haben in der Regel ein Studium, zum Beispiel im Bereich Kommunikationsdesign, absolviert. Da sie im Rahmen ihrer Ausbildung Arbeiten erstellt haben, benötigen sie keinen Copy-Test, sondern bewerben sich mit ihrer Mappe.

Auch die Agenturen haben das Thema Hochschulmarketing für sich entdeckt. Denn mittlerweile haben sie ernsthafte Probleme, Hochschulabsolventen überhaupt für sich gewinnen zu können. Das Image der Agenturen auch unter den Absolventen könnte besser sein. Die Bezahlung gilt als schlecht (und ist es größtenteils auch, gerade verglichen mit Marketingabteilungen von Unternehmen), die Arbeitszeiten gelten als ausufernd. Agenturen haben aus Sicht von Branchenbeobachtern das große Problem, dass sie zu wenig für den Nachwuchs tun, sich also zu wenig dem Thema Personalentwicklung widmen. So gebe es zwar agentureigene Weiterbildungsinstitute, diese existierten oft jedoch mehr oder weniger nur auf dem Papier. Gerade solche Faktoren spielen jedoch bei der Berufswahl von Hochschulabsolventen eine zunehmende Rolle.

**GWA (Gesamtverband der Kommunikationsagenturen e.V.)
Junior Agency**

Eine Art Premium-Praktikum für Studierende stellt die Junior Agency dar, die unter der Schirmherrschaft des Branchenverbands GWA Studierende an den Agenturalltag heranführen soll. Studierende sowohl aus betriebswirtschaftlichen als auch aus gestalterischen Studiengängen arbeiten hier gemeinsam mit einer betreuenden Agentur ein Semester lang an konkreten Fallstudien. Sie müssen dabei Zielgruppenanalysen vornehmen, Kommunikationskonzepte ausarbeiten, eine Strategie entwickeln und in Kreation und Mediaplanung umsetzen. Dabei handelt es sich keineswegs nur um eine rein akademische Fingerübung: Nicht selten schaltet der Auftraggeber die auf diese Weise entstehenden Kampagnen tatsächlich, was vielleicht einen noch höheren Anreiz für die Beteiligten darstellt als die Aussicht auf Gold-, Silber- oder Bronzepreise am „Junior Agency Tag". An jenem Tag nämlich präsentieren die Studierenden ihre Konzepte im Rahmen einer größeren Veranstaltung einer unabhängigen Jury aus Agenturchefs, Marketingverantwortlichen und Hochschullehrern.

4 Quereinsteiger und Praktikanten

„Was hast Du gemacht, bevor Du in der Agentur angefangen hast?" „Philosophie studiert, dann in Australien gewesen, dann Taxi gefahren." Wer einen solchen Dialog für realistisch hält, befindet sich nicht auf der Höhe der Zeit. Denn für Quereinsteiger ist es heutzutage äußerst schwer geworden, in einer Agentur Fuß zu fassen. Texter haben, wie oben geschildert, noch eine geringe Chance zum Quereinstieg, für Kundenberater ohne passendes Studium bewegt sich die Wahrscheinlichkeit einer Agenturkarriere gegen null. Ähnliches gilt für Art Directors. Noch die besten Aussichten haben Interessenten von außen in Agenturen, die einen Fokus auf das Thema Internet gerichtet haben. Wer sich viel mit dieser Welt beschäftigt und so substantielles Know-how aufgebaut hat, für den haben solche Agenturen durchaus Verwendung, auch wenn er ansonsten eine sachfremde Ausbildung absolviert hat. Der Online-Teil der Kommunikationsbranche weist starkes Wachstum auf, Experten werden hier knapp.

Agenturen gelten zudem als ein wesentlicher Hort der „Generation Praktikum". Nicht ganz zu Unrecht. Gerade in den für die Branche weniger

erfreulichen Zeiten, als sie unter den Folgen des Platzens der Dotcom-Blase und des 11. Septembers litt, haben Agenturen sehr stark auf die Mitarbeit kostengünstiger Praktikanten gesetzt. Da viele Agenturen ausschließlich Praktika anbieten, die mindestens sechs Monate laufen, haben sie hier Planungssicherheit und können Praktikanten auch so einarbeiten, dass sie echten Nutzen stiften. Die starke Ausrichtung der Personalplanung auf Praktikanten führte teilweise dazu, dass der Mittelbau vieler Agenturen fast gänzlich abgebaut wurde, um Personalkosten zu senken. Praktikanten wurden dabei häufig in dem Glauben gelassen, übernommen zu werden, wenn sie nur einen guten Job machen, tatsächlich aber geschah dies in bei weitem nicht jedem dieser Fälle. Zwischenzeitlich sind die Chancen einer Übernahme aber offenbar wieder besser geworden.

Im Prinzip ist ein Praktikum für denjenigen, der den Einstieg in die Branche erwägt, von allergrößtem Nutzen. Er oder sie lernt den Ablauf in einer Agentur sehr genau kennen und kann sich darüber hinaus ein Bild von den Prozessen und vom Arbeitspensum machen, das auf ihn oder sie zukommt. Carola Wendt, Personalberaterin in Hamburg und ehemalige Personalerin bei Jung von Matt, rät den jungen Leuten dringend dazu, ein Praktikum in einer bekannten Agentur zu absolvieren. Wenn es später um den Berufseinstieg gehe, sei dies von immensem Vorteil, da Personalverantwortliche die entsprechenden Agenturnamen als erstes Auswahlkriterium nutzen. Nach Aussage von Wendt sollten Praktikanten immer dann aufpassen, wenn die Agentur Praktika immer wieder verlängert. Zwar hält sie auch ein sechsmonatiges Praktikum für akzeptabel, wenn jedoch statt des Jobangebots nach sechs Monaten die Offerte einer Verlängerung des Praktikums steht, sollte der Praktikant hellhörig werden und die Möglichkeit erwägen, dass er als billige Arbeitskraft ausgenutzt werden soll. Praktika sind jedoch aus Sicht von Personalberaterin Wendt während des Studiums sinnvoll und notwendig, gerade weil es neben der Ausbildung zum Kaufmann für Marketingkommunikation keine wirkliche praktische Ausbildung in Agenturen gibt.

5 Schulen: Miami Ad School und Texterschmiede

Das hatten sich die angehenden Werber schon anders vorgestellt. Vormittags zur Schule, nachmittags zum Sport oder ins Café, so war eigentlich der Plan. Drei Wochen lang haben sie diesen Rhythmus auch tatsächlich durchgehalten, dann brach eine Welle von Arbeit über ihnen zusammen, die kaum noch zu bewältigen war. „Es ist uns wichtig, dass die Leute hier unter

Bedingungen lernen, wie sie sie später im Agenturalltag vorfinden", sagt Niklas Frings-Rupp, zusammen mit Oliver Voss Leiter der Miami Ad School, einer Schule für Werber in Hamburg. Und diese Bedingungen sind typischerweise eher von Stress und Zeitdruck geprägt als von Müßiggang und frühem Feierabend. Die Schule, die im ehemaligen Hamburger Krankenhaus Finkenau untergebracht ist, trägt dazu bei, dass eine Lücke in der Ausbildungslandschaft geschlossen wird. Wer in die Werbung möchte, findet bisher kaum spezielle Ausbildungsmöglichkeiten. Zwar gibt es den Ausbildungsberuf Kaufmann/-frau für Marketingkommunikation, wer aber höher hinaus möchte, muss sich mit Studiengängen behelfen, die nicht konkret für künftige Kreative angelegt sind. Angehende Werbegrafiker können einen der Studiengänge für Design belegen, Kontakter studieren am besten Betriebswirtschaftslehre. Für Texter gibt es, ebenfalls in Hamburg, die „Texterschmiede".

In vielen Fällen übernehmen jedoch die Agenturen den Job, ihre Nachwuchskräfte auszubilden, selbst. Hier will die Miami Ad School für Entlastung sorgen: „Es dauert ein bis anderthalb Jahre, bis in der Agentur aus einem Junior-Texter ein Texter geworden ist. Diese Zeit nehmen wir den Agenturen ab", betont Voss. An der Schule Aufnahme zu finden ist alles andere als ein Kinderspiel. Zwischen 60 und 80 potentielle Kreative in der Woche bewerben sich, Aufnahme finden aber nur zwischen 12 und 14 Schüler im Quartal. Wichtigstes Auswahlkriterium: das kreative Potential der Kandidaten. Sie müssen acht Arbeiten einreichen, die dieses Potential möglichst überzeugend dokumentieren. „Was das ist, überlassen wir den Leuten selbst. Kurzgeschichte, Gemälde, Film – alles ist möglich", sagt Voss, der im Hauptberuf als Vorstand bei der Hamburger Agentur Jung von Matt arbeitet. Abitur ist dagegen nicht unbedingt erforderlich, eine Altersgrenze gibt es nicht. Frings-Rupp berichtet von einem Schüler der amerikanischen Miami Ad School, der 13 Jahre lang Gepäck am Flughafen sortiert hat, bevor er sich entschloss, Werber zu werden, und als Jahrgangsbester der Schule gleich eine Anstellung an einer renommierten New Yorker Agentur bekam.

Der Altersschnitt der Schüler in Deutschland beträgt derzeit 26 Jahre – angesichts des ansonsten in der Branche gepflegten Jugendkults überraschend hoch. Zwischen 30 und 35 Prozent der Schüler kommen aus dem Ausland. Verfügt ein Kandidat nach Ansicht von Voss und Frings-Rupp über Potential, wird er einem Interview von anderthalb Stunden Länge unterzogen, in dem es auch um die soziale Kompetenz geht. Schließlich sind Werber in erster Linie Teamarbeiter, die auch unter Druck zusammenarbeiten können müssen.

Damit die Schüler dies unter realitätsnahen Bedingungen ausprobieren können, simuliert das Studium die Agenturwirklichkeit. Zeitdruck gepaart mit großer Arbeitsbelastung – im Agenturalltag Dauerzustand – bekommen die Schüler von Anfang an zu spüren. Wer glaubt, Kreative würden den Tag über Champagner trinken und dabei auf die eine große Idee warten, wird schon in den ersten Wochen seines Studiums eines Besseren belehrt. Der Stundenplan ist voll – im ersten Quartal besuchen die angehenden Werber Veranstaltungen zu Layout, Typografie, Fotografie, Computer, Graphic Design, Texten und Konzeption. In einem acht Wochen dauernden „Account Planning Bootcamp" lernen angehende Planner ihr Handwerkszeug. Wobei die Lehrer – allesamt aktive Werber aus Agenturen wie Springer & Jacoby, Philipp & Keuntje, Kolle Rebbe und Jung von Matt – die Schüler üppig mit Hausaufgaben eindecken. Und wer die Aufgaben zweimal ohne triftigen Grund nicht macht, fliegt.

Die Hausaufgaben haben dabei, wie das Studium insgesamt, wenig mit Theorie und viel mit Praxis und Handwerk zu tun. Gefordert wird Arbeit am konkreten Objekt. Beispiel: Aus einer Stunde Filmrohmaterial am Computer einen 30 Sekunden langen Werbespot zusammenschneiden. Es gibt echte „Briefings", also Aufgabenstellungen von echten Kunden, die bearbeitet werden müssen. In Gruppen eingeteilt, treten die Nachwuchskreativen anschließend in einem Pitch, also einer Wettbewerbspräsentation, gegeneinander an. Die Schüler unterschätzen das Arbeitspensum in den ersten Wochen. Erst später lernen sie, jede Minute effizient zu nutzen und dass jede Minute effizient genutzt werden muss. „Wer die Schule verlässt, kann sofort in einer Agentur anfangen", sagt Frings-Rupp. Und zwar nicht nur, weil er über das handwerkliche Know-how verfügt, sondern auch, weil er das Arbeiten unter hoher Belastung kennengelernt hat. Und nur, wenn er die zwei Jahre an der Schule durchhält, was zwei Schülern des ersten Jahrgangs nicht gelang – sie kapitulierten vor den hohen Anforderungen.

Die amerikanische Miami Ad School gibt es seit nunmehr 15 Jahren, der deutsche Ableger hat vor viereinhalb Jahren seine Pforten geöffnet. Gesellschafter der als GmbH firmierenden Schule sind neben Voss und Frings-Rupp, die den Grundstein aus privaten Mitteln gelegt haben, die beiden Miami-Ad-School-Gründer Ron und Pippa Seichrist. 2.300 Euro im Quartal muss berappen, wer sich hier zum Texter oder Art Director ausbilden lassen möchte. Die beiden Leiter kümmern sich aber um Stipendien, wenn ein Kandidat mit großem kreativen, aber nur geringem finanziellen Potential aufgenommen werden möchte. Studierende können darü-

über hinaus Bafög beantragen, die Miami Ad School ist mittlerweile auch in Deutschland staatlich anerkannt.

Nach vier Quartalen in Hamburg wechseln die Schüler in Zweier- oder Dreiergruppen in eine Agentur im Ausland. Die Schule hat ein Netz von Partneragenturen in Europa und Amerika geknüpft, das den Nachwuchskreativen Praktika ermöglicht. Dazu gehören renommierte Adressen wie DDB in London, Wieden & Kennedy in Amsterdam und Leo Burnett in São Paulo. Um Unterkünfte für ihre Praktikanten kümmern sich in der Regel die Agenturen. Der Schüler erhält am Ende des Studiums ein Diplom, ohne Note. „Noten und Diplome interessieren Agenturen nicht, für sie ist die Mappe des Kandidaten entscheidend." Damit diese Sammlung von Werkproben besonders überzeugend ausfällt, feilen Schüler und Lehrer im letzten der acht Quartale, die die Ausbildung dauert, an ihrer Qualität. Die Berufschancen nach Ende der Ausbildung sind ausgezeichnet. Bisher habe jeder Schüler anschließend sofort einen Job erhalten, betont Frings-Rupp. Und schon sammeln die ehemaligen Schüler in der Praxis Kreativpreise ein: Menno Klein – einer der ersten Absolventen – wurde jüngst zum meistausgezeichneten Art Director der Welt gekürt.

Ebenfalls in Hamburg sitzt die Texterschmiede. Und auch die Gründer dieser renommierten Ausbildungsstätte für Werbetexter setzen auf das Prinzip des Kulturschocks während der Ausbildung. Denn die angehenden Texter verbringen das, was für normale Berufstätige einen kompletten Arbeitstag ausmacht, in einer Agentur, bevor sie sich abends ins Klassenzimmer der Texterschmiede begeben. Damit kommen sie auf Arbeitstage von mindestens dreizehn Stunden Länge – durchaus ein realistischer Vorgeschmack auf die Dinge, die da kommen werden. Jeweils dreißig Nachwuchstexter dürfen in jedem Jahrgang anfangen. Sie haben ein hartes Auswahlverfahren zu durchlaufen, zu dem auch ein Copy-Test wie der im nächsten Kapitel vorgestellte von Springer & Jacoby gehört. Die Ausbildung dauert ein Jahr und kostet derzeit 305 Euro im Monat, unterrichtet wird von mehr als 180 namhaften Praktikern aus der Branche. Am Ende steht eine Abschlussprüfung. Um Jobs braucht sich anschließend kaum einer der Absolventen der Schule Sorgen zu machen.

6 Tipps für Einsteiger

Im Folgenden geben Profis mit langjähriger Berufserfahrung Einsteigern ein paar nützliche Ratschläge. Den Anfang macht Jan Dieckmann, der als Verantwortlicher für das Neukundengeschäft der auch in Berlin ansässigen Network-Agentur DDB arbeitet. Er gibt Beratern die folgenden Tipps:

• Vergiss nicht, was in den Büchern steht. Es ist deine Grundlage.
• Organisiere dein Tagesgeschäft.
• Nimm dir Zeit für die Weiterbildung.
• Die anderen Berater sind gut. Du kannst von ihnen lernen. Mach das.
• Es gibt keine dummen Fragen, aber stelle jede Frage nur einmal.
• Ein richtiges „Nein" bringt dich weiter als ein falsches „Ja".
• Die Kreation ist dein Freund.
• Du wirst erst in ein paar Jahren wissen, wie der Laden richtig läuft.
• Es gibt noch ein anderes Leben als das in der Agentur.

Für Kreative hat er die folgenden Ratschläge:

• Deine Arbeit ist das Gesicht der Agentur.
• Gute Kreation bricht Regeln, kenne sie.
• Deine Arbeit kann Preise gewinnen.
• Denke einfach. Kompliziert kann jeder.
• Eine Deadline ist eine Deadline.
• Kreation wird in Teams gemacht.
• Es ist besser, in der zweiten Liga zu spielen, als in der ersten Liga auf der Bank zu sitzen.
• Kultur ist wichtig.
• Computer machen keine Ideen.
• Rauch nicht so viel.

Harald Adam, ehemaliger Chef der Frankfurter Dependance des internationalen Agentur-Networks Publicis, findet, dass ein Berater die folgenden Fragen mit einem „Ja" beantworten muss:

• Bin ich dienstleistungsgeeignet?
• Bin ich durchsetzungsfähig?
• Bin ich überzeugend, um gute und schlechte Produkte zu verkaufen?
• Bin ich bereit, mich 24 Stunden mit meinem Beruf zu verbinden?

- Bin ich als Berater kreativ und gleichzeitig administrativ exakt?
- Habe ich als Berater das „unternehmerische Momentum"?
- Kann ich mich mit der Branche (Verführung, Meinungsverbildung) und Kunden (Zigaretten, Militär) identifizieren?

Wie ein Kreativer Himmel und Hölle erleben kann!

Jan Ritter / Ritter & Slagman

- Es ist der Himmel, wenn dein Kinospot, den du dir ausgedacht hast, im Kino läuft, in dem du gerade sitzt. Es ist die Hölle, wenn ihn alle um dich herum Scheiße finden.

- Es ist der Himmel, wenn du in Cannes mit deiner Arbeit gewinnst. Es ist die Hölle, dass du dann aber schon wieder an einer anderen scheinbar unlösbaren Aufgabe sitzt.

- Es ist die Hölle, weil die gute Idee, die du in der Agentur durchgesetzt hast, die der Kunde gekauft hat, die garantiert in Cannes gewonnen hätte, trotzdem stirbt.

- Es ist die Hölle, weil du nicht mehr saufen und Drogen nehmen kannst, denn mit einem Hang-over hast du überhaupt keine Ideen mehr.

- Es ist die Hölle, weil du immer nur so gut bist, wie das Zeug, das gerade aus deinem Büro kommt.

- Werbung ist der Himmel, wenn du es liebst, in der Hölle zu leben.

Jan Ritter
ist Geschäftsführer Kreation der Hamburger Agentur Ritter & Slagman.

Netz: www.ritterslagman.de

Werner Knopf, Geschäftsführer der Hamburger Werbeagentur KNSK, gibt Einsteigern folgende Ratschläge:

- Es gibt keine Bringschuld, sondern nur eine Holschuld.
- Junge Menschen dürfen keine Scheu haben, schon gar nicht zu fragen.
- Es gibt keine dummen Fragen, sondern nur dumme Antworten.
- Einsteiger sollten sich zwar als Teil der Firma sehen, aber auch begreifen, dass sie selbst eine kleine „GmbH" sind.
- Wenn sie nicht gefördert werden, sollten sie die Firma sofort wechseln. Nicht erst nach zwei Jahren.
- Sie sollten sich einen Kunden schnappen, den keiner will. Hier kann man sich am schnellsten profilieren.
- Agenturen, die politikbestimmt sind, sollte man meiden, es sein denn, man hat selbst nichts drauf oder will Politiker werden.
- Am Anfang zählt nicht das Geld, sondern die persönliche Entwicklung. Das Geld kommt dann von allein.

Hier kommen die Tipps von Sven A. Crone, Geschäftsführer von Ogilvy Brand Center, Düsseldorf:

- Haben Sie die Erkenntnis, dass Sie eigentlich „nichts" wissen und dass das, was sie wissen, in der Realität meist ganz anders ist.
- Ein „knüppelharter" Dienstleistungsjob in einem „High-Risk"-Business, der einem viel geben kann, aber auch viel abverlangt – sonst nix.
- Zunächst nur Schweiß und Herzblut und weder Ruhm noch Ehre.

Und nun, für alle, die wissen wollen, ob sie wirklich ihr Glück in der Werbebranche versuchen sollen: der Copy-Test von Springer & Jacoby.

Die erste Aufgabe: die Anzeige.

Schlechte Anzeigen gibt es zuhauf. Reiß aus einer Zeitschrift diejenige aus, die dir wirklich die Zehennägel aufrollt, und begründe deine Wahl. Und dann: Schreib kurz auf, was die Anzeige deiner Meinung nach eigentlich sagen wollte, und bau um diese Kernaussage herum eine neue, richtig gute Anzeige – mit neuem Bild (kurze Beschreibung reicht) und neuem Text.

Die zweite Aufgabe: die Longcopy.

Einen guten Texter erkennt man daran, dass er auch zu den abwegigsten Themen Texte schreiben kann, die überzeugen. Und von denen man sich wünscht, dass sie länger wären, als sie sind. Genau das wollen wir von dir. Schreibe zu einem der beiden Themen eine Longcopy von mindestens 2.000 und höchstens 3.000 Anschlägen. Wenn sich der Leser wünscht, dass der Text noch länger wäre, hast du deinen Job gut gemacht.

1. Die Sommergrippe – der unterschätzte Freizeitspaß.

2. Wild und romantisch – über die Schönheit der Mathematik.

Und bevor du jetzt loslegst, noch ein Tipp: Investiere drei Viertel deiner Zeit und Gehirnzellen darin, die Idee für deinen Text zu finden. Dann geht das Schreiben meist von selbst.

Die dritte Aufgabe: der Claim.

Der Goldhamstermarkt ist am Boden. Der Verband der Goldhamsterzüchter geht in die Offensive: Ein neuer Claim muss her! Und du wirst ihn schreiben.

Die vierte Aufgabe: der Funkspot.

Wenn du die Aufgaben der Reihe nach in Angriff nimmst, hat der Verband der Goldhamsterzüchter schon seinen neuen Claim von dir bekommen. Da man mit einem Claim allein aber nicht sonderlich weit kommt, möchte er auch einen 30-sekündigen Funkspot haben, der den Goldhamsterabsatz nach vorne bringt. Schreib ihm einen.

Die fünfte Aufgabe: Die Headline.

Hilf dem armen Mann. Was schreibst Du ihm aufs Schild?

Die sechste Aufgabe: die Aktion.

Wer kein Geld für Anzeigen oder TV-Spots hat, muss anders auf sich auf-
merksam machen. So wie der Hamburger Lachclub. Überleg dir eine
Aktion, die ihn – ganz bescheiden – zum Stadtgespräch macht. Und die
natürlich nicht viel kostet.

Die siebte Aufgabe: der TV-Spot.

Jeder kennt sie, jeder hasst sie: TV-Spots für Damenbinden. Du kannst
das bestimmt besser. Schreib einen 30-sekündigen TV-Spot, der sich
wohltuend vom Rest der Damenbindenwerbung abhebt.

Die achte Aufgabe:

Ein SUV ist eine Kreuzung aus Geländewagen und Sportwagen. Jeder namhafte Autohersteller hat inzwischen einen im Programm (VW Touareg, BMW X5, Porsche Cayenne). Für einen großen koreanischen Hersteller benötigen wir für die Einführungskampagne einen 30-sekündigen TV-Spot für den neuen KIA XAVA. Er endet mit folgendem Claim:

Kia Xava. Für asphaltierte Straßen. Und den Weg dorthin.

Die neunte Aufgabe: Kampagne nach Wahl.

Jeder, der sich für Werbung begeistert, hat eine allerallerliebste Lieblingskampagne. Und jeder würde gerne auf dieser Kampagne arbeiten. Das kannst du jetzt tun: Verrate uns, welche Kampagne die deines Herzens ist. Und entwirf ein neues Motiv. Egal ob Anzeige, Funkspot oder TV-Spot.

Die zehnte Aufgabe: die Online-Werbung.

Der Würstchenfabrikant Meica („Meica macht das Würstchen!") möchte seine Würstchen im Internet bewerben. Und zwar auf den Seiten www.playboy.de und www.tofu.de. Denk dir für beide Seiten jeweils einen lustigen Banner aus.

Die größte Aufgabe: die Eigenwerbung.

Schön, dass du mit uns die Ehe eingehen willst. Nur wüssten wir gern, mit wem wir es zu tun haben. Deshalb gibt's noch eineinhalb Aufgaben zum Schluss:

Erkläre uns überzeugend, warum wir dich unbedingt brauchen.

Verrate uns, welches das zweitbeste Buch der Welt ist.

Abdruck mit freundlicher Genehmigung von Springer & Jacoby.

V Mythos und Wirklichkeit –
Statt einer Zusammenfassung

In der Werbung verdient man viel Geld.

Nein. Zumindest als Berufseinsteiger erst einmal nicht. Später vielleicht, aber generell gilt: Die Kunden der Agenturen zahlen besser. Was mehr und mehr zum Problem für die Agenturen wird.

Werbung zu machen heißt, einen Spot in der Karibik zu drehen.

In der Regel nein. Den Spot dreht eine Filmproduktionsfirma, nicht die Agentur. Nur ein oder zwei Agenturmitarbeiter sind dabei, mehr nicht. Und gedreht wird auch immer seltener in der Karibik, sondern meistens im kostengünstigen Osteuropa. Werbung machen heißt in erster Linie, am Schreibtisch hinter seinem Apple-Rechner zu brüten oder in Meetings zu sitzen. Und das lange und ausdauernd.

In Werbeagenturen geht es so unglaublich locker zu.

Sicherlich gibt es einen Unterschied im Umgangston beziehungsweise in der Arbeitsatmosphäre einer Agentur und etwa einer Bank oder einer Versicherung. Man wird in fast keiner Agentur eine Stempeluhr finden, dafür erwartet man aber auch eine Arbeitszeit, die sich nach den Bedürfnissen des Kunden und seiner Projekte richtet. Das heißt, es wird auch Zeiten geben, wo man sehr viel länger als acht Stunden zu arbeiten hat. So entspricht es schlicht der Realität, wenn Personalverantwortliche in Agenturen sagen: „Wenn Du weniger als zehn Stunden arbeiten willst, komm gar nicht erst her!" Die berühmte „Lockerheit" verflüchtigt sich im Übrigen sofort, wenn das Geschäft gerade einmal nicht so gut läuft.

Zu guter Letzt soll aber noch ein Beispiel für den lockeren Umgangston dargestellt werden. Einer der Autoren war bei der Agentur des folgenden

Beispiels Dienstleister und hat von der Agentur alkoholische Getränke sozusagen als außerplanmäßiges Incentive erhalten. Die Freude währte allerdings nur kurz, da zwölf Stunden nach Erhalt der geistreichen Getränke die folgende Nachricht den Autoren erreichte:

Von: x.xxxxxx@xxxx.de im Auftrag von xxxxx xxxxx [xxxxx.xxxxx@xxxxx.de
Gesendet: Mittwoch, 28. März 2007 09:04
An: Heiko Burrack
Betreff: Nur Flaschen müssen voll sein

Wichtigkeit: Hoch

Moin Heiko,

das war natürlich nur ein Witz: schick aber mal sofort die Likörflasche zurück. Ist ja wohl das Letzte! einfach so nehmen...

Nenenee , keine Sorge, nurn Witz, kriegst ja ne andere. Ich hab nur glücklicherweise ein Unikat abgegriffen, das meine Mädels morgen für die Schulung brauchen. Hehehe...

Ist wohl irgendwas Tolles drin. Ich kenn mich da doch nich so aus, Du auch nicht, deshalb kriegst den Standard Suff und überhaupt: wer trinkt denn so ne Schwuchtelplörre. Da lob ich mir doch den xxx!

Schick mir bitte einen Overnight (GO! Kurier oder sach der Katja bescheid, wo der die Flasche abholen kann oder was auch immer). Hoffentlich haste den noch nicht mit Deinem Weib abgekippt...wer Sorgen hat, hat Alkohol, mehr sag ich jetzt mal nich

Danke,

Vorname
--
Vorname Nachname
- Geschäftsführer -

Anschrift und Kontaktdaten folgten

Einer der Autoren erinnert sich auch noch gut daran, dass einer seiner ehemaligen Chefs einen Kunden begrüßte, indem er sich in seine Original Bayrische Trachtenmode schmiss. Die hatte er von seinem letzten Urlaub mitgebracht und führte sie nun ganz stolz vor. In ganzer Vollendung (Kniebundlederhose und Trachtenstrümpfe inklusive!!!) stand er nun vor seinem Hamburger Kunden. Der konnte nun seinerseits seine Vorurteile pflegen.

An dieser Stelle sei nochmals deutlich gesagt, dass es solche Fälle natürlich gibt, aber sie sind die Ausnahmen der Ausnahmen.

Werber zu sein heißt, kreativ zu sein.

Vielleicht, ab und zu. Aber was heißt überhaupt „kreativ sein"? Schon auf die Frage, was denn eine kreative Kampagne/Anzeige/Spot im Gegensatz zu einer nicht kreativen genau ausmache, wissen nur wenige eine wirklich überzeugende Antwort.

In den Werbeagenturen sind die Mitarbeiter schwarz gekleidet.

Dieses Vorurteil kann man in vielen Agenturen bestätigt finden, wobei allerdings die Kreativen eine sehr viel höhere Affinität zu dieser Farbe haben. Unbedarfte (und dazu gehörte einer der Autoren während seines ersten Praktikums) schließen daraus auf einen Todesfall. Diese Assoziation ist zwar manchmal richtig, aber in der übergroßen Anzahl der Fälle falsch. Die Kollegen in der Beratung tragen meistens normale Kleidung. Wenn sie sich stattdessen in einen Anzug zwängen, gehören sie entweder der Geschäftsleitung an oder werden an diesem Tag den Kunden sehen. Für überraschende Momente dieser Art hat ein guter Kundenberater immer eine Krawatte in seinem Schrank hängen. Erstaunlich ist neben der Farbe der Kleidung auch die Tatsache, dass viele Kollegen, und auch hier ist die Kreation Vorreiter, eine spärliche Haartracht tragen. Der klassische Anzug kommt auf alle Fälle bei den Beratern gut an.

In jeder Werbeagentur findet man einen Kicker (Tischfußball).

Nach vielen Gesprächen in Agenturen muss man diese Behauptung verneinen. Einer der Autoren ist allerdings der Meinung, dass sich eine Werbeagentur nur so nennen darf, wenn dort ein Kicker zu finden ist. Er kennt

aber auch Agenturen, in denen der Kicker im Büro des Chefs steht. Wenn dieser weg ist, trötet er in ein Horn und die Meute nutzt die Abwesenheit des Arbeitgebers für eine kleine, sportliche Pause.

Kreative Werbung verkauft besser als langweilige.

Behaupten Kreativagenturen und mit Kreativagenturen befreundete Hochschullehrer. Es gibt zwar empirische Befunde, die derartige Zusammenhänge nahelegen. Nimmt man aber den Werbepreis „Effie" des Branchenverbands GWA, in dem es vor allem um die Effizienz von Werbung geht, als Gradmesser, kommt man tendenziell zu dem traurigen Schluss, dass gerade weniger kreative Werbung (was auch immer das genau sein mag) nicht unbedingt schlechter verkauft. Und dass eine vernünftige Strategie manchmal auch durch mäßige Kreation nicht am Erfolg gehindert werden kann. Und dass sich ein Produkt von mäßiger Qualität auch durch Top-Werbung nicht besser verkaufen lässt.

Deutsche Werbung wird es nie an die Weltspitze bringen.

Warum nicht? Und: Ist sie da nicht schon?

Anhang: Zahlen und Fakten zur Branche

1 Der Markt

Lange Jahre kannte die Branche nach dem Zweiten Weltkrieg nur eine Richtung: nach oben. Jahre- beziehungsweise jahrzehntelang wuchs nicht nur der Umsatz, den die Agenturen erwirtschafteten, sondern auch deren Zahl. Doch dann kam spätestens mit dem 11. September 2001 und dem Platzen der Dotcom-Blase die große Ernüchterung. Die Umsätze der Agenturen brachen teilweise ein, einige Anbieter mussten sich sogar von Personal trennen, einige dichtmachen – ein Novum für die Branche. Mittlerweile aber hat sich die Lage wieder beruhigt. Der Deutsche Werbemarkt hat sich laut Zentralverband der Deutschen Werbewirtschaft (ZAW) im Jahr 2006 wieder kräftig erholt. Rund 30,23 Milliarden Euro flossen in die Werbung, 2,1 Prozent mehr als 2005. Der Löwenanteil der Investitionen mit 20,35 Milliarden Euro entfällt dabei auf die Medien, die sogar um 2,6 Prozent zulegen konnten.

Nominal in Milliarden Euro			
2004	**2005**	**2006**	**2007**
Investitionen			
29,22	29,60	30,23	30,77
in Werbung + 1,1 Prozent	+ 1,3 Prozent	+ 2,1 Prozent	+ 1,8 Prozent
Davon Werbeein-			
19,58	19,83	20,35	20,63
nahmen der + 1,6 Prozent	+ 1,3 Prozent	+ 2,6 Prozent	+ 1,4 Prozent
Medien (netto)			

Tabelle 10: Der deutsche Werbemarkt (Quelle: Zentralverband der Deutschen Werbewirtschaft (ZAW))

Die im Branchenverband GWA (die Abkürzung steht sinnigerweise für „Gesamtverband Kommunikationsagenturen") organisierten Agenturen vermelden sogar ein Umsatzwachstum von 7,5 Prozent. Allerdings haben die Werbeinvestitionen laut Verbandsauskunft damit gerade einmal das Niveau des Jahres 1998 erreicht. Zudem mahnt der ZAW, dass Internet, demografischer Wandel und die restriktive Politik der EU in Sachen Werbung den Aufschwung der Branche gefährden könnten.

Die große und viel diskutierte Frage ist die nach der künftigen Aufteilung der Werbegelder auf die einzelnen Disziplinen. Da jedoch die Werbemedien teils in hohem Maße dem technischen Fortschritt unterliegen, fällt eine Prognose schwer. Viele sehen im interaktiven Digitalfernsehen, das dem Kunden gleich die Möglichkeit zu Reaktionen auf Werbeangebote einräumt, das spannendste Betätigungsfeld für Agenturen überhaupt. Damit wäre die klassische Einbahn-Kommunikation etwa im Printbereich herausgefordert.

Doch schon oft haben Experten das bevorstehende Ende der klassischen Werbung prognostiziert. Sie setze sich angesichts der Reizüberflutung immer weniger durch und werde vom Konsumenten zunehmend als störend empfunden, wodurch sie immer weniger in der Lage sei, Unternehmen beim Erreichen ihrer Marketingziele zu unterstützen. Das sei falsch, das Gerede vom Ende der Klassik nicht gerechtfertigt, widersprechen andere. Markenprodukte verkauften anerkanntermaßen immer noch am besten über die klassische Fernsehwerbung. Derzeit sei folgerichtig eine deutliche Entwicklung weg von der Imagewerbung und hin zur Absatzwerbung festzustellen. Und überhaupt habe die Unterscheidung zwischen „klassischer" und „nicht klassischer" oder, werbisch ausgedrückt, zwischen „Above-" und „Below-the-Line"-Kommunikation keine wirkliche Relevanz. Der Konsument unterscheide nicht zwischen klassischer und nicht klassischer Werbung. Man müsse jedoch künftig kreativer mit den gemeinhin als „klassisch" bezeichneten Werbemedien umgehen. Vor allem die traditionelle Werbung, die den Konsumenten bei etwas unterbricht, habe mittelfristig ausgedient, prognostizieren andere Experten. Tatsächlich lässt sich für viele Agenturen eine nachlassende Bedeutung der Klassik nachweisen. Der Anteil der in der BBDO-Gruppe für klassische Werbung zuständigen BBDO-Campaign am Gesamthonorarumsatz der Gruppe ist binnen eines Jahres von 30 Prozent auf nur noch 21 Prozent zurückgegangen.

2 Von der Unmöglichkeit, vernünftige Zahlen zu kommunizieren

Journalisten, die normalerweise über normale Branchen berichten, zeigen sich auf Pressekonferenzen von Werbeagenturen immer wieder äußerst überrascht, wenn sie auf die Frage nach dem Geschäftsverlauf der Agentur Antworten auf dem Niveau erhalten, auf dem Rolls Royce früher die PS-Zahl seiner Automobile beziffert hat („ausreichend"). Einfacher ausgedrückt: Die Agenturen hüllen sich weitestgehend in Schweigen. Und wenn die Agenturen einmal eine Umsatzgröße nennen, dann handelt es sich dabei um eine reine Kunstzahl. Im Folgenden dazu Genaueres.

- Der Sarbanes-Oxley-Act

Schön wäre an dieser Stelle, die aktuell zehn oder zwanzig größten Agenturen beziehungsweise Agenturgruppen abzubilden. Leider aber geht das nicht, jedenfalls nicht auf Grundlage aktueller Zahlen. Denn zu den größten deutschen Agenturen gehören viele Tochterunternehmen amerikanischer Werbegruppen (beispielsweise BBDO, Grey, Young & Rubicam), die wegen des (oder aus Angst vor dem) Sarbanes-Oxley-Act (auch SOX genannt, ein amerikanisches Gesetz zur verbindlichen Regelung der Unternehmensberichterstattung infolge der Bilanzskandale von Unternehmen wie Enron oder Worldcom) keine Zahlen veröffentlichen dürfen. Wobei sich dieses Verbot nicht etwa aus dem Gesetz ergibt, sondern vielmehr von den Mutterhäusern in Amerika ausgesprochen wurde. Denn die ebenfalls an der Börse in New York notierte Unternehmensberatung Booz Allen Hamilton hat überhaupt keine Probleme damit, Umsatzzahlen für Deutschland zu veröffentlichen, obwohl sie ebenfalls dem Sarbanes-Oxley-Act unterliegt. Es spricht also einiges dafür, dass der Maulkorb freiwillig angelegt wurde. Einige vermuten, das Gesetz sei sogar so mancher Agentur äußerst gelegen gekommen.

- Vom „Gross Income" zu den „Equivalent Billings"

Auch wer sich in betriebswirtschaftlichen Fragen gut auszukennen glaubt, sieht sich, wenn er das Jahresergebnis einer Werbeagentur begutachten soll, häufig vor große Schwierigkeiten gestellt. Statt der bekannten Begriffe „Umsatz", „Gewinn" oder „Ertrag" wird hier von „Gross Income" und „Equivalent Billings" gesprochen. Übersetzt werden diese Begriffe als „betreutes Werbevolumen" (Billings) sowie „Einnahmen aus Honoraren und Provisionen" (Gross Income), womit zunächst sicherlich auch nicht jedem sofort klarer wird, was gemeint ist. Zudem bejubeln Agenturen den Gewinn eines „Etats" in Höhe von x Millionen Euro, wenn sie einen neuen Kunden gewonnen haben. Was steckt nun hinter all diesen etwas esoterischen Begriffen, und warum greift die Werbebranche nicht auf die bekannten traditionellen betriebswirtschaftlichen Größen zurück?

Als „Equivalent Billings" wird zunächst eine künstliche Erfolgsgröße bezeichnet, die durch Multiplikation des „Gross Income" mit der Zahl 6,67 ermittelt wird. Was auf den ersten Blick eher etwas mit Alchemie als mit Rechnungswesen zu tun zu haben scheint, besitzt auf den zweiten Blick durchaus eine gewisse Logik. Als „Gross Income" werden die Roheinnah-

men einer Agentur bezeichnet, also die Honorare und Provisionen, die die Agentur für ihre originären Leistungen erhält. Anstelle des „Gross Income" veröffentlichen die Agenturen aber meist als Umsatzgröße die „Equivalent Billings". Dabei handelt es sich um eine seit Jahrzehnten international gebräuchliche Kennzahl, bei deren Ermittlung unterstellt wird, dass Werbeagenturen von ihren Kunden 15 Prozent Provision auf alle Schaltkosten (Ausgaben zum Beispiel für Fernsehwerbung oder Anzeigen in Zeitungen/Zeitschriften) erhalten – in der Realität liegt dieser Anteil übrigens deutlich niedriger. Der durch Multiplikation des „Gross Income" mit 6,67 (100 geteilt durch 15) entstehende Wert bildet somit eine durch Konvention ermittelte Größe für das betreute Werbevolumen. Von den „Equivalent Billings" sind die „tatsächlichen Billings" zu unterscheiden (linke Spalte von Tabelle 11). Letztere beschreiben die Höhe des von der Agentur effektiv bewältigten Volumens und sind identisch mit dem „Werbeetat".

Werbeagenturen beziehen in hohem Maße Fremdleistungen – sie kaufen Werbeplätze in Zeitungen/Zeitschriften sowie Fernsehen und Funk, sie lassen Filme drehen, sie beauftragen Fotografen und Druckereien –, deren Kosten sie anschließend ihren Kunden in Rechnung stellen. Es gibt also in jeder Werbeagentur eine große Zahl durchlaufender Posten, bei denen die Agentur in Vorleistung tritt, die aber letztlich so nicht als Provision oder Honorar in der Agentur verbleiben. Während man also im Industrieunternehmen durch Abzug der Aufwendungen von den Umsatzerlösen zum Rohertrag gelangt, gelangt man analog dazu durch Abzug der Aufwendungen für Fremdleistungen von den „tatsächlichen Billings" zum „Gross Income".

Der Umfang der Fremdleistungen unterscheidet sich aber, je nach betreutem Kunden, sehr stark. Manche Kunden vergeben den kompletten Mediaeinkauf an eine andere Agentur (meist eine Mediaagentur), andere übertragen auch diese Aufgabe an die Werbeagentur, die sie betreut. Eine Agentur, bei der ein großer Kunde den Mediaeinkauf anderweitig vergibt, sähe im Vergleich zu anderen Agenturen sehr klein aus (in der Tabelle „tatsächliche Billings" von 1.600 Euro ohne Mediaeinkauf gegenüber „tatsächlichen Billings" in Höhe von 11.600 Euro mit Mediaeinkauf). Im Vergleich der Roheinnahmen wirken dagegen beide Agenturen nahezu gleich groß (960 Euro gegenüber 1.160 Euro). Beide Vergleiche sind irreführend. Der Posten „Mediaeinkauf" macht zwar in der Regel einen großen Posten der „tatsächlichen Billings" aus, bringt der Agentur aber nur einen recht kleinen Teil ihrer Honorare und Provisionen – der Löwenanteil wird an die Anbieter der Werbeplätze beispielsweise im Fernsehen und in Zeitschriften weitergegeben. Daher sind die „tatsächlichen Billings" – also das effek-

tiv bewältigte Werbevolumen – als Vergleichsgröße ungeeignet. Eine Agentur, die den Mediaeinkauf für ihre Kunden übernimmt, würde im Vergleich der „tatsächlichen Billings" übertrieben umsatzstark wirken. Agenturen, bei denen der Mediaeinkauf regelmäßig nur eine geringe Rolle spielt – wie etwa Direktmarketing-Agenturen –, verzichten daher zumeist auf das Ausweisen von „Billings" und berichten lediglich ihr „Gross Income".

Der Vergleich der Honorareinnahmen (Gross Income) der Agenturen führt jedoch ebenfalls in die Irre. Schließlich erzielt die Agentur, die sich auch um den Mediaeinkauf kümmert, ihre Honorare und Provisionen mit einem erheblich höheren Verwaltungsaufwand als diejenige, die ihren Kunden diese Leistung nicht bietet. Die 1.160 Euro „Gross Income" der Agentur mit Mediaeinkauf im Beispiel sind also mit mehr Mitarbeitern und erheblich höheren Kosten erstritten als die 960 Euro der Agentur, die auf Mediaeinkauf verzichtet. Ein Vergleich der „Gross Income" würde also die Größenverhältnisse der Agenturen ebenfalls nicht angemessen darstellen. Da somit beide Größen einen aussagekräftigen Vergleich verschiedener Agenturen nicht zulassen, hat sich die Branche mit der Kunstzahl „Equivalent Billings" beholfen.

	Tatsächliche Billings (Euro)	Gross Income (Euro)	Anteil in Prozent	Equivalent Billings bei 15 Prozent Provision (Faktor 6,67)
Mediaagentur	10.000	200	2 %	1.334
Klassische Agentur				
mit Mediaeinkauf	11.600	1 160	10 %	7.737
ohne Mediaeinkauf	1.600	960	60 %	6.403
Direktmarketingagentur	500	200	40 %	1.334
Unternehmensberatung	200	200	100 %	1.334

Tabelle 11: Typische Varianten im Verhältnis Billings/Gross Income (Quelle: Ogilvy & Mather)

Welcher Zahl soll der allgemein interessierte Zeitgenosse denn nun sein Augenmerk schenken? Jemand, der die eigentliche Leistung der Agentur aus der Bilanz erkennen möchte, sollte auf das Gross Income schauen. Das Gross Income bildet eine verlässliche Ergebnisgröße, welche die tatsächlichen Einnahmen der Agentur widerspiegelt, stellt aber die Größenverhältnisse der Agenturen falsch dar und verhindert einen Vergleich der Agenturen untereinander und mit anderen Dienstleistern. Nur das Gross

Income zu veröffentlichen hieße zudem, die Werbeagenturen in ihrer Bedeutung als Wirtschaftsfaktor zu klein darzustellen. Aus Gründen der Vergleichbarkeit haben sich Agenturen weltweit auf die Kunstzahl Equivalent Billings geeinigt und weisen diese auch in der Regel aus. Die häufig veröffentlichten Etatgrößen sagten dagegen wenig über den Erfolg einer Agentur aus. Entscheidend ist schließlich, was bei der Agentur an Honorar oder Provision hängenbleibt.

3   Personenregister

Name	Agentur	Funktion
Adam, Harald	Adam Consulting	Geschäftsführer
Albert, Tanja	OgilvyOne	Financial Director
Alzen, Niels	vormals Santa Maria, derzeit ?	
Aimaq, Andre	Aimaq, Rapp, Stolle	Geschäftsführer
Ankerstein, Mark	trio-westag-bsb	Geschäftsführer
Apostolou, Paul	Elephant Seven	Creative Director
Ashoff, Simone	JvM next	Geschäftsführer
Baron, Christof	Mindshare	Geschäftsführer
Bartenbach, Tobias	Bartenbach & Co.	Geschäftsführer
Bentlage, Karsten	Schmidt & Kaiser	Geschäftsführer
Blodow, Thorsten	Carat Sponsorship	Director Communication Consulting
Bonato, Raffaela	Leo Burnett	Head of TV
Burson, Harold	Burson & Marsteller	
Clausecker, Sabine	CB.e Clausecker| Bingel Ereignisse	Vorstand
Crone, Sven A.	Ogilvy & Mather	Geschäftsführer
Dengler, Florian	**MetaDesign**	**Creative Director**
Diekmann, Jan	**DDB**	**Business-Development**
Domning, Ralf	Kogag Bremshey&Domning	Geschäftsführer
Dulisch, Ralf	**SKA Agentur für Relationship Marketing**	**Creative Director**
Eggert, Sven	Eggert Group	Geschäftsführer
Esmailzadeh, Mitra	Brand Lounge	Geschäftsführer
Flöß, Michael	viersicht CrossCommunication	Geschäftsführer
Franz, Volker	Young & Rubicam Brands Germany	Chief Financial Officer
Frings-Rupp, Niklas	Miami Ad School	Geschäftsführer
Gerasch, Dirk	Gerasch Communication	Geschäftsführer

Geyl, Andreas	Euro-RSCG	Geschäftsführer
Goller, Oliver	Brand 2	Geschäftsführer
Graß, Martin	Grabarz und Partner	Creative Director
Gross, Paul	Atletico International	Geschäftsführer
Haller, Florian	Serviceplan	Geschäftsführer
Hansa, Marius	**Marketing Coach**	**Geschäftsführer**
Happel, Uli	**Bierbaum & Bierbaum**	**Creative Director**
Hechler, Helmut	**Ogilvy & Mather**	**Chief Financial Officer**
Hesse, Britta	Leo Burnett	Personaleiterin
Hoch, Thomas	TNS Infratest	Senior Consultant
Hoffmann, Daniel Tobias	Synap	Senior Manager
Holstein, Thomas	SEA	Creative Director
Hubrich, Betina	Corporate Design Management	Geschäftsführerin
Jungnitsch, Imke	Selbständig	Creative Director
Karpinski, Detmar	KNSK	Geschäftsführer
Kirchhofer, Tobias	Blue Mars	Geschäftsführer
Kitzmann, Rainer	**Selbständig**	**Personalberater**
Klein, Oliver	Cherry Pickers	Geschäftsführer
Klenk, Volker	Klenk & Hoursch	Geschäftsführer
Knabe, Anke Christina	Leo Burnett	Account Director
Knoof, Werner	KNSK	Geschäftsführer
Koch, Michael	OgilvyOne	Creative Director
Krause, Delle	Ogilvy & Mather	Geschäftsführer
Kröger, Dr. Tonio	DDB	Geschäftsführer
Lagraff, Fritz	**RMG Connect**	**Geschäftsführer**
Langwost, Ralf	**Ideamanagement**	**Geschäftsführer**
Lehnen, Oliver	BUTTER.	Geschäftsführer
Leonhard, Lothar	Ogilvy & Mather	Geschäftsführer
Lindhof, Norbert	Young & Rubicam Brands Germany	Geschäftsführer
Lippert, Ingo	Mind Matics	Geschäftsführer
Lokc, Marcel	Zum goldenen Hirschen	Geschäftsführer
Lusty, Jason	**Heye & Partner**	**Geschäftsführer**

Mahrenholz, Peter J.	**Draftfcb**	**Geschäftsführer**
Matzer, Jochen	Red Rabbit	Geschäftsführer
Mayer-Johanssen, Uli	MetaDesign	Geschäftsführer
Mehler, Heiko	Mundocom	Leiter Reinzeichnung
Meier, Dominik	Miller und Meier	Geschäftsführer
Milla, Johannes	Milla und Partner	Geschäftsführer
Müller, Julia	**PHD**	**Director Planning**
Müller, Sven	Production Lounge CPA	Produktioner
	Crossmedia Productions Agency	
Nessbach, Stuart	Nessbach	Geschäftsführer
Ott, Sören	**Gruppe Nymphenburg**	**Leiter Marktforschung**
Öztürk, Ercan	Springer & Jacoby	Geschäftsführer
Park, Guido	**Publicis**	**Account Director**
Reiser, Markus	SEA	Geschäftsführer
Richter, Cornelia	Leo Burnett	Art Buyer
Rist, Andreas	Production Lounge CPA	
	Crossmedia Productions Agency	Produktioner
Ritter, Jan	**Ritter & Slagman**	**Geschäftsführer**
Roos, Peter	Leo Burnett	CFO, COO
Roth, Birgit	McCann-Erickson	Leiterin Projektkoordination
Roth, Ulrich	Roth & Lorenz	Geschäftsführer
Sasserath, Marc	Musiol Munzinger Sasserath	Geschäftsführer
Scheller-Wegener, Margit	DDB	Chief People &
		Communication Officer
Schulz, Klaus-Peter	Vormals BBDO, derzeit ?	
Skazel, Robert	Mainworks	Geschäftsführer
Skorpil, Dr. Bernd	AHA!	Geschäftsführer
Sladek, Udo	TNS Infratest	Senior Consultant
Sommer, Gordon	Sommer & Sommer	Geschäftsführer
Speranza, Giovanni	**Bartenbach & Co.**	**Kundenberater**
Stempel, Dieter	TMS	Geschäftsführer
Stork, Thorsten	Mediaedge:cia	Geschäftsführer

Tarcieu, Charmian	MilesFurther	Geschäftsführer
Temesvary, Heinrich	Temesvary Printproduktion	Inhaber
Tillmanns, Ulrich	**Tillmanns Ogilvy & Mather**	**Geschäftsführer**
Thomas, Wolfgang	Netzwereklame Thomas	Geschäftsführer
Von Vieregge, Henning	GWA	Hauptgeschäftsführer
Voss, Oliver	Jung von Matt	Vorstand
Wagner, Frank	**Nugg ad**	**Vorstand**
Wagner, Till	JWT	Geschäftsführer
Walther, Ulrike	Designerdock Frankfurt	Geschäftsführer
Wedemeyer, Ingo	RWGK	Geschäftsführer
Wei , Stefan	Atelier Markgraph	Creative Director
Wendt, Carola	Personalberatung	Geschäftsführer
Wildberger, Thomas	RömerWildberger	Geschäftsführer
Witt, Wolf-Peter	Ogilvy Healthworld	Managing Director
Wittner, Alexander	**Saatchi & Saachti**	**Account Director**
Zerr Prof. Dr. Michael	VM-People	Geschäftsführer
Ziegler, Torsten	gelee royale medien	Geschäftsführer
Zilligen, Ralf	BBDO	Chief Creative Officer

Von allen fett gesetzten Personen finden Sie ein Bild und Kontaktdaten im Buch. Im Personenregister sollen die aktuellen Angaben über die Gesprächspartner zu finden sein. Aufgrund kurzfristiger Jobwechsel können die Angaben über den Arbeitgeber und die Funktion der Personen veraltet sein. Abweichende Agentur- und Funktionsbezeichnungen im Text und im Personenregister sind auf Arbeitsplatzwechsel zurückzuführen.

4 Literatur

Baginski, Rainer (2000): Wir trinken so viel wir können, den Rest verkaufen wir. Über Werber und Werbung. Hanser Verlag, München

Bentele, Günter; Fröhlich, Romy; Szyszka, Peter (2007): Handbuch des Public Relations. VS-Verlag

Burrack, Heiko (2006): Agenturen der Zukunft – Zukunft der Agenturen, in: Bruhn, Manfred (2006): Integrierte Unternehmens- und Markenkommunikation. Schaeffer-Poeschel

Burrack, Heiko (2007): Antanzen zur Pappenschlacht, in: Werben & Verkaufen, Nr. 12 vom 22.03.2007

Dams Vok; Dams Colja M. (2008): Code Rouge – Gesetze des Erfolgs für Events und Live-Marketing, Frankfurter Allgemeine Buch, Frankfurt

Dietz, Kirsten; Rädecker, Jochen (2007): Geschäftsberichte – finest facts & figures. Konzept – Design – Know-how. Hermann Schmidt, Mainz

Folten, Bärbel (2007): Kreative Verkaufsförderung leicht gemacht. Mit starken Ideen besser verkaufen. Redline-Wirtschaft, Heidelberg

Haase, Frank, Mäcken, Walter (2005): Handbuch Event-Marketing, Kopäd

Friebe, Holm; Lobo, Sascha (2006): Wir nennen es Arbeit. Heyne Verlag, München

Gaede, Werner (2002): Abweichen von der Norm. Enzyklopädie kreativer Werbung. Verlag Langen-Müller

Gebhardt, Rene; Gerwien, Antje; Kernspeckt, Björn; Locke, Sebastian (2006): Don't Panic! Der Praktikantenguide, Hermann Schmidt, Mainz

Großklaus, Rainer H. G. (2006): Positionierung und USP. Gabler 2006

Gesamtverband Kommunikationsagenturen (GWA): Jahrbuch 2007.

Jung, Holger; von Matt, Jean-Remy (2007): Momentum – Die Kraft, die Werbung heute braucht. Lardon Media, Hamburg

Kloss, Ingomar (2007): Werbung. Handbuch für Studium und Praxis. Vahlen, München

Kotler, Philip; Armstrong, Gar; Saunders, John (2006): Grundlagen des Marketing. Pearson Studium

Lachmann, Ulrich (2002): Wahrnehmung und Gestaltung von Werbung. Gruner & Jahr, Hamburg

Mackat, Alexander (2007): Das Deutsch-Deutsche Geheimnis. Superillu Verlag, Berlin

Ogilvy, David (2000): Geständnisse eines Werbemannes. Econ Verlag, Düsseldorf.

Nieschlag, Robert; Dichtl, Erwin; Hörschgen, Hans (2002): Marketing. Duncker & Humblot

Paulmann, Robert (2005): Double Loop – Basiswissen Coporate Identity. Hermann Schmidt, Mainz

Piwinger, Manfred; Zerfass, Ansgar (März 2007): Handbuch Unternehmenskommunikation. Gabler Verlag

Pricken, Mario (2004): Kribbeln im Kopf. Kreativitätstechniken und Brain-Tools für Werbung und Design. Hermann Schmidt, Mainz

Rabe, Lars; Thomas, Wolfgang; Eisinger, Thomas (2006): Performance-Marketing. Business-Village-Verlag, Göttingen

Reins, Armin (2002): Die Mörderfackel. Hermann Schmidt, Mainz

Reins, Armin (2006): Corporate Language. Hermann Schmidt, Mainz

Schäfer-Mehdi, Stephan (2006): Event-Marketing. Cornelsen, Berlin

Siegbert, Gabriele; Brecheis, Dieter (2005): Werbung in der Medien- und Informationsgesellschaft. VS Verlag für Sozialwissenschaften, Wiesbaden

Spielvogel, Volker (2004): Corporate Identity ganzheitlich gestalten: Der Weg zum unverwechselbaren Unternehmensprofil. Businessvillage, Göttingen

Tangermann, Kay (2003): Werbung. Der Milliarden-Poker. Droemer/Knaur, München

Turner, Sebastian, Rother, Andreas (2003): Werbisch-Deutsch. Das ultimative Wörterbuch der Werbung, Redline Wirtschaft

Turner, Sebastian (2000): Spring. Hermann Schmidt, Mainz

Vaske, Hermann (2001): Standing on the shoulders of Giants. Die Gestalten Verlag, Berlin

ZAW (Hrsg.): Werbung in Deutschland 2006.

Zurstiege, Guido (2005): Zwischen Kritik und Faszination. Was wir beobachten, wenn wir die Werbung beobachten, wie sie die Gesellschaft beobachtet. Halem Verlag, Köln

5   Weblinks

www.adage.com – Fachzeitschrift

www.horizont.net – Fachzeitschrift

www.new-business.de – Fachzeitschrift

www.wuv.de – Fachzeitschrift

www.acquisa.de – Fachzeitschrift

www.kontakter.de – Fachzeitschrift

www.one-to-one.de – Fachzeitschrift

www.absatzwirtschaft.de – Fachzeitschrift

www.riesenmaschine.de – Blog auch über Werbung

www.gwa.de – Gesamtverband Kommunikationsagenturen Deutschlands

www.bsw.ch – Gesamtverband Kommunikationsagenturen der Schweiz

www.adc.de – Art Director's Club

www.dprg.de – Deutsche Public Relations Gesellschaft

www.ddv.de – Deutscher Direktmarketing Verband

www.bvdw.org – Bundesverband Digitale Wirtschaft

www.faspo.de – Fachverband für Sponsoring und Sonderwerbeformen

www.fme-net.de – Forum Marketing-Eventagenturen

www.marketingverband.de – Deutscher Marketing-Verband (DMV)

www.zaw.de – Zentralverband der deutschen Werbewirtschaft (ZAW)

www.page-online.de – Fachzeitschrift

www.posma.de – Fachverband Point-of-Sale-Marketing

www.werbefilmproduzenten.de – Verband der Werbefilmproduzenten

www.texterschmiede.de – Fachschule

www.texterschule.de – Fachschule

www.miamiadschool.de – Fachschule

Die Autoren

Heiko Burrack, Diplom-Kaufmann, berät seit mehreren Jahren Agenturen und werbetreibende Unternehmen bei strategischen und operativen Fragen der Neukundengewinnung. Zuvor arbeitete er als Kundenberater in namhaften Werbeagenturen für nationale und internationale Kunden.

Ralf Nöcker, Dr., berichtete als Wirtschaftsredakteur der Frankfurter Allgemeinen Zeitung mehr als sieben Jahre lang auch über die Werbebranche und arbeitet seit Juli 2007 in der Unternehmenskommunikation der Managementberatung Kienbaum.

Erste Stimmen zum Buch

Ein Buch für Werber und solche, die es werden wollen. Es ist lehrreich, gerade weil es kein Lehrbuch ist. Burrack und Nöcker lassen vor allem Praktiker zu Wort kommen: stets subjektiv, manchmal widersprüchlich, aber immer wirklichkeitsnah. So entsteht ein buntes Bild jener Werbewelt, deren Alltag nicht immer nur bunt ist.

Professor Dr. Klaus Gourgé ist Inhaber des IFU Institut für Unternehmenskommunikation (Frankfurt) und unterrichtet an der Fachhochschule Nürtlingen-Geisingen

Der Schlüssel zur guten, zeitgemäßen Werbung sind bedingungslose Liebe zum Detail und hemmungslose Bereitschaft zum Dialog. Detail & Dialog: kein Fachbuch hat dies bislang so eindringlich und zugleich plastisch zu vermitteln verstanden wie – ja so möchte ich ihn nennen – „Der Burrack/Nöcker". Kurzum: Ein Vademecum für all jene, die Werbung aus beruflichen Gründen verstehen müssen.

Professor Georg-Christof Bertsch ist Inhaber der Bertsch Brand Consultants (Frankfurt), Visiting Professor Bezalel Academy (Jerusalem) und Guest Professor der Offenbach University of Art & Design

Die Autoren führen uns mit einer ebenso aufschlussreichen wie unterhaltsamen Mischung aus Hintergrundinformation, Experten-O-Ton und Anekdote in die Welt der Werbeagenturen ein. Gängigen Vorurteilen wird behutsam der Boden entzogen, black boxes öffnen sich ohne branchentypische Überhöhung. Nach und nach gewinnt der Leser von einer vielschichtigen Branche und ihren Arbeitsweisen ein konsequent praxisorientiertes Bild, das gängige Verständnisprobleme und falsche Erwartungen zu vermeiden hilft. Man kann dieses Buch nur jedem Auftraggeber auf Kundenseite – und besonders denen, die sich nicht täglich mit Markenkommunikation beschäftigen – zur heiteren Lektüre empfehlen.

Dr. Hasso Kaempfe ist ehem. Vorstandsvorsitzender der Mast-Jägermeister AG

Alle, die mit Werbung zu tun haben, sollten dieses Buch lesen: Hochschulabsolventen, die sich für einen Berufseinstieg interessieren, Werbetreibende Unternehmen, die ihre Dienstleister besser verstehen möchten, und Konsumenten, die neugierig sind, wie die Kampagnen entstehen, mit denen sie tagtäglich konfrontiert werden.

Professor Heinrich Holland unterrichtet an der Fachhochschule Mainz und ist Mitglied zahlreicher Jurys

In diesem Buch wird meines Erachtens zum ersten Mal von einer Reihe von Werbefachleuten geschrieben, wie Werbung in den Agenturen gemacht wird, welche Aufgaben anfallen und welche spezifischen Fachkenntnisse im gesamten Mitarbeiterstab einer Werbeagentur erforderlich sind. Diese umfassende Beschreibung des Innenlebens einer Agentur kann sehr nützlich sein für Leute, die in die Werbebranche einsteigen wollen, aber auch für die Werbetreibenden und Auftraggeber, die viel darüber lernen können, wie eine Agentur funktioniert. Die Werbung wird damit auch von ihrer Mystik entzaubert und von vielen negativen Vorurteilen befreit. Damit kann das Buch auch mithelfen, viele gesellschaftspolitische Diskussionen zu versachlichen.

Dr. h.c. Helmut Maucher ist Ehrenpräsident der Nestlé AG

Aus der Praxis für die Praxis, insbesondere für Einsteiger. Ein aktuelles und kompetent geschriebenes Buch, das einen guten Einblick in die Arbeit und die gesamte Szene der Kommunikationsagenturen gibt. Konkrete Einblicke, Information, Tipps, auch Desillusionierung. Nicht selten überraschend, manchmal sogar witzig. Ich werde es meinen Studenten empfehlen.

Professor Dr. Günter Bentele ist Inhaber des Lehrstuhls für Öffentlichkeitsarbeit/PR an der Universität Leipzig

Christian Sauer

Souverän schreiben

Klassetexte ohne Stress
Wie Medienprofis kreativ und
effizient arbeiten

224 Seiten. Hardcover mit
Schutzumschlag.
24,90 € (D)*, 44,00 CHF
ISBN 978-3-89981-139-1

Vok Dams, Colja M. Dams

Code Rouge

Gesetze des Erfolgs für Events
und Live-Marketing

200 Seiten. Hardcover mit
Schutzumschlag.
34,00 € (D)*, 59,00 CHF
ISBN 978-3-89981-166-7

Heike Bühler, Uta-Micaela Dürig Hg.

Tradition kommunizieren

Das Handbuch der Heritage
Communication
Wie Unternehmen ihre Wurzeln und
Werte professionell vermitteln.

272 Seiten. Hardcover mit
Schutzumschlag.
39,90 € (D)*, 71,00 CHF
ISBN 978-3-89981-165-0

Hans-Peter Förster Hg.

FLOSKELscanner® CD-ROM

Ihr Coach für erstklassige Texte
ohne Floskeln, Lesehemmer oder
Bandwurmsätze

CD-ROM. Einzelplatzlizenz.
59,90 € (D)*, 103,00 CHF
ISBN 978-3-89981-141-4

* zzgl. ca. 3,– € Versandkosten bei Einzelversand im Inland.
Sämtliche Titel auch im Buchhandel erhältlich!

Frankfurter Allgemeine Buch

Norbert Schulz-Bruhdoel

Die PR- und Pressefibel

Zielgerichtete Medienarbeit.
Ein Praxislehrbuch für Ein- und
Aufsteiger.

4., akt. Aufl., ca. 352 Seiten.
Hardcover mit Schutzumschlag..
29,90 € (D), 52,00 CHF*
ISBN 978-3-89981-170-4

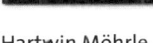

Hartwin Möhrle

Krisen-PR

Krisen erkennen, meistern und
vorbeugen – ein Handbuch von Profis
für Profis

2., akt Aufl., 232 Seiten.
Hardcover mit Schutzumschlag.
29,90 € (D), 52,00 CHF*
ISBN 978-3-89981-135-3

Viola Falkenberg

Pressemitteilungen schreiben

Zielführend mit der Presse
kommunizieren.
Zu Form und Inhalt von Pressetexten.
Mit Checklisten und Übungen zur
Kontrolle.

5., akt. Aufl., 240 Seiten.
Hardcover mit Schutzumschlag.
24,90 € (D), 44,00 CHF*
ISBN 978-3-89981-169-8

Jürg W. Leipziger

Konzepte entwickeln

Handfeste Anleitung für bessere
Kommunikation

2., akt.Aufl., 224 Seiten.
Hardcover mit Schutzumschlag.
29,90 € (D), 52,00 CHF*
ISBN 978-3-89981-023-3

* zzgl. ca. 3,– € Versandkosten bei Einzelversand im Inland.
Sämtliche Titel auch im Buchhandel erhältlich!

Frankfurter Allgemeine Buch